Python 开发
系列丛书

BEGINNING PROGRAMMING
WITH PYTHON

零基础 **Python**
入门教程

石英◎编著

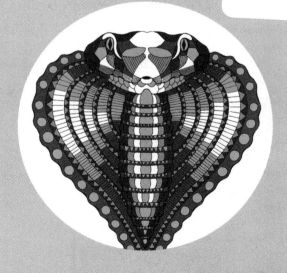

人民邮电出版社
北 京

图书在版编目（CIP）数据

零基础Python入门教程 / 石英编著. -- 北京：人民邮电出版社，2023.4
（Python开发系列丛书）
ISBN 978-7-115-48301-0

Ⅰ. ①零… Ⅱ. ①石… Ⅲ. ①软件工具－程序设计－教材 Ⅳ. ①TP311.561

中国版本图书馆CIP数据核字(2021)第108756号

内 容 提 要

Python 是一种很接近自然语言的编程语言，既简单易学，又功能强大，对初学者特别友好。在第三方模块的帮助下，即使是"小菜鸟"也能用 Python 写出解决实际问题的程序。

本书前 8 章梳理 Python 的基础知识；第 9～20 章用第三方模块辅助编辑 PDF、Word、Excel、CSV 等各类文档，设置时间和日期，引入"外援"，使用网站提供的 API 数据编写查询信息的小程序，处理图片，让图形界面自动化，发送邮件、短信、微信，识别图片上的文字；在读者对使用"对象"有了初步体验后，第 21 章系统地讲解类和对象；第 22 章带领读者将 Python 程序转成可执行文件；第 23 章介绍使用 Python 进行视频下载和处理的方法；第 24 章列出初学者常犯的错误和学习难点，并介绍工具 Homebrew、ImageMagick 和 Tesseract。

本书的习题，以及 PythonABC 网站上的配套视频、源代码和相关技术帖子等资源，能帮助读者不断加深对相关知识的理解。本书还兼顾了 Mac 平台和 Windows 平台。

本书既可作为高等院校的 Python 教材，也可作为自学者的参考书，非常适合程序开发初学者阅读。

◆ 编　著　石　英
　　责任编辑　刘　博
　　责任印制　王　郁　陈　犇
◆ 人民邮电出版社出版发行　　北京市丰台区成寿寺路 11 号
　　邮编 100164　电子邮件 315@ptpress.com.cn
　　网址　https://www.ptpress.com.cn
　　三河市兴达印务有限公司印刷
◆ 开本：787×1092　1/16
　　印张：21.25　　　　　　　　2023 年 4 月第 1 版
　　字数：580 千字　　　　　　 2023 年 4 月河北第 1 次印刷

定价：79.80 元

读者服务热线：(010)81055256　印装质量热线：(010)81055316
反盗版热线：(010)81055315
广告经营许可证：京东市监广登字 20170147 号

前言
Preface

在计算机完全理解人类语言、能够对人类直接发出的命令做出响应之前，Python 可以帮助我们向计算机解释我们的需求，布置任务，使计算机能接手一些简单、重复、耗时的工作并为我们提供定制化服务。把计算机擅长的工作通过 Python 交给计算机吧！

我接触 Python 的初衷是引导自己的孩子掌握一门编程语言，没想到自己一下子就迷上了这个实用工具。Python 入门不难，能快速学以致用是它最大的优势！如果读者在学习过程中遇到挫折和困惑，请耐心点、细心点，坚持住，别放弃！善用互联网教育资源和技术论坛，结合错误提示和他人经验，抓住线索，顺藤摸瓜，终会抽丝剥茧，理出头绪来。

本书从 Python 基础知识开始，一步一步介绍到使用第三方模块解决实际问题，这些第三方模块都是能解决我们工作和学习中常见问题的功能模块。这些模块能够帮助我们通过 Python 程序编辑 PDF、Word、Excel、CSV 等各类文档；处理图片，让图形界面自动化；发送邮件、短信、微信；使用网站免费提供的 API 数据做出实用的查询工具；识别图片和 PDF 文件上的文字；以及将 Python 程序转成可执行文件。本书适合 Python 的初学者，也适合具备一定 Python 基础知识、想用 Python 程序提高工作和学习效率的读者。

若书中的例子在读者自己的计算机上无法调试成功，请首先确定代码输入无误，接下来可将错误提示直接复制到搜索引擎中，查看相关技术文档或参考他人分享的对类似问题的解决方法。若本书提及的知识无法满足读者的个性化需求，则可将需求关键字放在搜索引擎中搜取相关材料，阅读资深人士分享的经验、论坛回帖和技术文档，大胆尝试，仔细调试……技术更新很快，掌握获取新知识、解决问题的途径（渔）比储备知识（鱼）更重要！希望这本书能抛砖引玉，为读者打开一扇门，让读者多一个解决问题的选择（应用第三方模块的 Python 编程）。

无论是 Python 编程技巧，还是第三方模块，都不可能面面俱到，更不用说本书提到的第三方模块仅是沧海一粟。本书更想传达的是，Python 还可以做这些，它并不难！去寻找，去了解，去尝试，去研究，去做吧！

本书的相关视频资料及技术帖子可以在 PythonABC 网站查看，在网易云课堂、bilibili 网站、微信搜索"PythonABC"也可以找到视频。视频对 Python 的安装，程序的设计、输入、调试和运行，以及知识点的探索过程的展示更为详尽，弥补了书中不够详细之处。PythonABC 网站上的技术帖子负责把知识点串起来，并对本书介绍的知识点进行了分类。本书内容的更新、修改、升级会先在网站公布，源代码也可以从网站获得。

有人说，学编程跟学数学一样，必须要练习，练习，再练习。我深以为然！跟着我从零基础开始学 Python，在探索中共同前进吧！

编者
2023 年 2 月

目录
Contents

第 1 章

窈窕 Python，君子好述

笔者曾听人这样说过：我已经够忙了，哪里还能挤出时间学 Python 呢？在这里，笔者用自己的亲身体验告诉您：学 Python 正是为了让自己有更多时间在网上"自由翱翔"。至于是否可以"升职""加薪""走上人生高峰"，这不好保证，但是 Python 也许可以助您一臂之力。Python 很友好，学习它的过程并不痛苦。掌握了它，您将更能感受到智能时代的便利。

学习重点

安装 Python 和 Python 的集成开发环境 PyCharm，设置代码编辑环境，熟悉常用术语和基本概念，掌握安装第三方模块的方法。

1.1 为什么要费劲学 Python

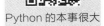

为什么学 Python

1.1.1 Python 是一门编程语言

编程语言是什么？人说人话，机器说机器话（机器语言是由 0 和 1 组成的"天书"），高级编程语言就是把人类的意图用接近人类语言的形式表达出来。编译器或解释器再把编程语言翻译成计算机能理解的机器语言，从而指挥计算机完成人类布置的任务。

编程语言有很多，各有各擅长的领域。在 C 语言"横行"的年代，对技术不那么热衷的人学习编程确实有点困难，因为 C 语言学半天也出不了成品，这就导致初学者体会不到编程带来的便利，无法获得解决问题带来的成就感。好在今时不同往日，Python 这门语言让编程越来越像搭积木，只要选好积木块，很快就能搭建出你想要的东西。即使只是对 Python 的初级应用，也足够非专业人士完成一些枯燥、重复的任务，提高工作与学习效率了。

Python 作为一门编程语言，既简单易学，又功能强大，有自带或第三方开发的大量类库支撑。类库就是个"黑箱子"，专业人士把复杂的、难实现的功能模块做好、封装好，只留下参数接口，这样实现一些复杂功能时就不用从零开始了，使用者只需把模块引入，将个性化参数传过去就可以得到强大的支援了。

1.1.2 Python 的本事很大

Python 对初学者特别友好，但这并不意味这门编程语言只能应付初级的问题。那么 Python 都能做些什么呢？

Python 的本事很大

（1）开发网站以及复杂的网络应用

谷歌的很多项目（如 Groups、Gmail、Maps 等）用 Python 作为网络应用的后端语言。分享服务 Dropbox、豆瓣网、知乎、果壳网，还有风靡国内外的游戏 Minecraft 的树莓派版本，都用到了 Python。

（2）数据分析

Python 有强大的类库支撑，分析人员能迅速地、相对容易地编写出数据分析程序。但 Python 的局限是并行能力弱一些，不擅长处理大规模数据。

（3）机器学习

基于 Python 的机器学习可以用以前的数据预测以后的事情，例如，电商平台利用机器学习对顾客进行精准推荐。

（4）人脸识别和颜色识别

Python 有强大的类库支持这两方面的功能开发，调用相关模块大幅度提高了开发速度。

（5）用作树莓派的主要开发语言

树莓派（Raspberry Pi）是基于 Linux 系统的只有普通信用卡大小的单板计算机，它体积小、价格亲民，可以添加各种传感器来扩展功能。图 1.1 所示为一个配备了树莓派的无人驾驶飞行器（可实现 GPS 定位和自动避让障碍物），它与玩具飞机一样小，如果加上人脸识别模块，还可以具有人脸识别功能。

图 1.1　无人驾驶飞行器 PiDrone

（6）开发视频游戏

Python 的第三方游戏模块 pygame 包含用于画图、图像渲染、声音、动画、3D 等的大量现成函数，可供开发者使用。

（7）编写网络爬虫

爬虫是用来抓取网站数据的程序。谷歌创始人开发的第一个简陋的爬虫程序就是用 Python 编写的。

（8）编写自动化脚本

自动化脚本把重复、枯燥、烦琐的工作用 Python 程序自动完成。

（9）开发友好的图形界面

例如 Python 的第三方模块 Tkinter，可以把菜单、按钮、文本等组件直接添加到窗口中。

小白用 Python 做批处理

（10）浏览器自动化

例如可以编写一个简单的 Python 程序打开浏览器，启动指定的搜索引擎检索设定的关键字，然后自动打开搜索结果中排列在前 10 位的链接，打开这些网页供我们查看，从而省去我们一个一个单击的麻烦。

掌握 Python 基础知识后，可以更好地使用专业人士开发的类库和看懂别人做好的程序示例。把这些类库或示例代码直接拿来用或略做修改后为己所用，可以自动完成一些枯燥、烦琐、重复且耗时的工作，进而增强自己解决问题的能力和提高解决问题的速度。

1.1.3　下载和安装 Python

Python 软件（解释器）负责把 Python 程序翻译成机器能看懂的机器语言让机器去执行，下载和安装 Python 的步骤如下。

下载和安装 Python

（1）打开搜索引擎，找到 Python 的官方网站，如图 1.2 所示。

（2）打开官网首页后，将鼠标指针指向"Downloads"菜单会出现推荐的平台版本，例如"Download for Mac OS X Python 3.7.3"或"Download for Windows Python 3.7.3"，如图 1.3 所示。

图 1.2　Python 官方网站首页

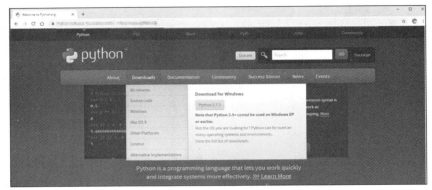

图 1.3　Windows 平台上的 Python 下载界面

（3）下载好安装文件后双击打开，在 Windows 平台上安装 Python 时记得选中"Add Python 3.7
to PATH"复选框，将 Python 加进搜索路径，如图 1.4 所示。

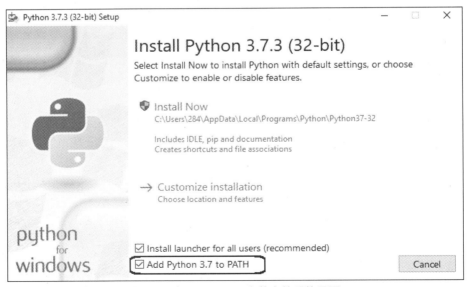

图 1.4　打开 Python 安装文件后的界面

选择"Install Now"选项后会出现安装进度条，如图 1.5 所示。

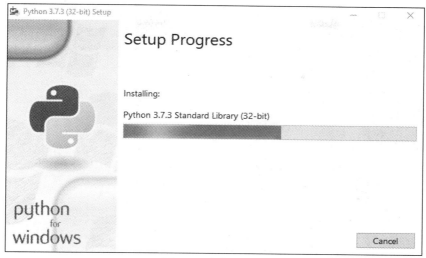

图 1.5　安装进度条

（4）Python 3.6 及之后的版本如果安装在 Mac 系统上，需要手动安装证书，否则会出现 "Certificate_Verify_Failed" 认证错误信息。一般 Python 安装完毕后会自动弹出安装文件所在文件夹的窗口，如果没弹出就打开 Finder，单击左栏的 "Applications"，Python 的安装文件夹会出现在右栏，如图 1.6 所示。在 Mac 系统上，Python 默认的安装路径是/Applications/Python3.X，3.X 是 Python 的版本，例如 3.6、3.7 等。

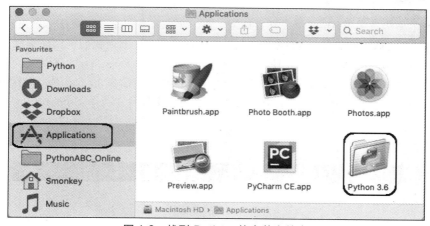

图 1.6　找到 Python 的安装文件夹

进入 Python 的安装文件夹后，双击图 1.7 所示的 "Install Certificate.command"。

图 1.7　在 Mac 系统上手动安装证书

如果在 Windows 系统上安装 Python 时没能把 Python 加进搜索路径，可以在安装完毕后再次运行安装包，在弹出的"Modify Setup"窗口中选择"Modify"选项，如图 1.8 所示。选中"Advanced Options"窗口中的"Add Python to environment variables"复选框后选择"Install"选项修改安装设置。

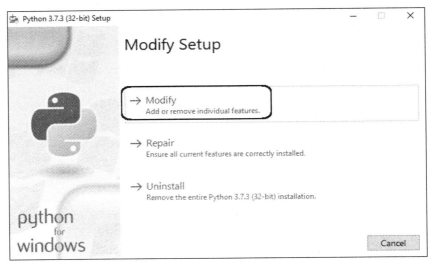

图 1.8　在 Windows 平台上修改安装设置

1.1.4　安装和熟悉 PyCharm

市面上有很多优秀的 Python 集成开发环境（Integrated Development Environment，IDE），这里用的是 PyCharm。PyCharm 提供了一个集成的开发平台，方便我们在上面编写、调试和运行 Python 程序，接下来我们开始安装和使用 PyCharm。

打开搜索引擎，输入"download PyCharm community"后按 Enter 键，找到 PyCharm 的官方网站。进入 PyCharm 官方网站的下载页面，如图 1.9 所示，选择 Community（社区）版就够用了。

图 1.9　下载 PyCharm 的 Community 版

安装过程中，如果提示建立 PyCharm 的桌面快捷方式，可以选择建立。详细安装过程可参见 PythonABC 的教学视频（在 PythonABC 网站、网易云课堂或 bilibili 上搜索关键字 "PythonABC"，都可以找到 PythonABC 的系列教学视频）。

安装完毕第一次打开时，PyCharm 会要求阅读它的隐私政策，用鼠标将界面滚动到底端后，"Accept" 按钮由虚变实，单击它才能继续使用，然后出现图 1.10 所示的界面。

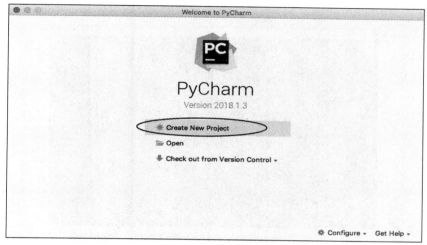

图 1.10　新建或打开项目

如果不是第一次打开，双击 PyCharm 图标后会直接出现图 1.10 所示的界面。选择 "Create New Project" 选项会建立一个保存 Python 程序的文件夹。已经有了项目的选择 "Open" 这个选项，在弹出的文件定位窗口里找到项目文件夹并打开。

如果选择 "Create New Project" 选项新建一个项目（文件夹），会出现图 1.11 所示的窗口。

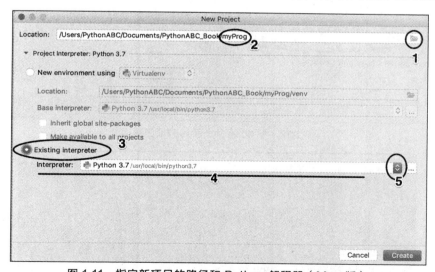

图 1.11　指定新项目的路径和 Python 解释器（Mac 版）

单击图 1.11 所示窗口中标号 1 的位置，弹出的窗口用于改变新项目的存放路径。在标号 2 的输入框内输入给项目起的名字（即新建文件夹的名字）。图 1.11 中的名字是 "myProg"，这个文件夹将用来存放本书用到的 Python 文件。

标号 3 的位置用于指定现有解释器（Existing interpreter），注意标号 4 的下画线位置一定要选 Python 3.X 的解释器。Python 解释器能把 Python 程序解释成机器能理解的机器语言。

如果显示没有解释器（No interpreter），可以单击旁边的蓝色按钮（标号 5 的位置），选择安装好的 Python 3.X。如果下拉菜单是空白的，可以试着单击标号 5 旁边带 3 个点（…）的按钮，在弹出的窗口中选择"system interpreter"选项，找到刚刚安装的 Python。

图 1.12 所示为 PyCharm 在 Windows 平台上的新建项目界面，与 Mac 平台类似。

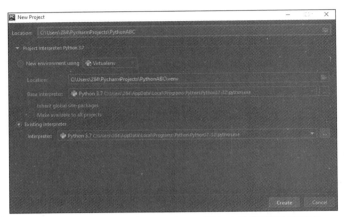

图 1.12　PyCharm 在 Windows 平台上的新建项目界面

最后单击"Create"按钮，Mac 平台上会出现图 1.13 所示的界面，Windows 平台上的界面如图 1.14 所示。两者基本类似，只是菜单项有些许区别。

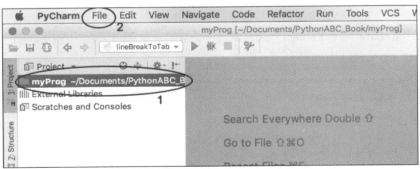

图 1.13　Mac 平台上新建的项目界面

图 1.14　Windows 平台上新建的项目界面

选中图 1.13 中标号 1 的位置（Windows 平台上同），即刚刚建立的项目。然后单击"File"（文件）菜单（标号 2 的位置），在弹出的菜单中选择"New"（新建）选项。可以记住"New"选项旁边的快捷键（Mac 平台的快捷键是 Ctrl+N、Windows 平台的快捷键是 Alt+Insert），直接按快捷键新建 Python 程序文件更方便。注意使用快捷键前要先单击图 1.13 中标号 1 所示的项目或项目下的任意位置，这样才会弹出图 1.15 所示的菜单。

弹出图 1.15 所示的菜单后，选择"Python File"选项新建一个 Python 源代码文件。

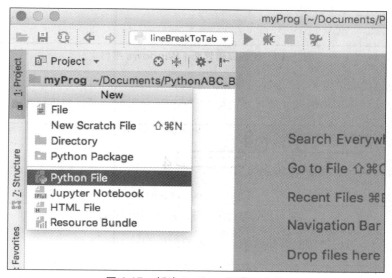

图 1.15　新建 Python 源代码文件

给 Python 源代码文件（.py）起个名字。这里起的名字是"myFirstProg"，图 1.16 所示为 Mac 平台上的界面。

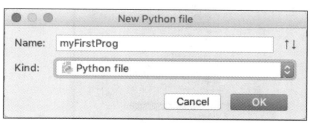

图 1.16　给源代码文件起名字（Mac 平台）

单击"OK"按钮后出现图 1.17 所示的界面，标号 1 标示的标签上显示刚才给.py 文件起的名字"myFirstProg.py"。

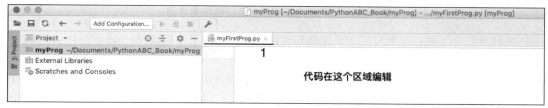

图 1.17　代码编辑界面（Mac 平台）

Windows 平台上的界面如图 1.18 所示。

图 1.18　代码编辑界面（Windows 平台）

Mac 平台上的代码使用了 2.1.2 小节给出的示例：美元转人民币换算器。输入代码后，将鼠标指针指向图 1.19 所示界面中标号 4 所标示的标签"myFirstProg.py"，单击鼠标右键。

图 1.19　与代码运行相关的按键和标签

Windows 平台上运行程序的界面如图 1.20 所示，与 Mac 平台类似。

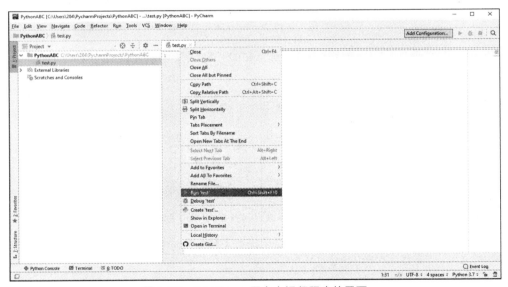

图 1.20　Windows 平台上运行程序的界面

在图 1.19 标号 4 所标示的标签上单击鼠标右键，在弹出的菜单中选择"Run '程序名'"选项运行程序，例如程序名是"myFirstProg.py"，这里就是"Run 'myFirstProg'"。图 1.20 中的程序名为"test.py"，则这里就是"Run 'test'"。运行一次后，图 1.19 标号 1 处的下拉框内的名字就变成了刚刚运行的程序的名字 myFirstProg，单击绿色的"Run"按钮（标号 2 的位置）可运行这个程序。也可以单击打开 PyCharm 的"Run"菜单来运行程序。强行中断程序可以单击标号 3 所示位置的按钮，程序运行过程中该按钮会变成红色。图 1.21 显示的是 Windows 平台上的界面。

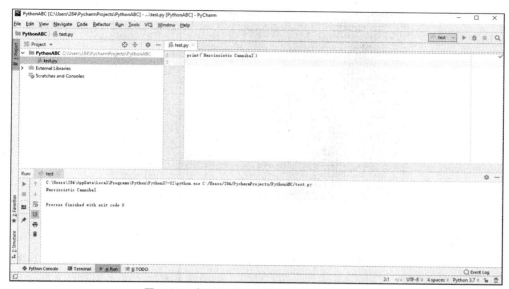

图 1.21　在 Windows 平台上运行 test.py

有错误发生也很正常，图 1.22 显示的是其他程序运行错误时的提示信息。

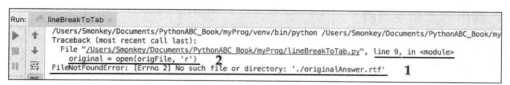

图 1.22　错误提示信息

图 1.22 中标号 1 的位置显示的是错误描述 "FileNotFoundError: [Errno 2] No such file or directory: './originalAnswer.rtf'"。把 "Python+错误描述"（如 Python No such file or directory）复制到搜索引擎上，可以找到别人对该问题提出的解决办法，这也是最常用的排错方法之一。标号 2 的位置给出错误位置和错误语句 "…line 9, in <module> original = open(origFile, 'r')"，对扫清错误大有帮助，经常能指明排除错误的方向。

张冠李戴的情况也经常发生，这不算是程序错误。例如开始在 PyCharm 上调试 li.py 这个程序，一运行却发现运行结果完全不合逻辑！这时候请检查绿色运行按钮旁边的程序名称（位于图 1.19 的标号 1 处的下拉框内），确认运行的是否是 li.py。也许绿色运行按钮旁边的程序名是 zhang.py，那么刚才运行的就不是 li.py，而是 zhang.py 这个程序，运行结果自然也是 zhang.py 的运行结果。将鼠标指针指向 li.py 的标签（图 1.19 所示界面中标号 4 的位置），单击鼠标右键，既运行了 li.py，又同步了绿色运行按钮旁边的程序名称。

单击 "File" 菜单后选择 "Close" 选项，可以关闭 PyCharm 上的项目。

1.2　学习 Python 有窍门

程序是什么？程序就是把解决问题的步骤用接近人类语言的编程语言表达出来的一系列指令。这些指令由这门编程语言自带的编译器或解释器转成计算

共享资源和动手
去做

机能理解的机器语言。机器语言由 0 和 1 组成（见图 1.23）。

图 1.23　机器语言

写程序的第一要求是胸有成竹，解决办法了然于胸后才能用编程语言把解决办法描述出来交给计算机执行。先有办法，才能表达；有了表达，才能执行。编程语言一般都具备接收外界输入的能力、输出处理信息的能力、条件分支能力、循环能力、数学计算能力、改变数据的能力、模拟真实世界的能力（面向对象编程）等，Python 也不例外。怎样才能把 Python 学好呢？学好 Python 没有捷径，但是有窍门。

1.2.1　善用网上教学资源

在某个维度上，互联网把世界扁平化了，例如，以前很难想象有一天能听上麻省理工学院（简称麻省理工）的课，而如今在搜索引擎上搜"MIT Python"，就可以搜到带英文字幕的视频课程。很多大学现在都制作了优秀的网课供大众学习，我们要善于利用网络上这些优质的教学资源。

从风格上看，网上的这些教学视频可分为学院派和实用派。学院派就是麻省理工网上资源的那种风格，讲编程语言的同时带着讲算法，建立编程的整个体系。学院派风格的讲法是让学习者既要知其然也要知其所以然，要求学生能耐得住性子、沉得住气，学进去后比较容易举一反三。实用派是用到什么讲什么，深层次的知识不太提或一带而过，悟性好的学习者可以举一反三。实用派的视频很多都是资深程序员或资深讲师录制的，可以跟他们学到很多实用的知识。

1.2.2　熟悉编辑环境大有益处

Python 程序代码写出来后，调试、运行、调试、运行、调试……这些都发生在集成开发环境 PyCharm 中。熟悉代码的编辑环境 PyCharm 能大大地方便编辑、调试和运行。用 PyCharm 新建或打开一个项目后的界面如图 1.24 所示。

图 1.24 所示界面的区域 1 是新建或打开的项目的结构区，区域 2 是代码编辑区，区域 3 是功能窗口集成区（即运行窗口）。区域 1 里的直线 2 标示的部分是项目名称，从窗口的标题，即直线 1 标示的位置，可以看到程序完整的路径。单击区域 1 直线 2 标示的项目名称左边的三角形图标可以将项目内容展开，看见区域 1 直线 3 标示的程序名。双击直线 3 标示的程序名，该程序的源代码就会出现在区域 2，区域 2 中直线 4 标示的位置也可以看到程序的文件名。区域 2 是我们的"主战场"，这里用于对代码进行编辑。

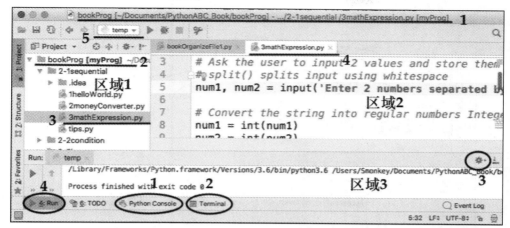

图 1.24　用 PyCharm 新建或打开一个项目后的界面

　　PyCharm 工具栏中直线 5 所标示的位置如果不是空白而是程序名，那么单击右侧绿色运行按钮就可运行该程序。也可以用鼠标右键单击程序标签（区域 2 直线 4 标示的位置），在弹出的菜单中选择"Run'程序名'"运行程序。或者单击要运行程序的标签（区域 2 直线 4 标示的位置）或区域 2 中的任意位置，按快捷键 Ctrl + Shift + R 运行程序。

　　区域 3 最能体现这个集成开发环境的"集成"特性。单击区域 3 圈 4 标示的标签可以查看运行结果。单击圈 1 处的"Python Console"标签，则在 PyCharm 内显示 Python 的终端界面，Python 终端界面上可以解释单个 Python 语句，它是 Python 自带的。实际上 Python 也自带了一个非常简单的编辑器，跟 PyCharm 的关系类似于操作系统自带的文本编辑器和办公软件 Word 的关系。单击圈 2 处的"Terminal"标签可以显示 Mac 平台的终端（terminal）窗口或 Windows 平台的命令（command）窗口。

　　单击区域 3 圈 3 处的设置按钮，会出现图 1.25 所示的界面。在弹出的菜单中选择"Move to"选项，可以选择上（Top）、左（Left）、右（Right）个性化设置区域 3 的位置。

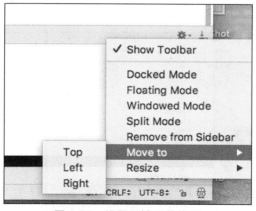

图 1.25　设置区域 3 的位置

　　接下来对编辑环境做些设置。首先通过 Mac 平台上"PyCharm"菜单的"Preferences"选项或 Windows 平台上"File"菜单的"Settings"选项调出个性设置窗口，如图 1.26 所示。

　　单击图 1.26 所示界面的"Editor"（圈 3 位置），选择"Color Scheme"–>"Color Scheme Font"（圈 4 位置）。在圈 1 标示的下拉框里选择自己喜欢的主题（Scheme），如图 1.27 所示。然后还可以在圈 2 位置做些诸如字体和字号大小的个性化调整，调整效果在预览区可即时显现。

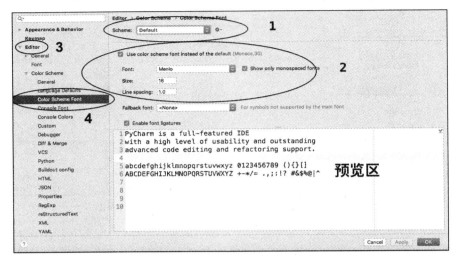

图 1.26　设置颜色主题方案界面

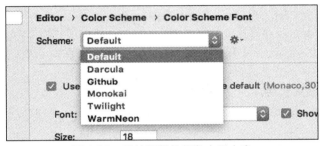

图 1.27　系统提供的颜色主题方案

接下来选择"Editor"—>"Color Scheme"—>"General"，在右栏的"Scheme"下拉列表中选择刚才设置的个性化方案，如图 1.28 所示，PyCharm 会用这个方案来显示代码。

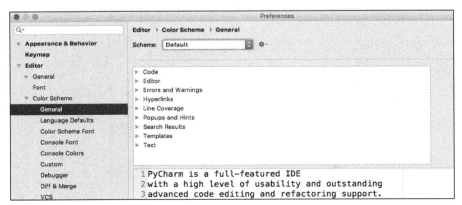

图 1.28　选择颜色主题方案

1.2.3　自己动手，丰衣足食

学 Python 编程跟学数学一样，不二法门是练习，练习，再练习。光看别人做是万万不行的，一定要自己动手多练，比如可以自己动手把本书介绍的例子输入 PyCharm 进行调试，这是一个很好的练习方法。Python 基础知识学明白后就能看懂别人写好的程序了，也会对 Python 程序大概能处理什么样的问题有所了解。接下来就动起来，想想有没有简单重复、耗时恼人的任务可以交给 Python 程序解决。

一般是先把大任务分成一个一个小任务，越具体越好，然后到网上去搜相关话题。能找到参考代码最好，如果找不到，找到相关类库也行。去找类库的技术文档来研究，去技术论坛上看别人怎么用这个类库、有哪些评论和建议，实在不行还可以发帖求教。发帖前要做足功课，至少要把相关类库的技术文档读一读。问题提得越具体越好，问题描述得越清楚越好。

Python 自带的或第三方开发的类库丰富且强大，我们碰到的小问题基本都能通过类库解决。解决问题的代码可以作为"模板"储备起来，再遇到相关问题时拿出来，在它的基础上修改，可以大幅提高开发速度。写程序的积累效果明显，一开始用的时间会很多，越到后面用时越短。在写程序的过程中一头雾水、遇到几只"拦路虎"是很正常的，别轻易放弃。一旦把程序调试出来，得到的成就感、省下的时间、提高的效率会足以抵消这些辛苦。

另外，初学者编写的程序一般不太完善，一定要注意把原文件保存好。例如要写处理文件的程序，不要一上来就动原文件。复制出一份，要处理就处理副本，万一误操作还可以回头找原文件恢复。

最后要强调的是，只看书、看视频、看别人做而自己不写程序，是掌握不了 Python 的。

1.2.4　出错是常态

代码写完只是一个开始，错误和意外在所难免，调试和修改才是重头戏。互联网时代让人们可以非常方便地查看和参考其他人对同样错误的处理办法，把错误信息复制到搜索引擎中可以找到很多有价值的信息。

也可以去技术论坛上求助，发帖求助时要把以下几点说清楚。

（1）解释你想做什么，或者想达到什么目标，而不只是做了什么。

（2）如果你得到了错误提示信息，指明错误发生的具体位置，说明这种错误是偶尔发生，还是总是出现。

（3）把你的代码段和整个错误信息复制出来，有些网站还提供测试链接，便于跟他人共享。

（4）说明为了解决这个问题你都做过哪些尝试。

（5）列出你使用的 Python 版本，以及使用的操作系统和版本号。

有些网站能可视化代码的执行过程。例如 pythontutor，打开网页后单击"Visualize your code and get live help now"进入编辑器，把代码复制到编辑栏后单击"Visualize Execution"开启单步执行（单击"Forward"和"Back"可以控制向前和向后）。语法错误排除后单步执行，以观察运行时变量变化、执行走向和存储变化。了解程序内部执行过程对查找错误很有帮助。

1.3　变量和数据类型

1.3.1　变量

变量用来存放和使用数据。Python 是一门动态语言，变量赋值不需要先声明类型，通俗地说就是变量无须提前定义，直接赋值即可使用。变量的类型不像静态语言那样被限定，而是由所赋的值决定，赋什么值就是什么类型。如 age = 18，age 就是整型变量；name = 'Harry Potter'，name

就是字符型变量；age=[15,16,17]，age 又变成列表类型。=是赋值符号，其左边是变量，右边是值，使用变量之前必须先赋值。

给变量起名时尽量做到顾名思义。变量名可以由字母、数字或下画线组成，不可以用数字开头。名字中若用到几个单词，可以用大写字母标明或用下画线连接不同单词，如 yourName 或者 your_name。注意 Python 的变量名大小写敏感，Name 和 name 是两个不同的变量。另外，变量名不能使用 Python 的关键字，Python 的关键字是 Python 保留给自己用的。可以单击 1.2.2 小节图 1.24 所示界面区域 3 圈 1 的位置（Python Console），输入命令 "help('keywords')" 后按 Enter 键查看 Python 的关键字。

1.3.2 基本数据类型

Python 基本的变量类型有：整型 int，数学意义上的整数；浮点数 float，数学意义上的实数，字符串 string，如'star sky'、"崇山峻岭"，无论是单引号、双引号还是三引号，都可以界定字符串，字符串可以相加（连接），如'3'+'4'为'34'，也可以相乘（复制），如'ok'*3 为'okokok'；布尔型 boolean，真为 True，假为 False（布尔型也可以当作整型来对待，True 相当于 1，False 相当于 0）；列表 list，如['bird', 3.14, [1, 2, 3]]；元组 tuple，如('苏轼', '辛弃疾', '李清照', 3, 4.5)；字典 dictionary，如{'Thranduil': 80, 'Legolas': 60, 'Arwen': 40, 'Galadriel': 100}；集合 set，如{'李白', '杜甫', '白居易', '杜牧', '李商隐'}。

获取变量或数据的类型可用函数 type()，例如 type(age)可以获取变量 age 的类型。type('star sky')得到的类型是字符串。

Python 中所有数据类型都是对象，自带工具箱（即方法函数）。这句话现在不理解没关系，随着后面不断提及和应用，读者可以慢慢体会。

1.3.3 强制类型转换

int()可以将一个字符串或浮点数转换成一个整数，例如 int('520')可得到整数 520。将浮点数强制转换成整数时，小数点后的数据会被直接去掉，如 int(5.99)得到的是 5。如果要将字符串或整数转换成浮点数，则用 float()，如 float('520')可得到浮点数 520.0。str()用于将一个数或其他类型数据转换成字符串，如 str(5.99)可得到字符串'5.99'。

1.4 运算符、注释与缩进

1.4.1 运算符

Python 中经常用的几个算术运算符有：加+、减-、乘*、除/、取余%。另外变量 a 加 1 后赋给 a，即 a = a+1，可以简写成 a+=1。-=、*=、/=同理。

比较运算符有大于>、大于等于>=、小于<、小于等于<=、判断是否相等==、判断是否不相等!=（其中!为取反）。比较运算符用于条件表达式，例如 x>3，满足条件表达式的结果为 True，不满足为 False。

逻辑运算符包括 and、or 和 not，我们用具体的例子来解释。不考虑极端情况，生命要存在，阳光、空气和水缺一不可，即阳光 and 空气 and 水为 True，生命才可以存在。多个条件都得满足时条件表达式用 and 来连接。

非洲大草原上的狮群捕获到羚羊、斑马、小象、非洲水牛中的任何一种动物今天都不会饿肚子，所以抓到一只羚羊 or 斑马 or 小象 or 非洲水牛，今天的狮群就不会饿肚子。多个条件只需要满足一个时，条件表达式用 or 来连接。

有些景点规定只要身高超过 1.2 米就得买全票，"超过 1.2 米"等同于"不在 1.2 米以及之下"，用 not 表达就是 not 身高<=1.2 米。

用逻辑运算符 and、or 和 not 连接条件表达式，条件表达式返回 True 或 False，如表 1.1 所示。

表 1.1　用逻辑运算符连接条件表达式的运算结果

条件表达式	结果	条件表达式	结果	条件表达式	结果
True and True	True	True or True	True	not True	False
True and False	False	True or False	True	not False	True
False and True	False	False or True	True		
False and False	False	False or False	False		

另外在写程序时经常需要中英文输入法来回切换，要特别注意 Python 代码用到的符号要在英文输入法状态下输入。

1.4.2　注释

给代码写注释是一件很重要的事情，注释用来解释代码的作用和功能，提高程序的可读性。Python 解释器解释代码时，会跳过注释行，注释是给人而不是给机器看的。Python 中的注释有单行注释和多行注释，单行注释以#开头，例如：

```
# 这是一个注释。
```

多行注释用 3 个单引号或 3 个双引号作界限符，多行注释内允许换行和有特殊字符，例如：

```
'''
这是多行注释，用3个单引号。
这是多行注释，用3个单引号。
这是多行注释，用3个单引号。
'''
"""
这是多行注释，用3个双引号。
这是多行注释，用3个双引号。
这是多行注释，用3个双引号。
"""
```

一般会在程序首部添加注释解释程序实现的功能。定义类和函数时，也会加上注释解释类或函数的功能和参数。在重要的代码行添加注释有助于代码的理解，是一种良好的编程习惯。在程序中选中多行，按快捷键 Ctrl+/（Windows）或 Command+/（Mac）可以在这些文本行前同时加上注释符#。

1.4.3　缩进和空行

严格的代码缩进是 Python 语法的一大特色，Python 没有像其他语言那样采用{}或者 begin…end 分隔代码块，而是采用代码缩进和冒号来区分代码之间的层次。有相同缩进的连续代码行属于同一代码块，例如：

```
if name == 'Alice':              # if条件判断。
    x = 5
    print('Hi Alice')
```

语句 x=5 与 print('Hi Alice')属于同一代码块。

Python 规定缩进用 4 个空格，如果不遵守代码缩进的规定，运行时会得到 SyntaxError 异常。代码的缩进不同也会导致执行结果不同。

输入 4 个空格比按一下 Tab 键麻烦，所以经常使用 Tab 键来达到缩进效果，这种做法在 Python 中是不被主张的。当混用 Tab 和 4 个空格缩进时会发生错误，提示代码使用的缩进方式不一致。PyCharm 修正了 Tab 缩进的方法：选择 PyCharm 菜单栏的"Edit"->"Convert Indents"->"To Spaces"可以把代码中的 Tab 缩进全部转换成 4 个空格。

函数之间用空行分隔，表明一段新代码的开始。类和函数入口之间也用一行空行分隔，以突出函数入口。空行与代码缩进不同，它并不是 Python 语法的一部分。书写时不插入空行，Python 解释器运行也不会出错。空行的作用在于分隔两段不同功能或含义的代码，便于日后的代码维护或重构。

1.5　类与对象

类和对象是为了更贴近现实地描述问题而引入的概念和方法。类是个抽象的概念，不占用内存空间；对象是类的具体应用实例，会占用内存空间。打个比方，类就像猫这个抽象概念，而类的对象则是具体的加菲猫、波斯猫等。类的对象具有属性和方法函数。例如加菲猫和波斯猫都是毛茸茸的，爪子底下都有肉球，有两只眼睛一个鼻子……这些是属性，属性表达了事物的特征；而猫吃鱼、爬树、睡懒觉、追线球这些是行为，在程序中用方法函数来表达。方法函数表达的是行为能力，也可叫作行为函数。如果说类是模板，那么对象就是根据模板得到的具体实例。

Python 编程的基础知识介绍完后，从第 9 章开始在第三方模块的帮助下解决实际问题时，会贯穿地使用对象。有了使用体验后，理解类和对象会更容易。类和对象的详细介绍在第 21 章。

1.6　引入外援

Python 是"胶水语言"，有大量功能模块可以引入。掌握基础知识后，在第三方模块的辅助下，写出能解决实际问题的代码并不难。安装第三方模块有图形化安装和命令安装两种方法。

1.6.1　PyCharm 图形化安装第三方模块

先来看如何在 PyCharm 图形界面下安装第三方模块。如果是 Mac 系统，就单击"PyCharm"菜单，选择"Preferences"选项，如图 1.29 所示。

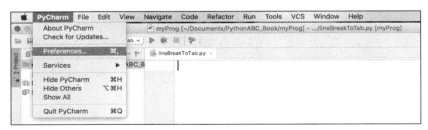

图 1.29　Mac 系统的"PyCharm"菜单

如果是 Windows 系统，选择"File"菜单中的"Settings"选项，如图 1.30 所示。

图 1.30　Windows 系统的"File"菜单

　　弹出图 1.31(Mac)和图 1.32(Windows)所示的界面。也可以使用快捷键:按快捷键 Command +,(Mac)调出"Preferences"窗口(见图 1.31),按快捷键 Ctrl + Alt + S(Windows)调出"Settings" 窗口(见图 1.32)。

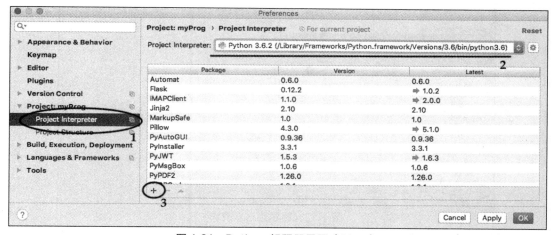

图 1.31　Python 解释器界面(Mac)

　　两个平台上的界面基本相同, 以 Mac 平台上的界面为例。选择图 1.31 上"Project:myProg" (可以是你自己建立的项目名,这里用的是之前建立的项目 "myProg")下的项目解释器"Project Interpreter"(标号 1 的位置)。如果"Project:myProg"左边是侧三角,单击会变成下三角,内容 随之展开,项目解释器 "Project Interpreter" 也会显示出来。确认标号 2 下拉框里的解释器是 Python 3.X,下面的列表中显示已经安装的第三方模块,如果列表为空则表示没有第三方模块被安 装。单击标号 3 的 "+" 调出添加第三方模块的窗口,如图 1.33 所示。

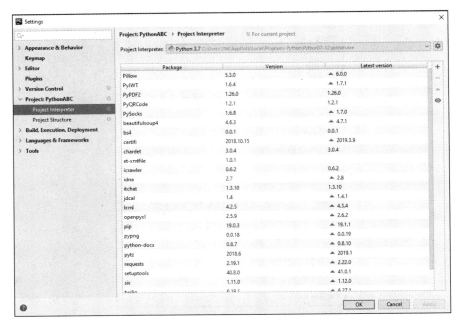

图 1.32 Python 解释器界面（Windows）

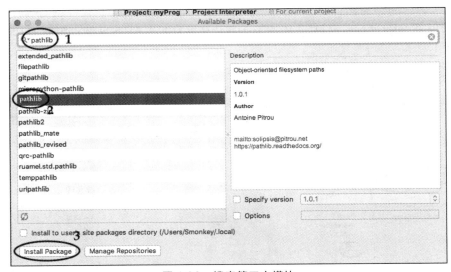

图 1.33 搜索第三方模块

弹出图 1.33 所示的窗口后，在标号 1 标示的搜索框里输入要添加的第三方模块的名称（例如 pathlib）。这个模块如果不存在，显示结果的列表会为空；如果存在，则会有同名模块显示（标号 2 的位置）。单击标号 3 位置的按钮"Install Package"开始安装第三方模块 pathlib，如果安装成功，会出现类似"Package pathlib installed successfully"的提示。

1.6.2 用 pip（pip3）命令安装第三方模块

也可以在 Mac 的终端或 Windows 的命令窗口上用 pip 或 pip3 命令安装第三方模块，步骤如下。
（1）调出终端或命令窗口。
在 Mac 平台上按快捷键 Command+空格键调出搜索栏，输入"terminal"调出终端窗口。

在 Windows 平台上按快捷键 Win+R，在弹出的"运行"窗口中输入"cmd"，按 Enter 键后即可调出命令窗口。

（2）在终端或命令窗口中输入"pip --version"（注意是两条短横线）查看 pip 的版本。

pip（pip3）是 Python 软件包自带的一个管理工具，提供对 Python 包的查找、下载、安装、卸载的功能。从 Python 官网下载安装 Python 时，pip 就自动被安装到系统里。有些版本的 Mac 系统自带 Python 2.7，pip 对应的是 Python 2.7 的版本。安装完 Python 3 后，在终端使用 pip 时，要用 pip3 命令替换掉 pip 命令，比如将"pip --version"替换成"pip3 --version"。如图 1.34 所示，在终端窗口中输入"pip --version"可以查看 pip 命令对应的 Python 版本号。如果 pip 对应的版本是 Python 3，可以大胆使用 pip。

```
SYMBP15:~ PythonABC$ pip --version
pip 20.0.2 from /Library/Frameworks/Python.framework/Versions/3.7/lib/python3.7/site-packages/
pip (python 3.7)
```

图 1.34　查看 pip 对应的 Python 版本号

如果换了一台 Mac 计算机，依次安装完 Python 和 PyCharm 后，在终端窗口中输入"pip --version"，会发现出现错误提示：-bash: pip: command not found。输入命令"which pip"查看 pip 在哪里，不会显示。输入"which pip3"，会看到 pip3 的安装位置，这是安装 Python 3 时附带安装上的。所以最好在任何计算机上都用 pip3 命令。

（3）在 Mac 终端窗口或在 Windows 命令窗口中，安装第三方模块的命令是：
```
pip install <第三方模块>
```
或者：
```
pip3 install <第三方模块>
```
例如安装第三方模块 youtube-dl，输入命令"pip3 install youtube-dl"即可。第三方模块 youtube-dl 可以辅助下载视频网站上的视频。

（4）pip 常用命令如下：
```
pip3 install <模块名>              # 安装第三方模块。
pip3 install -U <模块名>           # 升级第三方模块。
pip3 install --upgrade <模块名>    # 升级第三方模块。
pip3 uninstall <模块名>            # 卸载第三方模块。
pip3 list                         # 列出已安装的包。
pip3 show -f <模块名>              # 显示包所在的目录。
pip3 --version                    # 查看pip版本。
pip3 -h                           # 查看pip使用帮助。
pip install -U pip                # 升级pip本身（Mac）。
```
（5）第三方模块必须安装完毕后才可以在程序中使用，否则会出错。后文中没有特别指明是第三方模块的就是 Python 内置（build-in）模块，Python 内置模块不必安装，可以直接引入使用。

接下来的代码用搜索引擎搜寻自己设定的关键字，并打开搜索结果中排在前 5 位的链接网页：
```
import requests
# requests是第三方模块，帮助获取http网页，需要先安装。
import webbrowser              # 模块webbrowser帮助打开浏览器。
import bs4
''' 要提前安装bs4和lxml。bs4是第三方模块，帮助分析网页以提取内容。解析时还会用到第三方模块lxml，所以也要提前安装，否则解析时会出现错误：bs4.FeatureNotFound:Couldn't find a tree builder……'''
```

```
keyword = "苏轼"                          # 指定关键字。
num = 5                                  # 指定打开几个链接。

# 接下来提交百度搜索链接，获取搜索结束页。
res = requests.get('https://www.baidu.com/s?&wd=' + keyword)
res.raise_for_status()

# 解析网页，分析出搜索结果中的链接。
soup = bs4.BeautifulSoup(res.text, "lxml")
linkElems = soup.findAll("h3", {"class": "t"})

# 取num和搜索结果数量的最小值。
numOpen = min(num, len(linkElems))

# 打开搜索结果。
browser = webbrowser.get()
for child in soup.findAll("h3", {"class": "t"})[:numOpen]:
    browser.open(child.a.get('href'))              # 缩进4个空格。
```

运行程序后，浏览器的 5 个标签（或窗口）被自动打开，分别是在百度搜索引擎上输入"苏轼"得到的搜索结果中排在前 5 位的网页。

本章小结

这一章主要是让读者熟悉代码编辑环境，了解一些基本概念，把编写代码的平台搭建好，为第 2 章编写代码做好准备。

习题

1. 在 PyCharm 中运行以下代码：

```
aGua = 3
aDai = 4
print("阿瓜比阿呆少吃了" + str(aDai - aGua) + "个苹果")
```

2. 用 PyCharm 图形化安装第三方模块 openpyxl。

3. 用 pip 命令安装第三方模块 pathlib。

第 2 章

必须控制程序走向

编程跟炒菜做饭有点像，所以我们先从简单的"焖大米饭"——控制程序执行顺序学起。程序语句的执行走向有 3 种：顺序、选择和循环。

学习重点

掌握程序执行的 3 种走向（顺序执行、条件分支和循环控制），以及 break 和 continue 的使用方法。

2.1 顺序执行

基于礼貌，我们的第一个程序要跟用户打个招呼。

2.1.1 第一个 Python 程序

动手写程序之前，作为初学者的我们可以把要做的步骤先勾勒出来，例如这个程序首先询问和接收用户输入的名字，然后礼貌地问候用户，并输出用户名字的长度；最后询问和接收用户输入的年龄，输出用户明年的年龄。代码如下：

```
# --------------------- 我们的第一个程序 ---------------------------

print('初次见面，请多关照！')
# 字符串用单引号和双引号界定。print()将字符串输出到1.2.2小节图1.24所示界面的区域3。

yourName = input('怎样称呼您？')
''' input()是个函数，询问和接收用户从键盘输入的名字。'怎样称呼您？'这个字符串会显示在屏幕上，提示用户输入名字。用户从键盘输入的字符串被接收进来后赋给变量yourName，"="是赋值号。'''

print('很高兴认识您，' + yourName)
''' "+"将两个字符串连接起来。假如yourName接收的字符串是'精灵王'，那么用"+"连接的结果就是"很高兴认识您，精灵王"。'''

# 输出用户名的长度：
print('您的名字有 '+ str(len(yourName)) +'个字')
''' len(yourName)返回变量yourName存放的字符串的长度（整数）。str(len(yourName))把字符串长度（整型）转换成字符串类型。运算符 "+" 可以连接两个字符串，也可以把两个数字加起来，但将字符串和数字用 "+" 连在一起就会报错，例如'string'+3。所以要对数字做强制类型转换，先转换成字符串，而后才与其他字符串连接。'''

yourAge = input('您贵庚？')              # 询问用户年龄。
print('明年您将 ' + str(int(yourAge) + 1) + ' 岁')
''' yourAge接收用户输入的字符串后，强制类型转换函数int()将字符串转换成整数，加1后再转成字符串与其他字符串用 "+" 连接。'''
```

程序运行结果：

```
初次见面，请多关照！
怎样称呼您？精灵王
很高兴认识您，精灵王
您的名字有3个字
您贵庚？2000
明年您将 2001 岁
```

2.1.2 美元转人民币换算器

接下来的程序是美元转人民币换算器，程序要实现的功能说明用注释行放在程序的首部，代码要做以下工作。

1. 记下美元与人民币汇率。
2. 提示用户从键盘输入要换算的美元数。

3. 为了进行计算，强制将美元数从输入的字符串转换成数值。

4. 换算公式：人民币 = 美元 × 汇率。

5. 输出结果。

代码如下：

```
# --------------------- 程序将美元换算成人民币 ---------------------

exchangeRate = 7
''' 将查到的汇率放到变量exchangeRate里。将汇率放在变量里，汇率发生变化时只需修改变量的数
值，而无须遍寻程序找到所有的汇率数字一处一处地修改，那样不仅麻烦还容易遗漏。'''

dollar = input('请输入美元数目：')
''' 提示用户输入美元数目后，变量dollar接收用户的输入。第3章会介绍一个检查用户输入是否为数
字字符的方法函数isdigit()，确保只接收数字字符。'''

dollar = int(dollar)
# 接收的是字符串，如'500'。要先做类型转换，否则无法参与后面的数学运算。

CNY = dollar * exchangeRate            # 乘以汇率换算。

print("{} 美元可以兑换 {} 元".format(dollar, CNY))
# 使用占位符{}和format()配合输出换算结果。占位符{}先把位置占上，内容后面再添加。
```

Python 的数据类型都是对象，都有自己的方法函数，format()就是字符串的一个方法函数，它把传给它的实参放到占位符{}的位置。

程序运行结果：

```
请输入美元：1000
1000 美元可以兑换 7000 元
```

2.1.3 实现具有加、减、乘、除和取余功能的简易计算器

最后看一段将两个数进行加、减、乘、除、取余运算，并输出其数学表达式的代码。代码的实现步骤如下。

1. 输入两个操作数到 num1 和 num2，此时两个操作数以字符串的形式保存在变量 num1 和 num2 中。

2. 对存放操作数字符串的 num1 和 num2 做强制类型转换，将字符串类型转换成整型。

3. 求和。

4. 求差。

5. 求积。

6. 求商。

7. 取余。

8. 用占位符{}和字符串的方法函数 format()配合输出数学表达式。

代码如下：

```
# ----------------------- 两个数的运算 -----------------------

num1, num2 = input('请输入两个数（用空格分开）：').split()
# 提示用户输入两个数，用split()将两个数分开后分别存入变量num1和num2。

num1 = int(num1)                     # 将字符串转换成整数。
```

```
num2 = int(num2)

sum = num1 + num2              # 两数相加，将和存入sum。
difference = num1 - num2       # 两数相减，将差存入difference。
product = num1 * num2          # 两数相乘，将积存入product。
quotient = num1 / num2         # 两数相除，将商存入quotient。
remainder = num1 % num2        # 取余%，如 5 % 3 = 2，将余数存入remainder。

# 输出运行结果，将format()带的参数填入占位符{}：
print("{} + {} = {}".format(num1,num2,sum))
print("{} - {} = {}".format(num1,num2,difference))
print("{} * {} = {}".format(num1,num2,product))
print("{} / {} = {}".format(num1,num2,quotient))
print("{} % {} = {}".format(num1,num2,remainder))
```

程序运行结果：

```
请输入两个数（用空格分开）: 45 60
45 + 60 = 105
45 - 60 = -15
45 * 60 = 2700
45 / 60 = 0.75
45 % 60 = 45
```

这里对 num1, num2 = input('请输入两个数（用空格分开）:').split()这句代码多做些解释。假设 input('请输入两个数(用空格分开):')用户输入 3 5，则 input('请输入两个数（用空格分开）:').split()就变成了'3 5'.split()。split()是字符串的方法函数，可将字符串从空格的位置分隔，所以'3 5'.split()会得到['3', '5']。再举个 split()的例子，"The lord of the ring".split()会得到["The","lord","of","the","ring"]。

字符串分隔完毕后，通过赋值号 "=" 将分隔出来的字符串分别赋给 num1 和 num2，相当于 num1, num2 = ['3', '5']。对几个变量同时赋值也叫集体赋值（详见 5.1.2 小节集体赋值），是很省力的一种赋值法，要注意变量和给的值数目要保持一致，否则会出错。

本节的 3 个程序都是从上至下，一条语句接着一条语句地执行，下面来看条件分支语句的处理。

2.2 条件分支

人生充满选择，哪怕是出个门，也可能面临以下选择。

下雨了么？没下->出发

啊呀，下大雨了！带伞没？带了->出发

没带->只好回屋等一会儿

过了一会儿看看雨停了没有，停了->出发

没停继续等……

流程图的表示如图 2.1 所示。

条件分支

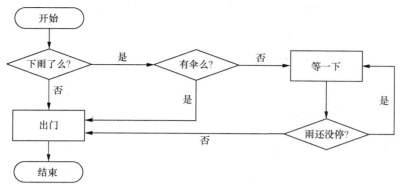

图 2.1　出门时的情况条件分支流程图

Python 中用 if…elif…else 语句来表达这种条件分支。

2.2.1　if 语句和 Python 的缩进

下面通过一个实例介绍 if 语句和 Python 的缩进，实例内容如下。

先来判断一个变量的值是不是'Alice'，如果是就输出'Hi, Alice'；不管变量的值是不是'Alice'，退出程序前都输出'Done'。表达这个 if 条件分支的流程图如图 2.2 所示。

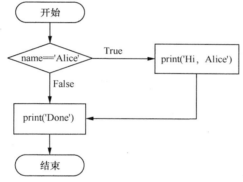

图 2.2　if 条件分支流程图

```
name = 'Alice'
if name == 'Alice':              # if条件判断。
    print('Hi Alice')            # 条件为真时执行，缩进4个空格。
print('Done')
```

程序运行结果：

```
Hi Alice
Done
```

if 后面的 name == 'Alice'是条件表达式，判断变量 name 的值是否等于 Alice，返回值为 True 或 False。如果返回 True 则执行 if 后面的程序块；返回 False，则跳过 if 语句。注意 if 后的条件表达式后的冒号“:”不要忘记写，它表示开启 if 条件成立时的程序块。条件表达式 name == 'Alice'用到了判断是否相等的关系运算符==。

2.2.2　if…elif…else 条件判断

接下来看 if…else 语句。一个密码检查例子：设定的密码是 swordfish，

if…elif…else 条件
判断

如果通过键盘输入的密码也是 swordfish 则放行，否则将被拒绝。流程图如图 2.3 所示。

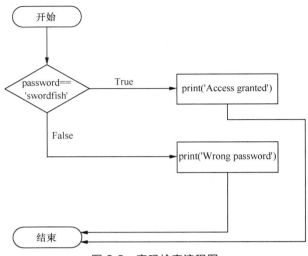

图 2.3　密码检查流程图

用代码表达如下：

```
correctPassword = 'swordfish'              # 正确密码。

password = input('请输入密码：')
if password == correctPassword:            # 判断条件。
    print('Access granted')                # 条件为真时。
else:
# 注意else后也有冒号，else表示开启条件表达式为False时的程序块。
    print('Wrong password')                # 条件为假时。
```

程序运行结果：

```
请输入密码：swordfish
Access granted
```

或者：

```
请输入密码：shark
Wrong password
```

再来看 if…elif…else 语句的示例。给 name 和 age 两个变量赋值后开启条件分支模式。先判断名字是不是"聂小倩"，不是的话根据年龄做出不同的反应：

小于 12 岁，输出"你不是聂小倩，小屁孩"；

大于 2000 岁，输出"不像你，聂小倩才不是黑山老妖呐！"；

大于 100 岁，输出"老奶奶您不是聂小倩"；

都不是以上情况时，输出"请问您知道聂小倩在哪里么？"。

代码如下：

```
name = 'Bob'
age = 3000

if name == '聂小倩':
    print('你好，聂小倩.')
elif age < 12:
    print('你不是聂小倩，小屁孩')
```

```
elif age > 2000:              # elif 条件表达式后面紧跟的 "：" 忘记写会报错。
    print('不像你, 聂小倩才不是黑山老妖呐! ')
elif age > 100:
    print('老奶奶您不是聂小倩')
else:
# else不是必需的, 可根据需要使用, 只用if…elif…也没问题。
    print('请问您知道聂小倩在哪里么? ')
```

程序运行结果:

不像你, 聂小倩才不是黑山老妖呐!

问题来了, 条件表达式 age > 2000 及其所引领的语句可以与条件表达式 age > 100 及其所引领的语句调换么? 答案是不可以。因为 age > 2000 在 age > 100 的覆盖范围内, 如果 age > 100 放在前面, age > 2000 就永远没机会执行了。所以越具体的条件越要放在前面, 放在后面会被宽泛的条件覆盖掉。

2.2.3　and、or 和 not

下面用逻辑运算符 and、or 和 not 编写一个有趣的程序: 根据用户年龄判断生日这天是否特别。我们先来想想哪个年龄的生日会比较特别。18 岁前的每一年, 生日这天都很特别。那时我们还待在父母身边, 生日前的好几天就开始策划和盼望, 还可以借机跟父母要期待已久的礼物。生日那天有大餐, 有大大的生日蛋糕, 也许还有生日聚会, 会收到很多祝福和礼物……在那之后的许多年, 我们不再像之前那样关注生日这天。我们奔波忙碌、承担责任和迎接一个又一个的挑战, 再没有兴致像年少时那样庆祝生日……直到 60 岁大寿, 此时人生大部分责任已经完成, 终于可以放慢脚步, 细细体味人生, 庆祝越来越少的生日。貌似间隔的时间太长了点, 好吧, 那 21 岁大学毕业和知天命的年龄 50 岁也庆祝一下吧。

程序要求如下。

1. 从键盘接收用户输入的年龄, 转换成整数后赋值给变量 age。
2. 如果年龄在 1 岁 ~ 18 岁, 输出 "日盼夜盼, 终于把生日这天盼来了, 必须大肆庆祝!"
3. 如果年龄是 21 岁或 50 岁, 输出 "今天是个好日子!"
4. 如果年龄大于等于 60 岁, 输出 "生日这天要好好庆祝!"
5. 除了以上年龄条件, 其他年龄输入后, 输出 "这个年龄的生日嘛……平常该怎么过, 生日这天就怎么过"。

具体代码如下:

```
# ---------- 年龄决定着生日是否特别 ----------

age = int(input("您的年龄: "))
''' input()给出提示语, 接收从键盘输入的年龄。int()对接收进来的字符串做强制类型转换, 而后
通过赋值=把年龄赋给变量age。这里没有对输入做检查, 写完字符串后可以加一个判断, 确保接收进来的是
数字字符。'''

if (age >= 1) and (age <= 18):
# and连接条件表达式时, 都为True结果才为True。
    print("日盼夜盼, 终于把生日这天盼来了, 必须大肆庆祝! ")

elif (age ==21) or (age ==50):
# or连接条件表达式时, 一个为True结果就为True。
    print("今天是个好日子! ")
```

```
elif not(age < 60):
# 这样写是为了"不择手段"用not，not (age < 60)同age >= 60。
    print("生日这天要好好庆祝")

else:                         # 前面条件都不满足时执行。
    print("这个年龄的生日嘛……平常该怎么过，生日这天就怎么过")
```

输入"40"的运行结果：

```
您的年龄：40
这个年龄的生日嘛……平常该怎么过，生日这天就怎么过
```

2.3　循环控制

Python 的循环控制包括 for 循环和 while 循环，循环次数比较明确的情况下多采用 for 循环，而循环次数不那么明确时则使用 while 循环。

2.3.1　for 循环

for 循环的格式很工整：

```
for 循环变量 in 有序序列：
    相对于"f"字符缩进4个空格的循环模块
```

"有序序列"可以是列表（列表后面会用一章单独介绍），例如循环控制变量 i 遍历列表，依次取值 2、4、6、8、10：

```
for i in [2, 4, 6, 8, 10]:        # 用循环遍历列表。
    print("i = ", i)
```

"有序序列"还可以是 range() 函数自动产生的序列，range(起点,终点,步长)是个有趣又有用的函数：

```
for i in range(0, 10, 2):
    print('i = {} '.format(i))
```

循环变量 i 的取值依次为 0、2、4、6、8，即从起点 0 开始以步长 2 向上递增到 8，注意循环变量 i 取的最后一个值不是 10，即 rang()包括起点但不包括终点。虽然 range()从起点开始向着终点以步长的速度靠近，却不意味着起点就得比终点小。步长为负时，终点可以比起点小：

```
for i in range(5, -1, -1):
    print('i = {} '.format(i))
```

循环变量 i 的取值依次为 5、4、3、2、1、0，不包括终点-1。

调用 range()函数时不必 3 个参数都给全了，当步长为 1 时，步长参数可以省略：

```
for i in range(12,16):
    print('i = {} '.format(i))
```

循环变量 i 的取值依次为 12、13、14、15。

也可以只给一个参数，这个参数是终点，起点默认为 0，步长默认为 1：

```
for i in range(5):
    print('i = {} '.format(i))
```

循环了 5 次，循环变量 i 的取值依次为 0、1、2、3、4。

接下来用 for 循环语句将 20 以内的奇数输出：

```
for i in range(21):
    if (i % 2) != 0:
```

```
''' i % 2是对2取余，结果不是0（偶数）就是1（奇数）。
    关系运算符!=（不等于）与==（等于）相反，判断余数是否不等于0。'''
    print('i =', i)
```

这里用"，"分隔 print() 的实参：字符串'i='和数值变量 i。若还有变量要输出，可以继续用逗号分隔列下去，如 print('i=', i, j)，输出时系统会自动添加空格分隔它们的值。

来看用循环计算 $1 + 2 + 3 + 4 + \cdots + 99 + 100$。方法是先将存储和的变量清零，再用 for 循环完成累加，最后输出结果：

```
# 1 + 2 + 3 + 4 + … + 99 + 100

total = 0         # 清空存放累加和的变量total。

# for循环累加1到100的整数，range(101)控制下的循环变量num的变化是0～100。
for num in range(101):
    total += num             # 相当于 total = total + num。

print('1 + 2 + 3 + … + 100 =', total)
# print()的实参用"，"分隔字符串和数值变量，输出时系统会在字符串与total的值之间加一个空格。
```

程序运行结果：

```
1 + 2 + 3 + … + 100 = 5050
```

再看一个计算一笔钱投资 10 年后能拿回多少的例子。例如投了本金 1000 元（放进变量 money 里），利率为 3%；第二年的 money = 第一年的 money + 第一年的 money × 3%；第三年的 money = 第二年的 money + 第二年的 money × 3%……累加 10 次可得 10 年后金额。用代码来解决的思路是请用户输入本金和利率、为了参与数学计算将用户输入的字符串转成实数、for 循环语句循环 10 次模拟 10 年、for 循环体内部金额每次累加利息（金额 × 利率）、输出计算结果：

```
# ---------- 计算10年的投资回报（复利率）----------

money = input('请输入投资的本金：')
# 输入本金，此时money里存放的是数字字符串。
interest_rate = input('利率：')            # 输入利率，也是数字字符串。

money = float(money)
''' float()将money接收进来的字符串强制转换成实数，float是浮点数类型或者叫实数类型，跟整
型int和字符串类型string一样都属于基本数据类型。'''

interest_rate = float(interest_rate) * 0.01
''' 将interest_rate接收进来的字符串转换成浮点数，再乘一个0.01。我们经常说利率是4，实际上
是指利率是4%。所以4作为字符输入interest_rate后先转成数字4，然后还要将其变成0.04（等于4%）。'''

for i in range(10):            # for循环循环10次，模拟10年（i的变化是0～9）。
    money = money + money * interest_rate
    # 每年年末账户里的钱等于本金加上这一年的利息，这个累加和作为明年的本金。

print("10年后的金额为：{:.2f}".format(money))
''' 输出的占位符{}内设置了浮点数的输出格式："":.2f"是指定保留小数点后的2位数字。如果是
":5.2f"就是占位符的整个输出占5个字符的位置，不够就在前面放空格，保留2位小数。3.1415按规定格
式"{:5.2f}"输出就是 3.14，补了一个空格，小数点也占一位。'''
```

程序运行结果：

```
请输入投资的本金：50000
```

利率：3
10年后的金额为：67195.82

2.3.2　while 循环

while 循环

当循环次数不确定、循环变量的变化不在有序序列中时，使用 while 循环：

```
while  条件表达式：
    循环体
```

条件表达式（如 x>=7）的结果为 True 时，进入循环体；为 False 时，不进入循环体。一般会在 while 语句之前对循环变量进行初始化，在循环体内部对循环变量做递增或递减的操作。循环必须有"出口"结束循环，要避免死循环。死循环是指一直在 while 循环里执行，不强行终止程序就不从循环中出来。

来看一段程序：提示用户输入"你的名字"，但用户如果老老实实地输入自己的名字，就会一直被要求输入"你的名字"；直到用户真的输入"你的名字"4 个字，破坏了进入循环的条件（进入循环的条件表达式 name != '你的名字'为 False），才会退出循环执行 while 后面的语句。代码如下：

```
name = ''                 # 循环变量name赋初值。

# 条件满足时进入while循环，循环变量name只有得到"你的名字"的输入才能退出循环。
while name != '你的名字':
    name = input('请输入你的姓名：')

print('谢谢！')
```

程序运行结果：

```
请输入你的姓名：PythonABC
请输入你的姓名：令狐冲
请输入你的姓名：你的名字
谢谢！
```

2.3.3　break 和 continue

除了当进入 while 循环的条件表达式的结果为 False 时可跳出循环，在循环体内加 break 也可以退出整个循环，例如前面那个程序就可以改写成：

```
name = ''
while True:
''' 无条件进入循环体。进入循环的条件表达式永远为真，所以无法通过进入条件表达式为假退出循环。
如果循环体内没有break，那么这是个死循环。'''

    name = input('请输入你的姓名：')        # name接收输入的名字。

    # 给出了循环退出条件：name == '你的名字'。
    if name == '你的名字':
        break
        # break退出整个while循环后，执行while之后的print语句。

print('谢谢！')
```

程序运行结果：

```
请输入你的姓名：老顽童
请输入你的姓名：胡青牛
请输入你的姓名：你的名字
```

谢谢!

和 break 退出整个循环不同，continue 语句是退出本轮循环，开启下一轮循环：

```
# break彻底跳出循环，continue只是跳出本次循环。
i = 1                    # 循环变量赋初值。

while i <= 20:
    ''' 进入while循环的条件表达式是i <= 20，如果循环体内没有break和continue，理论上是
i > 20时退出循环。'''

    if i % 2 == 0:       # 这个if语句的进入条件是i为偶数。
        i += 1           # 循环变量加1。
        continue
    ''' continue语句结束本轮循环，开启下一轮循环，也就是此时while循环体内continue以后的语句
都不执行了，直接跳到循环开始的条件表达式判断是再进入循环还是越过while循环开始执行while后面的语
句。'''

    if i == 15:                  # i为15时跳出整个while循环。
        break
    # 执行break退出while循环，尽管此时i以及i之后的几个数都满足i <= 20 的while循环进入条件。

    print("Odd : ", i)
    ''' 输出执行到这一步的奇数。当i是15时，尽管也是奇数，但因为被"break"跳出整个循环了，所以
15以及之后的奇数没有机会输出。'''

    i += 1                       # 循环变量以1递增。
```

程序运行结果：

```
Odd :  1
Odd :  3
Odd :  5
Odd :  7
Odd :  9
Odd :  11
Odd :  13
```

2.3.4 循环实例：for 与 while 联手输出松树

最后看一个由 for 和 while 配合的程序，输出图 2.4 所示的
松树，由用户决定松树高度。写循环语句必须先找出变化规律，
找到规律后，循环变量如何变化、循环终止条件这些也就清楚了。
来看这棵高度为 5 的松树。

1. 树冠共 5 行，跟用户输入的高度值相同。

2. 每一行都是先输出若干空格，然后再输出若干 "#"。

3. 空格数依次为 4、3、2、1、0，规律是空格数逐行递减 1，
初值为 4，由树的高度-1 获得。

```
        #
       ###
      #####
     #######
    #########
        #
```

图 2.4 高度为 5 的松树

4. "#" 的个数依次为 1、3、5、7、9，"#" 的数目逐行递
增 2，初值为 1。

5. 最后的树干前后各有 4 个空格，中间有 1 个#，跟第一行的树尖前面的空格数和 "#" 的个
数完全一样。

代码如下：

```
# ----------------------- 输出一棵松树 -----------------------------

tree_height = int(input("要输出多高的松树？  "))
# 取得树的高度。从键盘输入数字字符，用int()强制将类型转换成整型。

spaces = tree_height - 1
# 初始化空格变量spaces，spaces存放每一行最先输出的空格数。

hashes = 1                       # 初始化字符变量hashes，hashes存放 "#" 的个数。
stump_spaces = tree_height - 1   # 树干前的空格数与第一行树尖 "#" 前的空格数相同。

''' while循环输出树冠，循环次数等于树的高度。进入循环的条件是tree_height!=0，当tree_
height初值为5，显然满足进入循环的条件。循环体内的tree_height逐次递减1，即5、4、3、2、1、0。
减到0时，进入循环的条件表达式为0!= 0，为False，不再满足进入循环的条件，所以while循环结束。'''
while tree_height != 0:

for i in range(spaces):          # 先输出空格。
    print(' ', end='')
''' 第一个参数是' '空格符，引号中间是空格；第二个参数end=''是空字符，引号中间什么也没有。
指定参数end=''是因为print输出完字符串后，会默认换行，若设置了end=''（空字符串），则输出字符串
后不换行，继续在同一行输出。'''

    for i in range(hashes):      # 再输出 "#" 字符。
        print('#', end='')

    print()                      # 一行的空格和 "#" 输出完了，换到下一行。

    spaces -= 1                  # 空格数逐次递减1。
    hashes += 2                  # 字符 "#" 个数逐次递增2。
    tree_height -= 1             # 循环变量tree_height逐次递减1。

for i in range(stump_spaces):            # 输出树干前的空格。
    print(' ', end='')
''' 缩进的变化表明这条语句已经不在while循环体内了，这条for循环输出松树最底下的树干前的空
格。'''

print("#")                       # 输出树干
```

程序运行结果：

```
要输出多高的松树？  9
        #
       ###
      #####
     #######
    #########
   ###########
  #############
 ###############
#################
        #
```

本章小结

代码可按顺序、条件分支（if）或循环（while、for）执行，还可用 break 和 continue 控制程序在循环中的走向。学习完如何控制程序走向后，下一章我们来了解以后会经常碰到的数据类型——字符串。

习题

1. 写一个程序，询问用户年龄，超过 18 岁才输出可以参加驾驶证考试。

2. 期末考试采用五分制：

90~100 为 A；80~89 为 B；70~79 为 C；60~69 为 D；<60 为 F。

写一个程序，接收卷面成绩，给出五分制分数。

3. 写一个程序完成摄氏温度与华氏温度的转换：

输入一个摄氏温度，将其转换成华氏温度并输出，转换公式为华氏温度=(摄氏温度×9÷5)+32；

输入一个华氏温度，将其转换成摄氏温度并输出，转换公式为摄氏温度=(华氏温度−32)×5÷9。

4. 写一个程序，根据输入的身高（单位：米）和体重（单位：千克）计算 BMI，然后根据 BMI 结果给出是否要进行体重控制的提示。BMI = 体重÷(身高×身高)，BMI 正常范围：18.5~24.9。

5. 写一个猜数游戏的程序。设定三级难度，第一级猜数的范围为 1~10；第二级猜数的范围为 1~100；第三极猜数的范围为 1~1000，程序的输出结果大概是：

```
一起玩猜数游戏吧，先来选游戏难度（1~3）: 1
我想好数了，猜猜我想的是哪个数? 2
太小了，再猜: 5
太大了，再猜: 3
猜对了，3次猜中！
还要玩一局么? n
走好，回见
```

第 3 章

经常打交道的字符串

字符串是编程时经常打交道的一个对象。"知己知彼才能百战不殆"，所以必须把它拆开，里里外外地研究个遍。

学习重点

掌握字符串的使用方法：如何索引和切片，如何遍历、连接和复制字符串，字符串自带工具包里工具的使用方法。

3.1 字符串的基本知识

字符串的基本知识

字符串可以用单引号对（''）、双引号对（""）、3 个单引号对（''' '''）或 3 个双引号对（""" """）进行界定。3 个单（双）引号对界定的字符串里可以换行，也可以有特殊字符，还可以用作多行注释。单引号对和双引号对界定的字符串里如果有特殊字符，需要转义字符"\"配合，例如回车符用"\n"。那么如果要表达"\"这个字符怎么办呢？只好在前面再加一个转义字符"\"，即"\\"。

3.1.1 索引和切片

索引和切片

字符串的索引可以用来引用字符串里的某个字符（见图 3.1），切片则可以用来引用片段（子串）。

图 3.1 字符串的索引

索引用来提取字符串里的单个字符，索引分为正向索引和逆向索引。正向索引从左边开始，正向，0、1、2、3……，samp_string[0]是字符串第一个字符。逆向索引从右边开始，反向，-1、-2、-3、-4……，samp_string[-1]是字符串最后一个字符。正向索引和负向索引可以混合使用。

samp_string[30]等同于 samp_string[-1]，都是字符串的最后一个字符。通过 len()可以获得字符串的长度，例如 len(samp_string)为 31，字符串里最后一个字符的正向索引通过 len(samp_string)-1 获得，即 30。

切片是指通过指明字符串的起始和终止索引获取字符串上的一个片段，例如下面几种情况。

1. samp_string[0:4]是从 samp_string[0]开始到 samp_sting[3]的子串'what'，包括起始索引 0 指向的字符"w"，但不包括终止索引 4 指向的字符"e"。

2. samp_string[8:]是从索引 8 指向的字符开始到串尾的片段（'you are, be a good one'），如果不指定终止索引则默认到串尾。

3. 正负索引可以混用，samp_string[9:-4]，起始索引 9 指向字符"y"，终止索引-4 指向字符"d"，切片从起始索引 9 指向的字符"y"到终止索引-4 指向的字符"d"，即'you are,be a good'。

4. samp_string[:3]指从串首（索引为 0）到索引为 2（3 之前）的位置，即'Wha'。

5. 切片除了可以指定起始和终止索引，还可以指定步长。例如 samp_string[::6]，索引以 6 为步长递增，即索引 0、6、12、18、24、30 指向的字符组成的字符串"We boe"。

6. 步长也可以为负，为负则逆向取。例如 samp_string[::-1]将整个字符串逆向：eno doog a eb ,era uoy revetahW。

再举个切片的例子，url = "PythonABC.org"：

url[-3:]是'org'；url[:9]是'PythonABC'；url[6:-4]是'ABC'（正向、负向索引可以混用）。

3.1.2　字符串的遍历、连接与复制

字符串是有序序列，可用 for 循环遍历字符串中的每一个字符：

```
for char in samp_string:
```

注意字符串的正向索引从 0 开始，最后一个字符的正向索引是字符串的长度-1。如果将字符串长度作为字符串最后一个字符的索引会报错，例如 len(samp_string)是 31，如果在程序中写 samp_string[31]，运行时就会出现 "IndexError: string index out of range" 的错误提示，意思是索引超出范围了。

可以用 in 判断字符是不是属于某个字符串，例如'h' in samp_string 为 True；'z' in samp_string 为 False。字符串也可以有 + 和 * 的操作：+ 表示连接字符串，如'star' + 'sky'是 "starsky"；* 表示复制字符串，如'fire' * 3是'firefirefire'。2.3.4 小节输出松树的程序中：

```
for i in range(hashes):
    print('#', end='')
```

可以用一条语句来替换：

```
print('#' * hashes,end='')
```

3.1.3　每个字符都对应一个 Unicode

字符'A'～'Z'对应 Unicode 65～90，字符'a'～'z'对应 Unicode 97～122。可以通过 ord()函数获取字符的 Unicode，通过 chr()反向获取 Unicode 对应的字符。

```
print('A =', ord('A'))        # 输出：A = 65。

print('桃的Unicode是{}'.format(ord('桃')))
# 输出：桃的Unicode是26691。

print("65 =", chr(65))
# chr()是ord()的反向操作，输出：65 = A。
```

3.2　自带工具包里好用的工具

Python 字符串自带 "工具包"，里面有很多强大的工具（方法函数）可以使用（调用）。

3.2.1　去空格和大小写切换

去掉下面字符串中的空格：

```
rand_string = '        And still I rise        '
```

rand_string.lstrip()去掉左边的空格，rand_string 变成'And still I rise   '。

rand_string.rstrip()去掉右边的空格，rand_string 变成'   And still I rise'。

rand_string.strip()将左右的空格都去掉，rand_string 变成'And still I rise'。

将以下字符串部分或全部切换为大写字母：

```
rand_string = 'what you risk reveals what you value'
```

调用 rand_string.capitalize()之后，rand_string 变成'What you risk reveals what you value'。

调用 rand_string.upper()之后，rand_string 变成'WHAT YOU RISK REVEALS WHAT YOU VALUE'。

将以下字符串切换成小写字母：

```
capital_string = 'WHAT WE THINK, WE BECOME.'
```

调用 capital_string.lower()之后，capital_string 变成'what we think，we become.'。

3.2.2　数个数、定位和替换

对以下字符串变量调用函数：

```
rand_string = 'what you risk reveals what you value'
```

rand_string.count('wh')：数子串'wh'在母串 rand_string 里出现了多少次，结果为出现了 2 次。

rand_string.find('you')：给出'you'子串第一次出现的位置，这里是 5。

rand_string.replace('you','he')：用 'he' 替 换 rand_string 中 的 'you'，结 果 为 'what he risk reveals what he value'。

3.2.3　判断特定内容和特定的开头和结尾

对以下变量调用函数：

```
alphaNum1 = "5 little ants"
alphaNum2 = "5LittleAnts"
alphaStr  = "world"
numStr = "365"
aSpace = " "
```

alphaNum1.isalnum()：判断字符串 alphaNum1 是否由字母和数字组成，结果为 False，因为字符串里不只有字母和数字，还有空格。alphaNum2.isalnum()的结果为 True。

alphaStr.isalpha()：判断字符串 alphaStr 是否全为字母，结果为 True。alphaNum2.isalpha()的结果为 False。

numStr.isdigit()：判断组成字符串 numStr 的字符是否全为数字。

aSpace.isspace()：判断字符串 aSpace 是否全为空格。

alphaStr.islower()：判断组成字符串 alphaStr 的字符是否都为小写字母。

alphaStr.isupper()：判断字符串 alphaStr 是否都为大写字母。

还可以判断字符串是不是以特定字符串开头和结尾：

```
poemStr = '古道西风瘦马'
```

poemStr.startswith('古道')：判断字符串 poemStr 是否以"古道"开头。

poemStr.endswith('风')：判断字符串 poemStr 是否以"风"结尾。

3.2.4　列表与字符串的转换

列表转成字符串，要求列表内元素都是字符串（列表是用逗号分隔的几组数据，第 4 章将介绍）：

```
a_list = ["Never", "regret", "anything", "that", "made", "you", "smile"]
a_string = ' '.join(a_list)
```

' '.join(a_list)表示用空格把列表 a_list 里的各个子串连接起来后赋给 a_string，a_string 的值为'Never regret anything that made you smile'。若改用 a_string = '! '.join(a_list)，则表示用！加一个空格将列表连接，a_string 变成'Never! regret! anything! that! made! you! smile'。

也可以将字符串转成列表，用 input()提示用户输入算术式并接收从键盘输入，输入的数字和运算符用空格分隔。调用字符串的方法函数 split()在空格处将输入的字符串分成子串后放进如下列表：

```
num1, operator, num2 = input('输入算术式（空格分隔）：').split()
```

假如输入的是"30 + 5"，那么 input('输入算术式（空格分隔）：').split()将变成"30 + 5".split()。split()方法函数在不带参数的情况下是从空格将"30 + 5"分成"30"、"+"和"5"3 个子串，然后放进列表里，即['30', '+', '5']。此时 num1, operator, num2 = ['30', '+', '5']，通过集体赋值（详见 5.1.2 小节集体赋值）把 3 个字符串分别赋给 3 个变量：num1、operator 和 num2。

再举个例子，"86-592-1234567".split('-')的结果是['86', '592', '1234567']，split('-')的参数'-'规定了分隔符是'-'，故从'-'处分离字符串。split()没有指定分隔符时默认用空格分隔，指定了分隔符则以指定的字符分隔。

3.2.5 格式化函数 format()

format()是字符串的方法函数，与占位大括号{}配合共同对字符串进行格式化，把传给它的实参放到占位符{}的位置。例如，"{} website is {}.{}".format("My", "PythonABC")，format()带的参数"My"和"PythonABC"被按顺序放在字符串对应的占位符{}里，得到的结果是字符串"My website is PythonABC"。再例如"后羿射下来{}个太阳".format(9)，得到的结果是"后羿射下来 9 个太阳"。

可以在占位大括号内对数字格式做设置，例如"{}是{:.2f}".format('圆周率', 3.1415926)得到的结果是'圆周率是 3.14'。{:.2f}里的冒号"："表示格式化符号的开始，".2"的意思是四舍五入保留两位小数点，"f"的意思是浮点数，所以"{}"占据的位置放了 3.14。

3.3 字符串实例：字符串缩写产生器

写一个提取字符串所有单词首字母，将每个字母转换为大写并输出缩写的程序，例如'Oh, my God'，程序会输出'OMG'。要做的事情如下。

（1）接收输入的字符串后将每个字母都变成大写，以确保提取出来的首字母都是大写的。

（2）把字符串分成一个个子串，每个子串是一个单词。

（3）输出每个子串的第一个字母。

代码如下：

```
# ------------------------ 字符串缩写产生器 ------------------------

str1 = input("输入字符串：")
str1 = str1.upper()
# 将字符串转成大写字符串，例如输入的是"Oh, my God"，则变成"OH, MY GOD"。

listOfWords = str1.split()
''' 将字符串从空格处分离，分离出的单词放进列表里。字符串的方法函数split()从空格处分隔字符串，
"OH, MY GOD".split()得到列表['OH,','MY','GOD']，将这个列表赋值给变量listOfWords。'''

for word in listOfWords:                # 遍历每一个单词。
    print(word[0], end='')
            # 将每一个单词索引为0的首字母输出。注意设置了end=''(空字符串)，这样输出完一个字母
后不换行继续输出，最后输出的是'OMG'。
```

程序运行结果：

```
输入字符串：Oh, my God
OMG
```

3.4 字符串实例：帮助小甲鱼保卫"爱情"

字符串实例：帮助小甲鱼保卫"爱情"

　　小甲鱼最近碰到了个烦心事：好不容易鼓起勇气给仰慕已久的"女神"发了条表白信息，最添彩的那句"我的爱意犹如长江之水滔滔不绝，如黄河泛滥一发不可收拾"，被一个心怀叵测搞破坏的大反派给拦截下来，不仅进行了可耻的偷窥，还可恶地把"爱"字篡改成了"恨"字。收到信息的她很生气，后果很严重！事件过程如图 3.2 所示。

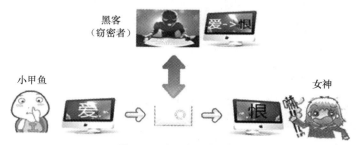

图 3.2　小甲鱼的烦心事

　　痛定思痛的小甲鱼决定写一个字符串加密程序，这样在传输过程中信息就算被大反派拦截偷看，大反派也不知所云，更谈不上篡改。加密方法是将每个字符变成自己的 Unicode，密文到达目的地后再进行解密，将密文转回字符串，不能让接收方感到一头雾水。

　　用 ord() 可以将每个字符转成对应的 Unicode。大写字母的 Unicode 都是两位，A ~ Z 对应 65 ~ 90。例如明文"HIDE"，转成 Unicode 后的密文是"72736869"。解码也很简单，密文从前往后，每两位数字对应着一个字符的 Unicode，用 chr() 可以把 Unicode 转成对应字符。对密文"72736869"，chr(72) 是 'H'，chr(73) 是 'I'，chr(68) 是 'D'，chr(69) 是 'E'。

　　当字符串里不仅有大写字母，还有小写字母时，解码划分就会遇到麻烦，因为小写字母对应的 Unicode 是 97 ~ 122，有的小写字母对应的 Unicode 是 3 位数字。例如"Hide"，对应的 Unicode 的密文是"72105100101"，解密时对密文进行划分就会遇到问题：什么时候 3 位数字一组，什么时候两位数字一组？无法划分出 Unicode 就无法转回原来的字符串。

　　怎样使小写字母的密文也是两位数字呢？办法就是加密时先把字符转换成 Unicode，再用这个 Unicode 减去 23。A ~ Z 的 Unicode 为 65 ~ 90，减去 23 后密文为 42 ~ 67；a ~ z 的 Unicode 为 97~122，减去 23 后密文为 74 ~ 99，这样每个字符加密后的密文都是两位数字，解密时的划分也就不再是问题了。键盘上字符的 Unicode 编码范围是 32 ~ 126，为了使每个字符加密后的密文都是两位数字，可以将这些字符的 Unicode 减 27。如果减完 27 后只剩下一位数字，那么就在转成的密文前面补一个 0。这样处理的好处是明文输入时不受限制，英文字母、数字和特殊字符都可以处理。

　　加密字符串的步骤如下。

　　1. 接收要加密的字符串（明文），初始化变量。

　　2. 用 for 循环遍历字符串，一个字符一个字符地处理。

　　3. 将字符转成 Unicode 后减 27，再将数字强制类型转换成字符串类型。字符串长度为 1 的在前面补上一个 0，保证每个字符的密文长度都是 2，而后添加进密文字符串变量。

　　解密字符串的步骤如下。

　　1. 存放明文的变量初始化为空。

　　2. 遍历密文，每次取出两个密文字符转成数字。

3. 合并取出的两个密文字符后，转成数字。

4. 加密时 Unicode 减了 27，那么解密时就加回 27，恢复成原来的 Unicode。用 chr(Unicode) 转成字符后添加进明文字符串变量。

代码如下：

```
# ----------------------- 加密解密字符串 -----------------------------

orig_message = input("输入要加密的字符串: ")        # 输入明文。

secret_message = ""                              # 初始化放密文的字符串变量。

for char in orig_message:
# 遍历明文字符串，加密每个字符。

    tempCode = str(ord(char) - 27)
    '''用ord()将字符转成Unicode，转完后减27，再通过str()转成字符串。这就是每个字符加密
后的密文。'''

    # 为了解密时方便划分，对长度为1的密文做以下特别处理。
    if len(tempCode) == 1:                        # 密文长度为1。
        tempCode = '0' + tempCode
        # 在前面补一个0，使得每个字符密文长度都是2。

    secret_message += tempCode                    # 将每个字符的密文累加进密文字符串。

print("密文: ", secret_message)         # 输出密文。

norm_string = ""                                # 初始化明文变量。

# 因为每次从密文字符串里取两个密文字符解密，所以循环变量i从0开始，步长为2（递增2）。
for i in range(0, len(secret_message)-1, 2):

    char_code = int(secret_message[i] + secret_message[i+1])
    '''# 取出索引i和i+1所指向的字符，即一次取两个字符。用int()将这两个数字字符转成整型放
在char_code中，留待后续解码。'''

    norm_string += chr(char_code + 27)
    # 解密时char_code加27，将解密后的字符累加进明文字符串。

print("明文: ", norm_string)
# 输出明文应该跟用户输入的明文相同，否则说明加密或解密过程有误。
```

程序运行结果：

```
输入要加密的字符串: All is fair in love and war.
密文: 388181057888057570788705788305818491740570837305927087l9
明文: All is fair in love and war.
```

本章小结

字符串的应用很广泛，我们用提取字符串单词首字母和给字符串加密解密的实例来演示了对字符串的操作，第 4 章将介绍另外一种重要数据类型——列表。

习题

1. 由相同字母组成的不同单词被称为变位词，例如 silent 就是 listen 的变位词。写一个程序判断用户输入的两个单词是不是变位词。

2. 写一个程序，计算英文单词有多重。其中，a 的重量是 1、b 的重量是 2、c 的重量是 3……z 的重量是 26，请用户输入一个英语单词，输出这个单词的重量。

3. 写一个程序，请用户输入一个英文句子，计算出单词个数并输出。

4. 写一个程序，请用户输入一个英文句子，计算出句子中单词的平均长度。

5. 写一个程序，请用户输入地名，将下列童谣中的"陋巷"替换成输入的地名，用回车符替换掉标点符号，输出修改结果。

我的家在陋巷，陋巷是个好地方。

不知世界怎么样，只知陋巷是天堂。

穿横街，过窄巷，度过童年好时光。

不知世界怎么样，只知陋巷是天堂。

连环书，叮当糖，看街戏，扮新娘。

跳飞机，打水战，东奔西跑捉迷藏。

我的家在陋巷，陋巷是个好地方。

不知世界怎么样，只知陋巷是天堂。

6. 编程检验输入是否有效，例如以下程序：

```
输入姓名：
输入邮编：ABCDEF
输入手机号：12345
```

输出：

```
名不能为空
邮编请用数字
请输入有效的手机号
```

提示：手机号和邮编需检查位数和是否为数字。

第 4 章

一动一静的列表与元组

将用逗号分隔的几组数据放在一个中括号内，再起个名字，就形成列表。列表是一种包容性非常好的容器类数据类型，可以是"任意对象"的有序集合，即列表的元素可以是任何数据类型。

学习重点

掌握生成列表、索引、切片、合并列表，获取列表长度，以及判断列表中是否存在某个成员的方法。掌握列表自带的工具包的用法，并对照列表了解元组。

4.1 生成列表

生成列表（list）最直接的方式就是在一对中括号内手动输入数据：

```
randList = ["string", 1.234, 28]
```

除了手动输入产生列表，也可以通过 range()函数生成整数列表：

```
oneToTen = list(range(1, 11))
```

执行后，oneToTen 的值为[1, 2, 3, 4, 5, 6, 7, 8, 9, 10]。

又如：

```
nList = [i*2 for i in range(10)]
```

执行后，nList 的值为[0, 2, 4, 6, 8, 10, 12, 14, 16, 18]。

还可以引入随机模块，调用随机函数产生指定范围内的随机整数组成列表：

```
import random                # 引入random随机模块。

numList = []                 # 清空numList列表，[]表示空列表。
for i in range(5):           # 循环5次，产生了5个随机数并添加进列表。
    numList.append(random.randrange(1, 9))
    ''' random.randrange(1, 9)随机产生1到8的整数，等同于random.randint(1, 8)。
跟其他数据类型一样，列表也是对象，其自带功能强大的方法函数。numList.append()把列表元素添
加进列表。 '''
```

因为列表的每个元素是随机产生的，所以这段代码每次运行产生的列表值都不同。

4.2 列表与字符串有相似之处

跟字符串一样，列表也是有序序列，有很多跟字符串类似的地方。

4.2.1 列表的索引和切片

通过索引引用列表内的单个元素，例如以下列表：

```
my_list = [0, 1, 2, 3, 4, 5, 6, 7, 8, 9]
```

正向索引从列表的第一个元素开始，第一个元素的索引为 0，向右递增 1（0、1、2、3……），例如 my_list[0]为 0。逆向索引也叫负索引，从列表的最后一个元素开始。最后一个元素的负索引为-1，向左递减 1（-1、-2、-3……），例如 my_list[-3]为 7。最后一个元素用正向索引表达是 my_list[9]，用负索引表达是 my_list[-1]。

切片对片段的读取格式为列表名[start:end:step]，结果包括 start 指向的值，不包括 end 指向的值。step 是步长，为负时从后往前逆向读取，参见表 4.1 给出的列表切片示例。

表 4.1　列表切片示例

列表切片	切片的结果
my_list[0:4]	[0, 1, 2, 3]
my_list[3:8]	[3, 4, 5, 6, 7]
my_list[-7:8]	[3, 4, 5, 6, 7]
my_list[-7:-2]	[3, 4, 5, 6, 7]
my_list[:-2]	[0, 1, 2, 3, 4, 5, 6, 7]

列表的定义使用

续表

列表切片	切片的结果
my_list[:]	[0, 1, 2, 3, 4, 5, 6, 7, 8, 9]
my_list[::2]	[0, 2, 4, 6, 8]
my_list[-1:2:-1]	[9, 8, 7, 6, 5, 4, 3]
my_list[2:-1:-1]	[]
my_list[-1:2:-2]	[9, 7, 5, 3]

4.2.2　列表合并、获取长度和判断成员

列表合并、添加和插入

与字符串相似，列表的合并也用+，列表 randList 当前的值是["string"，1.234，28]：

```
randList = randList + [[1, 2, 3], 4]
```

合并之后，randList 的值为["string", 1.234, 28, [1, 2, 3], 4]。列表长度用 len(randList)获得，列表 randList 的长度为 5。在列表中，*的作用同字符串，如[1, 2]*3 为[1, 2, 1, 2, 1, 2]。可以用 in 判断某个值是否为列表成员，例如"string" in randList 为 True，因为列表 randList 里确实有"string"这个成员。"panda" in randList 为 False，而"panda" not in randList 则为 True。

直接对列表元素赋值可以改变列表中元素的值，如：

```
randList[3] = 380
```

赋值后 randList 的值变为["string", 1.234, 28, 380, 4]。

4.3　列表自带的工具包

继续理解和使用列表

列表作为一个对象，自带的"工具包"里有很多好用的工具（方法函数），下面以这两个列表为例进行讲解：

```
randList = ['string', 1.234, 380]
numList = [6, 5, 4, 4, 2]
```

4.3.1　定位和数个数

定位：index(列表里的元素)，返回元素的索引。例如 randList.index('string')为 0；randList.index('string1')会报错，因为列表 randList 里没有 string1 这个元素。

数元素在列表中出现的个数：count(某个元素)，返回这个元素的个数。例如 randList.count('string')的结果为 1，而 randList.count('string1')的结果则为 0。

4.3.2　添加和插入

添加：append(新元素)，把新元素添加到列表最后的位置。例如执行 randList.append('string')后，randList 变成['string', 1.234, 380, 'string']。

插入：insert(索引，新元素)，在索引指向的位置插入新元素。例如执行 numList.insert(3, 10)后，numList 变成[6, 5, 4, 10, 4, 2]。

4.3.3　颠倒和排序

颠倒：reverse()，颠倒整个数列。例如 numList 的值为[6, 5, 4, 10, 4, 2]，numList.reverse()

这条语句执行之后，numList 的值变成[2, 4, 10, 4, 5, 6]。

排序：sort()，数字按从小到大排序，字母就按字母表的顺序排列。例如 numList.sort()执行后，numList 变成 [2, 4, 4, 5, 6, 10]。sort(reverse=True)表示从大到小逆序排，例如执行 numList.sort(reverse=True)后，numList 变成[10, 6, 5, 4, 4, 2]。

4.3.4　删除和弹出

现在 numList 的值为[6, 5, 4, 10, 4, 2]。

删除：remove(元素)，删除最先出现的指定元素。例如执行 numList.remove(4)之后，numList 变成[6, 5, 10, 4, 2]，注意删除的是最先找到的 4。

弹出：pop(索引)，删除索引位置的元素。如执行 numList.pop(2)之后，numList 的值由[6, 5, 10, 4, 2]变成[6, 5, 4, 2]，索引 2 指向的元素是 10。

4.3.5　独立函数 sorted(list1)与方法函数 list1.sort()

假设 list1 = [9, 1, 8, 2, 7, 3, 6, 4, 5]。

若 sorted_list = sorted(list1)，则 sorted_list 的值为[1, 2, 3, 4, 5, 6, 7, 8, 9]，但 list1 的值还是保持原样[9, 1, 8, 2, 7, 3, 6, 4, 5]没有变。sorted(list1)并不改变 list1 的值。而 list1.sort()是对 list1 本身的值进行排序，调用完后 list1 的值变成[1, 2, 3, 4, 5, 6, 7, 8, 9]。sorted(list1, reverse=True)与 list1.sort(reverse=True)的关系类似 sorted(list1)与 list1.sort()的关系，只不过是逆序排列。

4.4　列表实例：斐波那契数列偶数之和

斐波那契（Fibonacci）数列由 1、2 开始，之后的每个元素是前两个元素之和：1, 2, 3, 5, 8, 13, 21, 34, 55, 89, 144, …现在要编写程序计算出数值小于 400 万的 Fibonacci 数列中所有偶数之和。题目来源于欧拉计划，欧拉计划里的数学问题由浅入深，都可以用程序解决，运行完把结果输入欧拉计划网站可以验证结果是否正确。在搜索引擎中输入 Project Euler 可搜到欧拉计划的网站。

要求 400 万以内的 Fibonacci 数列中的偶数之和，先要生成数值小于 400 万的 Fibonacci 数列，再将偶数部分提出来形成一个新的偶数序列，最后求和，代码如下：

```
# --------------------- 求Fibonacci 偶数和 ---------------------

fibNumbers = [1, 2]          # 初始化存放Fibonacci数列的列表变量。

while fibNumbers[-1] < 4000000:
''' fibNumbers[-1]中-1是负索引，指向列表的最后一个元素。进入循环的条件是最后一个元素小于
400万。'''

    fibNumbers.append(fibNumbers[-1] + fibNumbers[-2])
    # 数列的最后两项fibNumbers[-1]和fibNumbers[-2]相加得出新的一项。

del fibNumbers[-1]
''' 退出循环的条件是数列最后一个元素的值大于400万，所以退出循环之后要把这个位于列表最后位置
并且大于400万的项fibNumbers[-1]从列表中删掉。'''

evenFibNumbers = []          # 存放Fibonacci数列偶数的列表初值为空。
```

```
for fibNumber in fibNumbers:
# 遍历Fibonacci数列每一项，发现偶数就将其加进evenFibNumbers。

    if fibNumber % 2 == 0:         # 偶数。
        evenFibNumbers.append(fibNumber)

totalSum = 0          # 将累加和totalSum清零。
for number in evenFibNumbers:
# 遍历evenFibNumbers，累加每一项至totalSum。
    totalSum += number
print(totalSum)
```
程序运行结果：
```
4613732
```

4.5　元组

元组（tuple）把几组用逗号分隔的数据放在小括号内，再给它起个名字，如 tup = (9, 1, 8, 2, 7, 3, 6, 4, 5)。元组的索引与切片与列表相同。

元组与列表的区别不仅是把列表的[]变成()，还在于元组的不可改变。列表是可变的，元素值可变、类型可变，元素也可添加和删除，而元组一经定义就不可改变。列表与元组的关系类似于变量和常量。

本章小结

列表和元组都是序列，序列是 Python 最基本的数据结构。序列中的每个元素都分配了索引，索引有正向索引也有逆向索引。第一个元素的正向索引是 0，最后一个元素的逆向索引是−1。序列可以索引、切片、加、乘和检查成员。列表和元组的数据项可以是不同的数据类型。

习题

1．创建一个列表，列表内容是：会、不会、也许、一会儿过来问吧。写程序，请用户问一个问题，从列表里随机抽取一个回答。引入 random 模块，用 random.sample(列表，1)函数从列表中随机取出一个元素来实现随机抽取答案。输出结果如下：

您的问题是什么？我能收到魔法学校的录取通知书么？
一会儿再过来问吧。

2．写一个密码生成器程序，询问用户对密码长度、特殊字符和数字的要求，生成符合要求的密码。输出结果大概如下：

密码长度？	8
几个特殊字符？	2
几位数字？	2
为您生成的密码是：	yu8w@$u2

可以建 3 个列表分别存储特殊字符、数字和字母，用 random.sample(列表,数目)从相应列表中取出规定数目的字符放进密码列表里，然后用 random.shuffle(密码列表)把密码列表打乱，转成字符串。

3．写程序，请用户输入 10 个英文单词，把这些单词按照字母顺序逆序输出，把含有字母 a 的单词输出。

第 5 章

用函数写代码是一大飞跃

写代码时，把"大问题"敲碎，敲成一个个"小问题"用函数来实现，之后再整合起来。函数是能完成独立功能的模块，使用函数的理由如下。

1. 大幅减小代码长度。

要用到某一功能时，可直接调用实现这一功能的函数，不必重新写一遍。

2. 提高代码利用率。

实现特定功能的函数代码可反复调用。

3. 提高可读性。

烦琐的功能实现被隐藏在函数调用里，如果再给函数起个能见名知意的名字就更好了。

4. 隔离错误的影响范围，降低出错率。

如果不用函数，只要用到某个功能就得重新写一次实现这个功能的代码，一旦出错，影响范围广，排错需要把代码全部找出来修改，不仅麻烦而且很容易遗漏。用函数进行模块化，把错误"困"起来，方便问题的定位查找，对纠正错误大大有益。

学习重点

函数的定义和调用、函数变量的作用域，以及 Python 内置的常用数学函数和随机函数。

5.1　了解函数

函数的定义和调用

5.1.1　函数的定义和调用

定义函数的语法如下：

```
def 函数名(形参):
```

尽量给函数起个看到名字就能知道函数功能的函数名，函数名的命名规则同变量名。形式参数（简称形参）用来接收外界传进来的实际参数（简称实参），形参不是必需的。函数头定义完后需定义函数体，函数体相对于函数头缩进 4 个空格：

```
# 函数功能：接收姓名，分配邮箱。
def allotEmail(firstName, surname):                    # 函数头。
    return firstName+'.'+surname+'@PythonABC.org'      # 函数体。
```

函数名 allotEmail 表明函数功能是分配邮箱，如果在函数之前加一行注释解释函数功能就更清楚了。allotEmail()这个函数定义时带两个形参，调用函数时就必须给两个实参。注意定义函数头这行以冒号结尾，初学者可能一不小心就会忘记输入这个冒号。函数体的 return 语句把函数的处理结果传递出来，return 语句不是必需的。

来看函数的调用，该函数根据输入的姓名生成邮箱地址，故只接收英文姓名或姓名拼音。这里可调用字符串方法函数 isalnum()做个判断，确保输入的是英文字母或数字。代码如下：

```
name = input("输入英文或拼音的名和姓（用空格分开名和姓）: ")
# 变量name接收键盘输入的字符串：Harry Potter。

fName, sName = name.split()
''' name.split()从空格处把"Harry Potter"分成两个子串"Harry"和"Potter"，fName,
sName = name.split()相当于 fName, sName = ['Harry', 'Potter']，fName获得"Harry"，
sName获得"Potter"。'''

compEmail = allotEmail(fName, sName)
''' 函数调用。fName和sName是实参，函数调用把实参的值传给函数的形参。经过函数体处理后返回
了字符串'Harry.Potter@PythonABC.org'，变量compEmail接收了这个字符串。'''

print("您的公司邮箱是",compEmail)
```

程序运行结果：

```
输入英文或拼音的名和姓（用空格分开名和姓）: Harry Potter
您的公司邮箱是 Harry.Potter@PythonABC.org
```

5.1.2　集体赋值

fName, sName=name.split()这种集体赋值法很好用。假如 a=3,b=4，现在要互换 a 和 b 的值，普通的方法为 temp=a;a=b;b=temp，集体赋值用一条命令 a,b=b,a 就可以实现同样功能。再看个乘除的例子：

```
# 乘除函数。
def mult_divide(num1, num2):                    # 定义函数，包含两个形参。
    return (num1 * num2), (num1 / num2)         # 返回值是形参的积和商。

mult, divide = mult_divide(5, 4)
# 函数调用，并将返回值分别赋给mult和divide两个变量。
```

```
print("5 * 4 =", mult)
print("5 / 4 =", divide)
```
程序运行结果：
```
5 * 4 = 20
5 / 4 = 1.25
```

5.2　函数实例：用函数求素数

　　怎样用程序列出 10000 以内所有的素数呢？最小的素数是 2，接下来从 2 到 10000 一个数一个数去检查，是素数就放进存放素数的列表。那么该怎样判断一个数是不是素数呢？素数是大于 1 且只能被 1 和自身整除的整数。在程序中可以通过循环查找 2 到这个数之间有没有能被它整除的数，找不到除数的才是素数。用函数 isprime() 来实现这个判断，形参接收要判断的数，是素数返回 True，否则返回 False，如图 5.1 所示。

图 5.1　判断是否是素数

　　获得 numMax 以内的素数用函数 getPrimes(numMax) 来实现，getPrimes(10000) 返回一个素数序列。实现代码如下：

```
# 判断是不是素数。
def isprime(num):                  # 形参num接收整数。
    for i in range(2, num):
    # 检查2～num-1的每个数，看能不能被num整除。

        if (num % i) == 0:
            return False
            # 只要有一个数能被整除就说明不是素数，立刻返回False。

    return True
    # 若到循环结束也没找到能被num整除的数，说明num是素数，返回True。

# 得到numMax以内所有的素数。
def getPrimes(numMax):             # 实参maxNum的值传给形参numMax。
    primes = []                    # 清空存放素数的列表primes。

    for num in range(2, numMax):
    # 从2到numMax循环，一个数一个数地检查是不是素数。

        if isprime(num):            # 调用isprime(num)检查，是素数的话返回True。
            primes.append(num)     # 将其添加到素数列表primes中。

    return primes     # 循环结束，小于numMax的素数都被收进列表primes。
''' 程序从主函数的第一条语句开始执行，读程序一般也从主函数读起，先了解程序的大框架，然后才
仔细看函数的实现细节。'''

maxNum = int(input("要搜寻多少以内的素数？ "))
# 用户输入的数字字符，进行类型转换后放进maxNum。

listOfPrimes = getPrimes(maxNum)
```

```
''' 调用getPrimes(maxNum)函数得到maxNum以内的所有素数。实现细节封装在函数内，调用时我们
只关心给函数什么实参（maxNum是给函数的实参）、返回值是什么（返回值是一个素数序列）即可。'''

for prime in listOfPrimes:          # 遍历素数序列。
    print(prime, end=', ')
    # 参数end=','指定输出一个素数后不换行，而是放一个逗号和空格。
```

程序运行结果：

```
要搜寻多少以内的素数？  100
2, 3, 5, 7, 11, 13, 17, 19, 23, 29, 31, 37, 41, 43, 47, 53, 59, 61, 67, 71, 73,
79, 83, 89, 97,
```

5.3 函数实例：凯撒加密解密

传说在战场上，凯撒为了防止战报被混入军团里的奸细窃取，跟他的将军们通信时信中所有字母都在字母表上按照一个固定数目向后（或向前）偏移以形成密文。例如，当偏移量是 3 的时候，所有的字母 A 将被替换成 D，B 被替换成 E，以此类推，如图 5.2 所示。

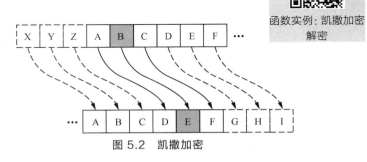

函数实例：凯撒加密解密

图 5.2 凯撒加密

"Attack at Dawn"的密文根据偏移量的不同而不同，偏移量为 3 时，加密结果是"Dwwdfn dw Gdzq"。

本节将写一个凯撒加密和解密的程序，加密和解密部分用函数来完成。假设加密时，字符向右偏移了 3 位，那么解密时，密文对应的字符就应该向左偏移 3 位。除了偏移方向相反外，加密过程与解密过程并没有什么不同。所以加密和解密可以用同一个偏移函数来实现，调用时实参给相反的偏移量就可以了。

5.3.1 主函数体现大框架

主函数要完成的任务如下。

1. 接收要加密的字符串（明文）和用户指定的密键 key（偏移量）。
2. 调用偏移函数对明文进行加密（偏移量为 key）。
3. 输出密文。
4. 调用偏移函数对密文进行解密（偏移量为-key）。
5. 输出明文。

代码如下：

```
# ------------------- 凯撒加密解密的主函数 -------------------

# 提示用户输入明文和偏移量，输入的偏移量转成整数后放入变量key中。
message = input("输入要加密的字符串（明文）: ")
key = int(input("输入加密要用到的偏移量(-26 ~ 26):  "))


secret_message = shift(message, key)
# 加密时调用偏移函数，对用户输入的明文message偏移key位进行加密。
```

```
print("密文是: ", secret_message)        # 输出密文。

# 加密时对明文偏移了几位, 解密时就得反方向偏移回来几位。"反方向"就是偏移量取负值。
key = -key


orig_message = shift(secret_message, key)
# 再次调用偏移函数, 对密文进行反方向偏移从而解密。

print("密文解密后是: ", orig_message)  # 输出解密后的字符串。
```

5.3.2　偏移函数实现加密和解密

偏移函数接收偏移前的字符串和偏移量, 通过控制偏移方向实现加密和解密。加密时字母偏移多少, 解密时字母就反方向偏移回来多少。如果加密时字母向右偏移 3 位, 字母"Z"偏移后会被移出大写字母范围。如何使得大写字母偏移后还是大写字母, 小写字母偏移后还是小写字母呢? 假设大写字母围成一个圈("Z"与"A"相邻), 小写字母围成一个圈("z"与"a"相邻), 偏移限制在圈里进行, 偏移后还落进圈里。字母的 Unicode 加上偏移量后的值若大于"Z"或"z"的 Unicode, 就将其减 26, 从而转回到圈内"A"或"a"起的某个位置。减去偏移量(也可以说是加上负的偏移量)后的值若小于"A"或"a"的 Unicode, 就加 26 转回"Z"或"z"起的某个位置。右偏移是字符的 Unicode 加正数, 左偏移则是加负数, 加或减 26 是因为 26 个英文字母围成一圈。

偏移函数要放在主函数的前面, 实现过程如下。

1. 函数形参接收传给函数的字符串和偏移量。

2. 遍历字符串的每个字符, 如果是字母就偏移, 否则保持原样直接加入密文。

3. 字母先用 ord() 转成对应的 Unicode 再进行偏移。偏移就是字母的 Unicode 加偏移量, 加密和解密的偏移量相同, 偏移方向相反, 加密正偏移 3, 解密就负偏移 3。

4. 偏移后的值大于"Z"或"z"的 Unicode 则减 26, 偏移后的值小于"A"或"a"的 Unicode 则加 26。

5. 偏移后的值通过函数 chr() 转成字符, 并入偏移后的字符串。

6. 返回偏移后的字符串。

代码如下:

```
''' 遍历字符串(befMessage)里的每一个字符, 以key的偏移量偏移字符的Unicode, 再将Unicode
转回字符就得到了偏移后字符。'''


def shift(befMessage, key):        # 两个形参分别接收偏移前的字符串和偏移量。

    aftMessage = ''                # 清空变量以逐个接收偏移后的字符。
    for char in befMessage:
        if char.isalpha():        # 判断是否为字母, 只对字母进行偏移。
            char_code = ord(char) + key
            # 把字母转成Unicode后进行偏移, 偏移后的值存入char_code。

            if (char.isupper() and char_code > ord('Z'))  or \
               (char.islower() and char_code > ord('z')):
                    # 处理偏移后值大于'Z'或'z'的情况, "\"是代码的分行连接符。
                char_code -= 26

            elif (char.isupper() and char_code < ord('A')) or \
```

```
                    (char.islower()  and char_code < ord('a'))
           # 处理偏移后值小于'A'或'a'的情况。
               char_code += 26

           aftMessage += chr(char_code)
               # chr()将偏移后的Unicode转回字符而后并入偏移后的字符串变量。
       else:                  # 非字母字符原封不动地并入转换后的字符。
           aftMessage += char

   return aftMessage            # 函数的返回值是偏移后的变量。
```

整个程序的运行结果：

```
输入要加密的字符串（明文）：Attack at Dawn!
输入加密要用到的偏移量(-26 ~ 26)：5
密文是：  Fyyfhp fy Ifbs!
密文解密后是：  Attack at Dawn!
```

5.4　变量作用域和不确定个数形参

变量是有作用域的，在作用域内才可以访问变量。

5.4.1　我的地盘我做主

先来看下面的一小段程序：

```
global_name = 'color'              '''定义全局变量global_name，作用域是整个程序，只要
不被屏蔽，可以在程序的所有区域对其进行访问。'''

def print_name():
    local_name = 'blue'            '''定义局部变量local_name，作用域只限于函数
print_name()内，所以是"局部"变量。'''
    print(local_name)              # 输出局部变量。在作用域内访问局部变量。
    print(global_name)             # 输出全局变量。在局部变量作用域访问全局变量。
    return local_name              # 通过return把局部变量的值传递到作用域之外。

x = print_name()                   # 通过函数调用获得了局部变量的值。
print(local_name)                  ''' 在局部变量的作用域外访问局部变量，会出现局部变量
没定义（name 'local_name' is not defined）的错误。'''
print(global_name)                 # 访问全局变量。
```

再看以下代码，序号依照程序的执行顺序标注：

```
global_name = 'color'              (1)
# 定义全局变量global_name，赋值'color'。

def print_name():
    global_name = 'green'          (4)
    # 定义局部变量，赋值'green'。

    print(global_name)             (5)
    ''' 输出局部变量的值'green'，局部变量与全局变量同名时，在局部变量的作用域，局部变量屏
蔽掉全局变量。'''
print(global_name)                 (2)
# 输出全局变量global_name的值'color'。

print_name()                       (3)
```

```
    # 调用函数，程序转去执行函数print_name()。
    print(global_name)                (6)
    '''输出global_name的值'color'，而不是函数print_name()里的global_name（赋值为
'green'）。因为全局变量global_name跟函数print_name()里的局部变量global_name尽管名字相同，
但不是同一个变量，作用域不同，占据的内存空间也不同。函数print_name()里的赋值是把'green'赋给函
数里的局部变量global_name，并没有改变全局变量global_name的值。现在已经离开了局部变量
global_name的作用域，所以打印的是从未修改过的全局变量global_name的值'color'。'''
```

5.4.2 在局部变量的作用域内访问全局变量

那么如何在局部变量的作用域内访问全局变量呢？答案是加一条全局变量声明。下面的序号依照程序的执行顺序标注：

```
global_name = 'color'                    # 定义全局变量global_name。

def print_name():
    global global_name                   # 关键字global声明这个作用域出现的global_
name是全局变量。
    global_name = 'green'                # 重新赋值全局变量。
    print(global_name)                   # 输出变量global_name的值'green'。

print(global_name)                       # 输出变量global_name的值'color'。
print_name()                             # 调用函数。
print(global_name)                       # 输出变量global_name的值'green'。
```

5.4.3 不确定个数的形参

到目前为止，定义的函数形参个数都是确定的。假如现在需要一个求和函数 get_sum() 计算 *n* 个数字的和（*n* 的值不确定），例如这次计算 3 和 4 的和，下次计算 45、23 和 34 的和……定义两个形参就只能计算两个数的和，定义 3 个形参则只能计算 3 个数的和，因此，定义固定个数的形参无法满足需求。这种情况下要使用不确定个数*args的参数传递法：

```
# ---------- 不确定个数的参数----------

def sumAll(*args):    # *args这个形参可以接收不确定数目的实参。
    sum = 0
    for i in args:    # 循环变量i遍历每一个实参后累加进和sum里。
        sum += i
    return sum

# 从对函数的调用可以看到实参的数目是不确定的。
print("Sum :", sumAll(1, 2, 3, 4))
print("Sum :", sumAll(3, 4))
```

程序运行结果：

```
Sum : 10
Sum : 7
```

5.5 数学函数和随机函数

5.5.1 数学函数

Python 自带的 math 模块提供了很多数学函数，只要在程序首部加上

数学函数和随机
函数

import math 语句就可以用 math 模块里的众多数学函数了。表 5.1 列出了 math 模块里常用的数学函数。

表 5.1　math 模块里常用的数学函数

数学函数	说明
math.ceil(4.4)：	值为 5，往上取整数
math.floor(4.4)：	值为 4，往下取整数
math.fabs(−4.4)：	值为 4.4，取绝对值
math.factorial(4)：	计算 4!，即 $1 \times 2 \times 3 \times 4$
math.fmod(5,3)：	值为 2.0，取余数
math.trunc(4.8)：	值为 4，取整
math.pow(2,3)：	值为 8.0，即 2 的三次方
math.sqrt(4)：	值为 2.0，4 开根号
math.e：	e 的值
math.pi：	圆周率 PI 的值
math.exp(4)：	e 的四次方
math.log(20)：	math.exp() 的逆操作
math.log(1000)：	值为 3.0，因为 $10 \times 10 \times 10 = 1000$
math.degrees(1.5708)：	弧度变角度
math.radians(90)：	角度变弧度

5.5.2　随机函数

Python 自带的 random 随机模块中的很多函数也很常用，使用前在程序首部用 import random 把 random 模块引进来。其常用的函数如下。

1. random.random()，随机产生 0~1 的数。

2. random.randrange(10)，随机产生 0~9 的数。

3. random.randrange(1, 9)，随机产生 1~8 的整数；random.randrange(0, 101, 2)，产生 0~100 的随机偶数。

4. random.randint(1, 8)，随机产生 1~8 的整数。

5. random.sample(列表,数目)，函数从列表中随机取出指定数目的元素。random.sample([10, 20, 30, 40, 50], k=4)，从列表 [10, 20, 30, 40, 50] 中随机取 4 个元素，例如 [40, 10, 50, 30]。

6. random.shuffle(列表)，把列表里的元素打乱，好像洗扑克牌一样。

7. random.choice(['win', 'lose', 'draw'])，从列表 ['win', 'lose', 'draw'] 中随机抽取一个元素，例如 'draw'；random.choices(['red', 'black', 'green'], [18, 18, 2], k=6)，给列表 ['red', 'black', 'green'里的] 每个元素赋予不同的权值（'red'——18，'black'——18，'green'——2），权值越大，被选中的概率越大。综合权值因素后，随机取 6 个值，得到的结果可能是 ['red', 'green', 'black', 'black', 'red', 'black']。

本章小结

　　函数是组织好的、可重复使用的、用来实现单一或相关联功能的代码段。函数能提高应用的模块性和代码的重复利用率。简单来说，函数就是把代码打包成具有各种功能的"积木块"，可以为解决问题做各种拼装和反复使用。

习题

　　1. 写一个程序，用 passwordValidator()函数接收密码，返回一个衡量密码复杂度的数字。主函数请用户输入密码，根据 passwordValidator()函数返回的数字给密码做复杂度评级，并输出以下评价中的一个。

　　密码很弱：只包括数字字符且密码长度小于 8 位。

　　密码有点弱：只包括字母且密码长度小于 8 位。

　　密码有点强：密码包括字母和至少一个数字，至少 8 位。

　　密码很强：密码包括字母、数字和特殊字符，至少 8 位。

　　2. 写一个用输入有效性检验函数 validateInput()判断用户输入的姓名和手机号码是否有效的程序，要求姓名至少两个字且不能包括特殊字符（例如#、¥、%、&……），手机号码要求是 11 位数字。主函数提示用户输入姓名和手机号码，然后给出检验结果。

　　3. 写程序，定义以下函数：

sphereArea(radius)，传入球体半径，返回球体面积；

sphereVolume(radius)，传入球体半径，返回球体体积；

sumN(n)，传入自然数 n，返回 $1 \sim n$ 的自然数之和；

sumNCubes(n)，传入自然数 n，返回 $1^3+2^3+3^3+4^3+\cdots+n^3$ 的结果。

第 6 章

干活利落的字典和集合

我们可以用列表描述一只猫的特征：myCatList = ['Garfield', 'orange', 'fat']。用索引 0、1、2、……访问列表中的元素，比如 myCatList[0] 提取 'Garfield'，myCatList[1]提取'orange'，很难做到"望文知意"，索引 0 无法跟'Garfield'联系起来，索引 1 也无法与'orange'联系起来。而字典这种数据结构把索引换成元素特征性的描述，既便于引用，又可以增加元素的辨识度。

学习重点

字典和集合的定义及使用方法，从字典的使用实例中体会字典这个数据类型的灵活和强大。

6.1 字典基础知识

字典基础知识

6.1.1 字典的定义

用字典（dictionary）描述猫的特征为 myCat = {'name':'Garfield', 'color':'orange', 'size':'fat'}。列表使用中括号[]，元组使用小括号()，而字典使用的是大括号{}。字典里的元素结构为键:值。例如字典 myCat 中，'name'、'color'和'size'是键（keys），'Garfield'、'orange' 和'fat' 是跟键对应的值（values）。访问列表内的元素用 myCatList[0]、myCatList[1]、myCatList[2]。访问字典变量的值时，用 myCat['name']、myCat['color']、myCat['size']，明显描述性更强。字典没有顺序概念，假如 yourCat = {'color':'orange','size':'fat','name':'Garfield'},则 myCat == yourCat 的结果是 True。而条件表达式['Garfield','orange','fat'] == ['orange','fat','Garfield']的比较结果却为 False，说明列表是讲究排列顺序的。

字典元素的值可以更改：

```
myCat['color'] = 'orange tabby'
```

可以添加新的元素：

```
myCat['city'] = 'Xiamen'
```

此时字典 myCat 变成{'name':'Garfield', 'color':'orange tabby', 'size':'fat', 'city': 'Xiamen'}

也可以删除某个元素：

```
del myCat['city']
```

之后字典 myCat 变成{'name':'Garfield', 'color':'orange tabby', 'size':'fat'}。

6.1.2 输出字典

可以直接输出字典型变量：

```
print(myCat)
''' 输出结果:{'name': 'Garfield', 'color': 'orange tabby', 'size': 'fat', 'city':
'Xiamen'}。'''
```

输出字典变量的键：

```
print(myCat.keys())
# 输出结果: dict_keys(['name', 'color', 'size', 'city'])。

for v in myCat.keys():
    print(v, end=', ')    # 输出结果: name, color, size, city,。
```

输出字典变量的值：

```
print(myCat.values())
# 输出结果: dict_values(['Garfield', 'orange tabby', 'fat', 'Xiamen'])。

for v in myCat.values():
    print(v, end=', ')
# 输出结果: Garfield, orange tabby, fat, Xiamen,。
```

输出字典变量的元素：

```
print(myCat.items())
''' 输出结果: dict_items([('name', 'Garfield'), ('color', 'orange tabby'),
('size', 'fat'), ('city', 'Xiamen')])。'''
```

```
for k,v in myCat.items():
    print('{}: {}'.format(k, v), end=', ')
# 输出结果: name: Garfield, color: orange tabby, size: fat, city: Xiamen, 。
```

6.1.3　判断是否在字典里

判断某个键在不在字典里，如"city" in myCat 或"city" in myCat.keys()，结果为 True；而"hobby" in myCat.keys()的值为 False。

判断某个值在不在字典里，如'Garfield' in myCat.values()，值为 True；而'tiger' in myCat.values()的值则为 False。

6.1.4　清空、取值、更新和设置默认值

Python 所有的数据类型都是对象，自带很多工具（方法函数），字典也不例外。比较常用的如下。

1. myCat.clear()，清空字典变量的数据，变成空字典{}。

2. myCat.get('name', 'Not Here')。

通过键'name'取元素的值，这里取出来的值是'Garfield'；找不到相应键就返回'Not Here'。例如 myCat.get("hobby","Not Here")的值就是'Not Here'。

3. myCat.update(color = "orange")，更新字典数据，键'color'对应的值由'orange tabby'更新为'orange'。

4. myCat.setdefault('city', 'Beijing')，

如果字典变量 myCat 没有'city'这个键，则创建一个元素（键是'city'，值用默认值'Beijing'）；如果键'city'已经存在，则什么也不做，继续保持原来的值。

6.1.5　字典实例：字典充当"生日"数据库

接下来用字典录入和保存朋友的生日，原有字典变量已经保存了一些朋友的生日，现在要完善这个生日"数据库"。简单说就是无记录的录入生日信息，有记录的提示已录入。分成 3 个步骤完成任务。

1. 建立现有的"数据库"。

2. 循环录入数据，直到输入空格表示录入完毕（循环结束条件）。

3. 输入姓名，如果姓名已存在，表明信息已录入，输出生日信息；如果姓名不在字典里，那就连同生日一起添加进字典。

代码如下：

```
# ------------------ 用字典作数据库，完成生日数据录入 ------------------

birthdays = {'张三':'四月一日', '李四':'八月一日', '王五':'三月四日'}
''' 定义了一个字典变量存放现有数据。录入时要注意及时进行中英文切换，定义字典变量birthdays
时出现的标点字符'、{、:、,等都要在英文输入法状态下输入。'''
print(birthdays)

# 无条件进入循环，循环体内若无出口（例如break），会一直陷在循环体（死循环）。
while True:
    name = input("输入姓名（按回车键退出）: ")         # 接收输入的姓名。

    # 根据输入做3种处理（按回车键退出、已有姓名提示继续下一轮循环、没记录的录入信息）。
    if name == '':
```

```
        # 如果提示输入姓名时不输入直接按回车键，name接收到的是空字符，满足为True的条件。
        Break           # 接收到空字符时退出循环。
    elif name in birthdays:
    ''' 判断姓名的键是否已在字典里，为True说明生日信息已经录入，输出即可。name in
birthdays也可以写成name in birthdays.keys()。'''
        print('{} 是{}的生日'.format(birthdays[name], name))
        # birthdays[name]通过键访问字典元素的值。
    else:
        print(name, '的生日信息没有录入 ',)
        bday = input('那么生日是哪天？ ')
        birthdays[name] = bday     # 往字典里添加新的元素。
        print('信息已录入，生日信息库进行了更新')

print(birthdays)                   # 把字典内容输出。
```

程序运行结果：

```
{'张三': '四月一日', '李四': '十二月十二日', '王五': '三月四日'}
输入姓名（按回车键退出）：赵六
赵六 的生日信息没有录入
那么生日是哪天？ 十月一日
信息已录入，生日信息库进行了更新
输入姓名（按回车键退出）：张三
四月一日 是张三的生日
输入姓名（按回车键退出）：
{'张三': '四月一日', '李四': '十二月十二日', '王五': '三月四日', '赵六': '十月一日'}
```

6.2　字典实例：批量写邮件

先录入客户的资料（姓名、性别），再生成发给每个客户的邮件。邮件内容除了称呼不同，其他部分都相同。具体要求如下。

1. 设置一个存储客户资料的列表customers，列表里的元素用字典类型来记录客户资料（姓名、性别）。

2. 询问用户是否输入客户资料，得到肯定的回答则将输入的客户资料用字典变量记录下来，并添加进列表customers里；得到否定的回答则退出循环，终止录入。

3. 循环遍历每个客户，生成邮件文本。为客户定制邮件的称呼（title）：性别是"男"用"姓" + "先生"；性别是"女"则用"姓" + "女士"。

4. 字典键值可以使用中文，但要频繁地在中英文输入法间切换，因为键值的单引号必须在英文输入法下输入，所以最好采用英文。

代码如下：

```
# ----------------- 定制客户邮件的称呼 ------------------

customers = []
''' 列表变量customers存储客户信息，清空备用。每条客户信息以字典形式存放，字典的键包括姓
名和性别。'''

while True:

    createEntry = input("要录入客户信息么(回答y或n)？ ")
```

```
    ''' createEntry接收用户输入的字符串，限定用户的回答，却没有对用户的输入进行检查，没
有拒绝不符合要求的输入的措施，所以不是真正的限定。'''

        createEntry = createEntry[0].lower()
        # 将字符串的第一个字符放进变量createEntry内。

        if createEntry != 'y':    # 如果createEntry不是"y"，则停止录入。
            break                 # 用break退出循环。

        else:                     # createEntry为"y"，表示要录入数据。
            name, gender = input('输入用户姓名和性别，用空格分开（例如贾宝玉 男）').split()
            ''' 这样输入的字符串由split()分成两个子串：姓名和性别。通过赋值号=分别将它们赋值
给name（贾宝玉）和gender（男）。程序只处理单姓。'''

            fName = name[1:]      # 字符串切片取姓名的名"宝玉"。
            lName = name[0]       # 字符串索引取姓名的姓"贾"，只考虑单姓。

            customers.append({'名':fName,'姓':lName, '性别':gender})
            # 字典收录用户信息，通过customers列表的方法函数append()添加新元素进列表
customers。

    # 个性化邮件正文的称呼部分。
    for cust in customers:            # 循环变量cust在客户列表customers里遍历。

        if cust['性别']=='女':       # 判断每个客户对应键"性别"的值。
            title = cust['姓'] + '女士'

        else:
            title = cust['姓'] + '先生'

        # 与邮件正文相结合。
        print('''尊敬的 {}：
              我们很荣幸地邀请您作为贵宾参加……'''.format(title))
```

程序运行结果：

```
要录入客户信息么(回答y或n)?y
输入用户姓名和性别，用空格分开，（例如贾宝玉 男）王熙凤 女
要录入客户信息么(回答y或n)?y
输入用户姓名和性别，用空格分开，（例如贾宝玉 男）焦大 男
要录入客户信息么(回答y或n)?n
尊敬的 王女士：
        我们很荣幸地邀请您作为贵宾参加……
尊敬的 焦先生：
        我们很荣幸地邀请您作为贵宾参加……
```

6.3 字典实例：统计单词个数

对于一段英文，该怎样统计出每个单词的个数呢？

1. 把字符串里的单词分离出来放进列表。遍历列表，用字典变量来记录单词的个数。字典的元素结构是单词为键，个数为值。

2. 用字典的方法函数 setdefault()为没有被记录过的单词创建一个计数器，初值为 0。如果单词

已被记录，则单词的计数器增加 1。执行到字符串尾，循环结束的同时统计也完成了。

代码如下：

```
# ----------------- 统计单词个数 -----------------

import pprint
''' 第三方模块pprint的全名是pretty print，可以使输出数据更工整，要提前安装（可参见1.6节
引入外援）。'''

message = '''
Books and doors are the same thing books.
You open them, and you go through into another world.
'''
# message用来存放要统计单词个数的字符串。这里用'''作为字符串界限符是因为字符串里有换行符。

words = message.split()
# 字符串的方法函数split()用空格把字符串分成一个个子串，放到列表words里。

count = {}
# count是一个字典型变量，用来存放统计的单词个数。形式是{'book': 2, 'and': 3}，单词为键，
个数为值。

for word in words:

    ''' 循环变量word遍历列表words，words的元素是从message的空格分离得来的子串，有一些子
串可能会是'books.'或'them,'这样的形式，也就是后面的标点符号也跟过来了。标点符号都位于子串末尾，
用索引-1可以取到，word[-1].isalpha()判断最后一个字母是不是字符，如果不是字符就将其截掉。'''

    if not word[-1].isalpha():
    word = word[:-1]
    # 去除串尾的标点符号。这个切片包含从索引0指向的字符到倒数第二个字符，不包括索引为-1指向的串
尾字符。

    word = word.lower()
    # 把单词变成小写来统计，'You'和'you'算一个单词。

    count.setdefault(word, 0)
    ''' 如果键不在字典里，例如第一次碰到单词'book'，那么把'book':0作为新元素加入字典。如
果键已经在字典里，例如第二次遇到单词'book'，字典里已经存在{……'book': 1 ……}，这时就什么事
也不做。'''

    count[word] +=1        # 键为word的元素的值（单词计数器）增加1。

pprint.pprint(count)
# pprint模块下的pprint()输出的字典变量count更工整，可对比下print(count)的输出结果。
```

程序运行结果：

```
{'and': 2,
 'another': 1,
 'are': 1,
 'books': 2,
 'doors': 1,
```

```
    'go': 1,
    'into': 1,
    'open': 1,
    'same': 1,
    'the': 1,
    'them': 1,
    'thing': 1,
    'through': 1,
    'world': 1,
    'you': 2}]
```

6.4　字典实例：野餐策划

字典实例：野餐策划

小伙伴们一起出去野餐，得提前商量一下各自都打算带点什么吃的。任盈盈带了 5 个苹果、12 个橘子；黄蓉带了 3 个烤饼、20 个肉串；阿朱带了 3 个烤饼和 8 个手抓饼……在字典这种数据类型的帮助下，写一个程序统计一下食物种类和数量。

1. 把大家打算带的东西用字典变量记录下来，字典元素的结构是"姓名:每个人带的食物"。每个人带的食物也用字典类型表达，字典元素结构是"食物名称:数量"。

allGuests = {'任盈盈': {'苹果': 5, '橘子': 12}, '黄蓉': {'烤饼': 3, '肉串': 20}, '阿朱': {'烤饼': 3, '手抓饼': 8}}。

2. 用函数 totalBrought() 统计指定食物个数，形参接收记录大家所带食物的字典和要统计数量的食物。要统计苹果的个数，就遍历 allGuests 里的值 values（记录每个人带的食物），找出苹果的个数进行累加。

返回值是指定食物的个数。

3. 主函数调用 totalBrought() 统计食物个数并输出，如 totalBrought（allGuests, '苹果'）。

```
# ------------------ 用字典实现野餐策划 ------------------

allGuests = {'任盈盈': {'苹果': 5, '橘子': 12}, '黄蓉': {'烤饼': 3, '肉串': 20}, '阿朱': {'烤饼': 3, '手抓饼': 8}}
# allGuests用来存放大家带的食物。
def totalBrought(guests, item):
# 统计食物个数，形参guests和item接收传过来的实参allGuests和指定食物，如'烤饼'。

    numBrought = 0        # 累加和，初值清零，记录统计出来的食物个数。
    for v in guests.values():
    # 循环变量v遍历guests所有跟键值对应的值，guests每个跟键值对应的值都是字典类型，所以v
也是字典类型。

        numBrought += v.get(item, 0)
        ''' 形参item接收了要统计数目的食物名，如果字典变量v里已经有了item这个键，则把键
item的值取出来，累加进numBrought。如果v里没有item值，那么就把默认值0累加进numBrought。'''

    return numBrought        # 返回统计个数。

    ''' 工整地输出统计结果。调用totalBrought()时按照形参要求，把记录每个人所带食物的字典变量
allGuests和要统计的食物名称作为实参传给函数。'''
```

```
print("野餐的食物列表：")
print("-苹果 {}".format(totalBrought(allGuests,'苹果')))
print("-橘子 {}".format(totalBrought(allGuests,'橘子')))
print("-烤饼 {}".format(totalBrought(allGuests,'烤饼')))
print("-手抓饼    {}".format(totalBrought(allGuests,'手抓饼')))
print("-肉串      {}".format(totalBrought(allGuests,'肉串')))
```
程序运行结果：
```
野餐的食物列表：
-苹果       5
-橘子       12
-烤饼       6
-手抓饼     8
-肉串       20
```

6.5　集合基础知识

集合基础知识与实例

集合（set）是无序不重复的元素集，和字典一样用大括号，内部结构类似列表。集合{"arrow", "spear", "rock"}与{"arrow", "spear", "arrow", "arrow", "rock"}相同。集合元素不重复这个特质可以用来去除海量数据里的重复元素。

6.5.1　集合的产生

集合可以直接通过定义元素来产生：
```
items = {"arrow", "spear", "rock"}
```
可以通过列表产生：
```
list1 = ['cat', 'dog', 'bird']
keys = set(list1)
```
keys 的值是{'bird', 'cat', 'dog'}。

可以通过字典的键或值来产生：
```
dict1 = {"cat": 1, "dog": 2, "bird": 3}
keys = set(dict1)
```
这里 keys 的值也是{'bird', 'cat', 'dog'}。

还可以通过字符串产生：
```
s1 = set('apple')
```
s1的值是{'a', 'p', 'e', 'l'}。

6.5.2　集合的基本操作

用 len()函数可以得到集合的长度，如 len(keys)为 3。
用 in 判断元素是不是在集合里：
```
if "clock" in items:
    print("Exist")
else:
    print("Not found")
```

空集合用 set()：
```
pets = set()
```

方法函数 add(元素)用于添加元素到集合：

```
pets.add('cat')
pets.add('dog')
pets.add('gerbil')
```

上面的 pets 变成：{'cat', 'dog', 'gerbil'}。

方法函数 discard(元素)用于删除元素：

```
pets.discard('cat')
pets.discard('zebra')
```

上面的 pets 变成：{'dog', 'gerbil'}。

方法函数 update(列表)用于更新集合：

```
pets.update(['zebra', 'kangaroo', 'koala', 'gerbil'])
```

删除没有的元素不会出错，对 pets 也没有什么影响。pets 变成：{'dog', 'gerbil', 'zebra', 'kangaroo', 'koala'}，添进了新内容。

集合之间的操作如下：

```
numbers1 = {1,2,3,4,7}
numbers2 = {1,3,4,6}
print(numbers1 | numbers2)      # {1, 2, 3, 4, 6, 7},集合的或操作。
print(numbers1 & numbers2)      # {1, 3, 4},集合的与操作。
print(numbers1 - numbers2)      # {2, 7},集合的减操作。
```

集合的或操作可用方法函数 union()：

```
setUnion = numbers1.union(numbers2)
# setUnion为{1, 2, 3, 4, 6, 7}。
```

集合的与操作可用方法函数 intersection()：

```
common = numbers1.intersection(numbers2)
# common为{1, 3, 4}。
```

方法函数 difference()可以实现集合的减操作：

```
diff = numbers1.difference(numbers2)
# 相当于执行了number1 - number2, diff为{2, 7}。
```

6.5.3 集合实例：野餐策划

前面那个野餐程序用集合也可以实现。可以把每个人野餐带的食物放在一个集合里，集合自动去除重复元素，然后用循环变量遍历食物集合，调用统计食物个数的函数并输出结果，代码如下：

```
# ------------------- 用集合实现野餐策划 -------------------

allGuests = {'任盈盈': {'苹果': 10, '橘子': 12}, '黄蓉': {'烤饼': 3, '肉串': 20},'阿
朱': {'烤饼': 3, '手抓饼': 8}}

def totalBrought(guests, item):
    numBrought = 0
    for v in guests.values():
        numBrought += v.get(item, 0)
    return numBrought

foodSet = set()
# 集合foodSet用来存放大家带的食物，初始化为空集合。

for v in allGuests.values():
```

```
    ''' allGuests.values()是字典变量allGuests所有跟键值对应的值（字典类型）组成的列表。v每
次取一个，也是字典类型。'''

        foodSet |= set(v)
        ''' v是字典变量，set(v)相当于set(v.keys())，就是把v的所有键强制类型转换成集合。
foodSet |= set(v)通过集合的或操作把set(v)合并到foodSet。foodSet |= set(v)也可以写成
foodSet = foodSet | set(v)，foodSet会自动去除重复的元素。'''

    print("野餐的食物列表：")

    # 循环变量遍历集合foodSet，调用统计个数的函数并输出结果。
    for food in foodSet:
        print("-{:20} {}".format(food, totalBrought(allGuests, food)))
                # 占位符{:20}指定这个位置的输出占20个字符，左对齐。
```

程序运行结果：

```
野餐的食物列表：
-肉串                    20
-手抓饼                  8
-橘子                    12
-苹果                    5
-烤饼                    6
```

本章小结

字典是一个容器类型，能存储任意个数的 Python 对象。字典类型和序列类型容器类（列表、元组）的区别是存储和访问数据的方式不同。序列类型只能用数字类型的键，字典可以用其他类型的键。字典是一个无序的数据类型。集合本身也是无序的，不可以为集合创建索引或执行切片操作，也没有键可用来获取集合中元素的值。

习题

1. 写程序，用字典变量记录存货清单：

名称	数目
apple	100
pear	59
banana	30
strawberry	60
durian	20
peach	60

输出：

```
请问您要查询哪种水果？grape
不好意思，我们的存货里没有这种水果
请问您要查询哪种水果？strawberry
库房里有 60 箱 strawberry
请问您要查询哪种水果？
```

按回车键退出查询。

2. 写程序，用户输入一段文字或直接复制一段文字到变量中，统计每个字出现的次数。

3. 写程序，创建两个字典，然后将这两个字典合并。

4. 写程序，用字典记录各个分店水果的库存，统计并报告每种水果所有分店加起来的总库存。

5. 写程序，提示用户选择操作：1——输入信息，2——验证密码。

如果用户选择的是"1"，则提示用户输入用户名和密码。如果用户输入的是已经存在的用户名，则提示用户此用户名已经存在，需要重新输入。

如果用户选择的是 2，则先提示用户输入自己的用户名，再提示用户输入密码。密码正确则提示用户获得权限，密码不正确则提示用户重新输入，3 次密码输入错误则回到提示用户选择操作的界面。

6. 试着用集合实现 6.3 节的统计单词个数。假如把一段英文放进变量 paraStr，考虑把单词分离出来放进集合，然后遍历这个集合，用 paraStr.count('am')来统计单词"an"出现的次数。不用 paraStr.count('am')是因为程序会把 swam 里的 am 也统计进去。

第 7 章

文件省了多少事儿呀

　　用变量存储数据，当程序运行结束时，变量会被回收。有时需要把数据保存起来，想用时可以随时拿出来用，这就要用到文件了。使用文件时需要指明文件的位置（路径），以及文件的名字。本章会有专门讲文件路径的小节，此前先不考虑路径问题，把示例文件跟代码文件放在一个文件夹下，访问时只需指定文件名。

学习重点

　　文件的打开模式和使用方法；设置文件夹在 Python 解释器内，如此可以在程序中导入该文件夹下的程序文件；在第三方模块 pathlib 的帮助下管理文件路径。

7.1 纯文本文件

关于文件的操作

文件分为纯文本文件和二进制文件。纯文本文件只包括字符，不包括字符的样式、大小、颜色。纯文本文件可以用 Windows 平台的记事本和 Mac 平台的 TextEdit 打开和生成。扩展名为.txt 的文本文件或.py 的 Python 程序文件都是纯文本文件；二进制文件则以二进制形式存储，必须通过相应的软件才能将其显示。二进制文件可以是图形文件、声音文件、表格文件、可执行程序等。

本章代码文件所在目录下有一个纯文本文件 Jeanette.txt，内容如图 7.1 所示。

```
Jeanette.txt — Edited
I'll call you, and we'll light a fire, and drink some wine, and recognise each other in
the place that is ours.
Don't wait. Don't tell the story later. Life is so short. This stretch of sea and sand,
this walk on the beach before the tide covers everything we have done.
I love you.
The three most difficult words in the world.
But what else can I say?
```

图 7.1 Jeanette.txt

7.1.1 花式读文件

文件的基本打开模式有读（r）、写（w）、添加（a），文件也可以用 r+、w+、a+模式打开。函数 open(文件名，打开模式)用于将文件打开，返回值是文件对象。如果不特别指定打开模式，默认是以只读模式（r）打开文件的，返回 Jeanette.txt 文件对象：

```
Jeanette = open('Jeanette.txt')
```

这里只给了文件名 Jeanette.txt，所以 Python 解释器会到代码文件所在的目录下找这个文件。Mac 系统上如果用 open('/Users/PythonABC/Documents/Jeanette.txt')，则解释器会去 '/Users/PythonABC/Documents/' 的目录下找文件 Jeanette.txt。Windows 系统上的 open('C:\\Users\\PythonABC\\Documents\\Jeanette.txt')执行类似操作(\\:第一个\是转义字符，第二个\是路径连接符)。

调用文件对象的方法函数 read()用于把文件内容以字符串形式读出来,存入字符串变量 quote 里：

```
quote = Jeanette.read()
```

输出字符串变量 quote 的内容，就把文件内容也输出了。文件打开后或使用完毕后要关闭：

```
Jeanette.close()
```

可以通过检查 Jeanette.closed 查看文件对象 Jeanette 是否关闭，True 表示关闭了，False 则表示没有关闭。

除了使用 Jeanette.read()，还有很多办法把文件读出来，例如用循环变量遍历文件对象，循环变量每次读出一行：

```
with open('Jeanette.txt') as Jeanette:
# 用with语句打开文件，使用完后不需要进行关闭文件的操作；"as"后面是文件对象Jeanette。


    for line in Jeanette:
        print(line, end='')
        ''' 设定end=''是为了把文件内容原封不动地输出,否则会在每一行输出后自动添加换行符,
Jeanette.txt的文本里每一行已经自带换行符了。'''
```

```
print()                    # 添加一行空行，与后面的输出隔开。
print(Jeanette.closed)
# with语句使用文件虽然没有进行关闭文件的操作，但Jeanette.closed的值为True，说明文件已关闭。
```

程序运行结果：

```
I'll call you, and we'll light a fire, and drink some wine, and recognise each
other in the place that is ours.
Don't wait. Don't tell the story later. Life is so short. This stretch of sea
and sand, this walk on the beach before the tide covers everything we have done.
I love you.
The three most difficult words in the world.
But what else can I say?
True
```

文件对象的方法函数 readlines()可以把内容一行一行地读出来放进列表，列表里的每个元素都是一行：

```
with open('Jeanette.txt') as Jeanette:
    f_content = Jeanette.readlines()
print(f_content)
```

程序运行结果：

```
['I'll call you, and we'll light a fire, and drink some wine, and recognize
each other in the place that is ours.\n', 'Don't wait. Don't tell the story later.
Life is so short. This stretch of sea and sand, this walk on the beach before the
tide covers everything we have done.\n', 'I love you.\n', 'The three most difficult
words in the world.\n', 'But what else can I say?']
```

f_content 是个列表，列表里每个元素都是字符串——行字符串。

文件对象的方法函数 readline()每次只读一行：

```
with open('Jeanette.txt') as Jeanette:

    f_content = Jeanette.readline()
    # 每次只读一行出来，放进字符串变量f_content。
    print(f_content,end='')

    f_content = Jeanette.readline()
    print(f_content,end='')

    f_content = Jeanette.readline()
        print(f_content,end='')
```

这段代码读了 3 行出来，运行结果：

```
I'll call you, and we'll light a fire, and drink some wine, and recognise each
other in the place that is ours.
Don't wait. Don't tell the story later. Life is so short. This stretch of sea
and sand, this walk on the beach before the tide covers everything we have done.
I love you.
```

也可以不以行为单位读，自己定义一次读出多少：

```
with open('Jeanette.txt') as Jeanette:

    # 每次读50个字符出来放在字符变量f_content中并输出，读了3次。

    f_content = Jeanette.read(50)
    print(f_content)
```

```
    f_content = Jeanette.read(50)
    print(f_content)

    f_content = Jeanette.read(50)
    print(f_content)
```

程序运行结果：

```
I'll call you, and we'll light a fire, and drink some
wine, and recognise each other in the place that
is ours.
Don't wait. Don't tell the story later
```

如果是超级大的文本文件，规定好每次读多少字符，可以用循环把整个文件读出来。为了清楚看到每次读出的是规定数目的字符，在每次读出的字符后加一个'*'：

```
with open('Jeanette.txt') as Jeanette:

    size_to_read = 50                    # 规定每次读50个字符。
        f_content = Jeanette.read(size_to_read)
        # 将读出的字符串放进f_content。
    while len(f_content)>0:
    # 只要读出来字符串的长度大于0，就说明还没到文件末尾。
        print(f_content, end='*')
        # 输出f_content后加一个'*'，这样可以清楚地看到每次输出50个字符。
        f_content = Jeanette.read(size_to_read)
        ''' 读size_to_read个字符放入f_content。读到文件末尾，读出来的会是空字符串，从
而不再满足进入循环的条件。'''
```

程序运行结果：

```
I'll call you, and we'll light a fire, and drink s*ome wine, and recognise each
other in the place th*at is ours.
Don't wait. Don't tell the story later*. Life is so short. This stretch of sea
and sand, *this walk on the beach before the tide covers ever*ything we have done.
I love you.
The three most di*fficult words in the world.
But what else can I sa*y?*
```

7.1.2　以添加模式打开文件

添加模式就是在文件末尾继续添加内容：

```
with open('Jeanette.txt', mode='a') as Jeanette:
# mode='a'指定以添加模式打开文件，a代表append。

    Jeanette.write("\nFrom Jeanette\n")
    ''' 把字符串"\nFrom Jeanette\n"添加到文件末尾。print()是把字符串输出到屏幕上，而文
件对象的方法函数write()是把字符串输出到文件中。'''
    quote = Jeanette.read()

print(quote)                    # 输出，希望可以看到新添加的字符串。
```

这段代码运行时出错了，错误提示指向 quote=Jeanette.read()这一行，错误信息是：io.UnsupportedOperation: not readable。原因在于打开模式是添加'a'，这种模式打开文件后只能添加不能读。可以将打开模式'a'换成'a+'模式，即可添加又可读模式，并且在 quote = Jeanette.read()

前加一条语句 Jeanette.seek(0)，原因后面会解释：

```
with open('Jeanette.txt', mode='a+') as Jeanette:
    Jeanette.write("\nFrom Jeanette\n")
    Jeanette.seek(0)
    quote = Jeanette.read()


print(quote)
print(Jeanette.name)        # 输出文件名'Jeanette.txt'。
```

或者还是用'a'添加模式打开，只负责添加，读文件时先用'r'模式打开文件再读：

```
with open('Jeanette.txt', mode='a') as Jeanette:
    Jeanette.write("\nFrom Jeanette\n")


with open('Jeanette.txt') as Jeanette:
    quote = Jeanette.read()


print(quote)
```

添加后再打开文本文件，可以看到文本末尾已经添加了一行"From Jeanette"，如图 7.2 所示。

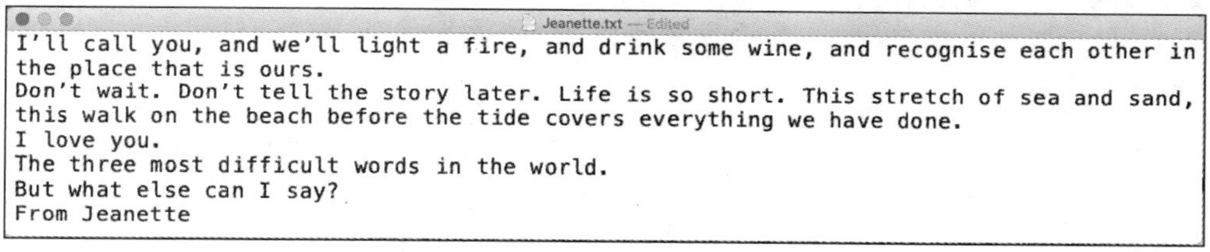

图 7.2　添加了文本的 Jeanette.txt

以写模式（w）和添加模式（a）打开文件时，如果打开的文件不存在则会创建一个新文件。

7.1.3　以写模式打开文件

以写模式打开文件可以写入字符串：

```
with open('Jeanette.txt', mode='w') as Jeanette:
# 以'w'模式打开文件。
    Jeanette.write("\nLook what I did!\n")
    # 写入字符串，以写模式打开文件添加的内容会覆盖掉文件原有内容。


with open('Jeanette.txt') as Jeanette:      # 用只读模式再次打开文件。
    print(Jeanette.read())                  # 读取文件内容并输出。
```

以写模式打开写入字符串后的 Jeanette.txt 如图 7.3 所示。

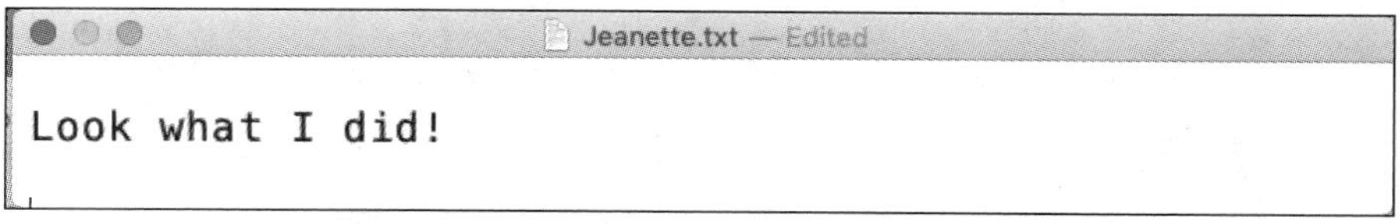

图 7.3　以写模式打开写入字符串后的 Jeanette.txt

从输出可以看到，出现在 Jeanette.txt 文件内容只剩下"Look what I did!"，原有的内容全部被覆盖。

如果用'w+'模式打开文件，则可读可写。如用'w+'模式打开 Jeanette.txt，实现跟之前代码同样的功能：

```
with open('Jeanette.txt', mode='w+') as Jeanette:
# 'w+'模式，可写可读。
    Jeanette.write("\nLook what I did!\n")
    Jeanette.seek(0)
    print(Jeanette.read())
```

现在解释为什么要用 seek(0)：可以想象文件里有个指针，用于指示文件读到哪里了，Jeanette.seek(0)就是把文件指针移到文件头。如果不用它的话，Jeanette.write()执行完后文件指针指向文件末尾，而 Jeanette.read()从文件末尾什么也读不到。

7.1.4 当前的位置和 encoding

可以用 Jeanette.tell()获得当前文件指针的位置：

```
with open('Jeanette.txt', mode='r+') as Jeanette:
# 'r+'模式，可读可写。文件Jeanette.txt里的内容是 "\n Look what I did!\n"（\n是回车，
算作一个字符）。
    print(Jeanette.tell())           # 输出0，打开文件时指针指向文件头，指针位置从0开始。
    print(Jeanette.read())
    # 此时文件的指针指向了文件末尾。
    print(Jeanette.tell())           # 输出18，当前指针位置。
    Jeanette.seek(10)
    # 文件指针移至第10个字符的位置（what与I之间的空格）。
    Jeanette.write("mess!")          # 将原来的字符串 " I di" 换成 "mess!"，此时文件内容
为 "\n Look whatmess!d!\n"。

    print(Jeanette.tell())           # 输出15，当前指针位置。
    print(Jeanette.read())
    # 输出当前指针指向的第15个字符一直到文本末尾的字符串'd!'。

    Jeanette.seek(0)                 # 指针又回到文件头。
    print(Jeanette.read())           # 输出整个文件内容：Look whatmess!d!。
```

程序运行结果：

```
0

Look what I did!

18
15
d!

Look whatmess!d!
```

如果文本文件里有中文字符，必须加一个编码参数 encoding，否则会出现乱码：

```
with open('Jeanette_c.txt','w',encoding='utf-8') as f:
    f.write('''
我会给你电话，我们一起生个火，喝点小酒，在属于我们的地方辨认彼此。
    别等待，别把故事留到后面讲，生命如此之短。这一片海和沙滩，这海滩上的散步，在潮水将我们所做的
一切吞噬之前。
    我爱你，这是世上最难的三个字，可除此以外，我还能说什么。''')
with open('Jeanette_c.txt','r',encoding='utf-8') as f:
    s = f.read()
    print(s)
```

程序运行的结果是将代码中的中文段落写入文本文件 Jeanette_c.txt，并在屏幕上输出 Jeanette_c.txt 的内容。通过 encoding='utf-8'指定编码 UTF-8，解决了往文件里添加中文时的乱码问题。utf-8 兼容各国文字，包括汉字。

7.2　二进制文件

基本上除了纯文本文件，其他文件都叫二进制文件。二进制文件不像纯文本文件那样可以直接显示文本内容，要用相应的软件才能显示。二进制文件的打开模式是 rb，b 是二进制 binary 的首字母。下面用代码完成图片文件 aurora.jpg 的复制，aurora.jpg 跟程序代码要放在一个文件夹下，否则打开时要在 aurora.jpg 前加上文件路径：

```python
with open('aurora.jpg','rb') as rf:
# 用'rb'模式打开图片文件，生成源文件对象rf。

    with open('new_aurora.jpg','wb') as wf:
    # 以'wb'模式打开新文件，生成目标文件对象wf。

        chunk_size = 4096     # 规定每次读出多少个字节（4096，即4k）。
        rf_chunk = rf.read(chunk_size)
        ''' 从源文件里读出4k个字节。这里的rf_chunk不是字符串，如果硬要输出，得到的会是一
堆无法阅读的乱码。可以用len()获得rf_chunk的长度。'''

        while len(rf_chunk) > 0:
            wf.write(rf_chunk)    # 读出来后写入新文件。
            rf_chunk = rf.read(chunk_size)
```

用同样的方法，再复制一个 MP3 音频文件（也要先把音频文件复制到跟代码文件同一个目录下，否则就要在打开文件时在文件名前加上路径）：

```python
rf = open('Doris Day - Que Sera Sera.mp3','rb')       # 源文件。
wf = open('copy_Doris Day - Que Sera Sera.mp3','wb') # 目标文件。

chunk_size = 4096
rf_chunk = rf.read(chunk_size)
while len(rf_chunk) > 0:
    wf.write(rf_chunk)
    rf_chunk = rf.read(chunk_size)

rf.close()
wf.close()
```

这段代码没有使用 with 语句，而是直接打开文件，效果相同，只是记得打开文件后要关闭。

7.3　定义变量文件和设置 Python 解释器的搜索路径

在程序 A 中定义的变量在程序 B 中无法使用，需要重新定义。如果把变量保存到专门存放变量的.py 文件 C 里，使用时引入 C，就可以实现多个程序共享变量定义了。

7.3.1　生成存放变量的文件

使用 pprint 模块的 pformat()函数把定义的变量内容转化成字符流，存放到字符串变量，写进

文本文件保存起来，就可以实现多程序共享变量定义了：

```
import pprint

cats = [{'name':'Garfield','desc':'chubby'},
{'name':'Tom','desc':'naughty'}, {'name':'kitty','desc':'pretty'}]
# 定义一个列表变量cats，列表里的每个元素都是字典类型。


s = pprint.pformat(cats)
''' 把cats变量里的内容转成字符串存放到s里。字符串变量s现在的内容是"[{'name':'Garfield',
'desc':'chubby'},{'name':'Tom','desc':'naught'}, {'name':'kitty','desc':'pretty'}]"。
'''


with open('myCats.py','w') as fileObj:
# 以写模式打开myCats.py文件。
    fileObj.write('cats = '+ s + '\n')
    # 将字符串变量的内容保存到文件myCats.py里。
```

这段代码的运行效果等同于将 cats = [{'name':'Garfield','desc':'chubby'}、{'name':'Tom',
'desc': 'naughty'}、{'name':'kitty','desc':'pretty'}]手动输入 myCats.py 中。

7.3.2　引入自定义模块时提示找不到

至此，变量定义被写入文件 myCats.py 里了，该怎样拿出来用呢？其他程序要使用这个变量需要先引入 myCats.py：import myCats。可是这样做后，可能会出现"No module named myCats"的错误。在 PyCharm 里，myCats 下可能还会出现一条红色波浪线。原因在于 myCats.py 所在路径不在 Python 解释器的搜索路径下，换句话说就是 Python 解释器不知上哪儿去找 myCats.py。如果引入的是第三方模块（例如 import pathlib），碰上这种错误说明这个第三方模块没被安装，解决办法见 1.6 节引入外援。如果是自己编写的.py 文件在引入时遇到这种错误，该怎么办呢？答案是把 myCats.py 所在路径添加进 Python 解释器的搜索路径中。

打开 PyCharm 菜单，选择"Preferences"（Mac），或者选择"File"→"Settings"（Windows），然后选择自己生成的项目（这里是 PythonABC_Book）下的项目解释器（Project Interpreter），如图 7.4 所示界面标号 2 标示的位置。单击图 7.4 所示界面中标号 1 所标示的按钮。

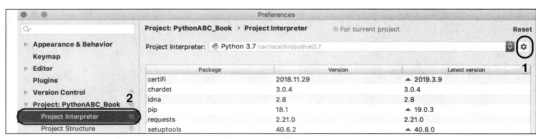

图 7.4　环境设置

在下拉框中选择"Show All"，即图 7.5 所示界面标示的位置。

图 7.5　Python 解释器设置

选择要用的解释器版本，如图 7.6 所示界面标号 1 所标示的位置，再单击标号 2 所标示的按钮。

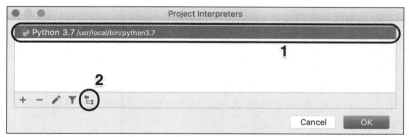

图 7.6　选择解释器

选择在用的 Python 解释器，如图 7.7 所示界面标号 1 标示的位置。单击 "+"，即标号 2 所标示的位置。在弹出的窗口内选择 myCats.py 所在的文件夹后，连续单击 "OK" 按钮。再回到代码区时，myCats 下面的红色波浪线不见了（Windows 上红色波浪线如果不消失也没关系，不影响程序运行）。

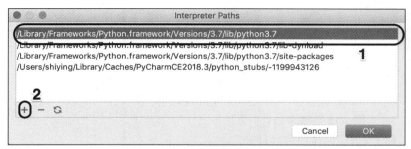

图 7.7　添加解释器搜索路径

现在打开文件，将定义好的变量用起来：

```python
import myCats
# 引入变量文件后就像把myCats.py里的变量定义也搬到了程序里。


print(myCats.cats)
''' cats是文件myCats.py里的变量，引用时加一个来源myCats。输出的是文件myCats.py里定义的
cats的内容。'''
print(type(myCats.cats))     # 定义时cats是列表，这里也是列表。
print(myCats.cats[0])
# 输出列表cats的第一个字典类型的元素：{'desc': 'chubby', 'name': 'Garfield'}。
print(myCats.cats[0]['name'])
# 输出字典里键（key）为'name'的元素的值（value）：'Garfield'。
```

7.4　管理文件和文件夹

pathlib 是第三方模块，使用前需要安装，安装过程详见 1.6 节引入外援。pathlib 的功能很强大，这里只列几个经常用到的，更全面的资料请在搜索引擎中搜 pathlib Python3，参考 pathlib 的官方技术文档。pathlib 安装完成后，在程序首部从 pathlib 模块引入 Path 类：

```python
from pathlib import Path
```

类和对象的概念会专门用一章讲，这里只需知道 pathlib 模块对文件和文件夹的管理是通过

Path 对象的方法函数实现的。

7.4.1　路径对象及常用操作

先要生成一个指向当前路径的对象，用一个点 "." 指代当前路径。如果程序首部用的是 import pathlib 语句，那么这里就要这么写：

```
p = pathlib.Path('.')
```

如果用的是 from pathlib import Path 语句，程序应用 Path 时可以省略前缀 pathlib.。生成当前文件夹的路径对象可以写成：

```
p = Path('.')
```

p 现在指向当前文件夹，从 p 出发生成指向当前文件夹下的 Jeanette.txt 文件的路径对象 q，可以从以下 3 条语句任选一条实现：

```
q = p / 'Jeanette.txt'
```

或者：

```
q = Path('./Jeanette.txt')
```

或者：

```
q = p.joinpath('Jeanette.txt')
```

p 指向当前文件夹，q 指向当前文件夹下的 Jeanette.txt 文件。

以下是路径对象几个比较常用的属性和方法函数。

p.cwd( )或 q.cwd( )：cwd 是 current working directory 的简写，返回指向代码所在路径的路径对象，所以 p.cwd()和 q.cwd()的返回结果是同一个路径对象，都指向 Jeanette.txt 文件的所在路径。

p.absolute( )：返回 p 的绝对路径。

p.parent：返回 p 所指向路径的父目录。

q.name：返回文件名 + 扩展名（Jeanette.txt）。

q.stem：返回文件名（Jeanette）。

q.suffix：返回扩展名（.txt）。

q.exists( )：判断 q 是否存在，存在的话则为 True，不存在为 False。

q.is_dir( )：判断 q 是否是文件夹，若为 False，p.is_dir()为 True。

q.is_file( )：判断 q 是否是文件，若为 True，则 p.is_file()为 False。

p.joinpath('Jeanette.txt')：连接路径，解决 Mac 和 Windows 路径连接符不同的问题。

p.write_text(字符串)：将字符串写入 p 指向的文本文件，如果含有中文字符，就指定参数 encoding='utf-8'，即 p.write_text(字符串, encoding='utf-8')。

p.read_text( )：返回 p 指向的文本文件里的内容子串，如果含有中文字符就用 P.read_text(encoding='utf-8')。

以下代码在当前文件夹下生成悟空传.txt，写入指定内容，然后将文件内容输出：

```
source = Path('./悟空传.txt')
source.write_text('我要这天，再遮不住我眼；要这地，再埋不了我心；要这众生，都明白我意；要那诸佛，都烟消云散！', encoding='utf-8')

print(source.read_text(encoding='utf-8'))
```

当然也可以先用合适的模式打开文件生成纯文件对象后再操作，例如下面的代码往悟空传.txt 添加了一句内容后输出文件内容：

```
source = Path('./悟空传.txt')
```

```
source.open('a').write('\n我若成佛，天下无魔，我若成魔，佛奈我何')
print(source.open('r').read())
```

7.4.2　新建文件夹

用路径对象的方法函数 mkdir() 可以创建文件夹，例如要在当前路径下创建一个叫作 temp 的文件夹，p 是指向当前文件夹的路径对象。首先生成指向 temp 的路径对象 p.joinpath('temp')，然后调用这个路径对象的方法函数 mkdir() 生成 temp 这个文件夹：

```
p.joinpath('temp').mkdir(mode=0o777, exist_ok=True)
```
mkdir() 有 3 个可选参数。

1. mode=0o777，设定文件夹的权限，o777 是八进制的数字。

2. parents = True 或 False，默认为 False。假如 temp 文件夹的路径上有没建立的父文件夹，parents 取值为 True，则这些父文件夹会被建立，例如：

```
p.joinpath('parentFold/temp').mkdir(mode=0o777, parents=True)
```
假如文件夹 parentFold 不存在，parentFold 会先被创建，而后才创建文件夹 temp；如果没特别指定 parents=True，那么 parentFold 不存在时就会报错。

3. exist_ok=True，要建立的文件夹 temp 已经存在就不会报错；而 exist_ok=False 时，若文件夹 temp 已存在，则程序会报错。

接下来的代码先判断 temp 文件夹是否存在，存在的话删除已有的 temp 文件夹，创建一个新 temp 文件夹。用 shutil 模块的 rmtree() 删除 temp 文件夹，以及 temp 文件夹下所有的文件和子文件夹：

```
import shutil                    # Python内置的文件操作模块。
…
if temp.exists():                # 判断temp文件夹是否存在。
    shutil.rmtree(str(temp))
    ''' 若存在则删除temp文件夹，shutil.rmtree()只接收字符串作实参。temp是指向temp文件
夹的对象，用str()转换成字符串作实参。'''

temp.mkdir(0o777)                # 建立新的temp文件夹。
```

7.4.3　给文件或文件夹改名

如何给文件改名呢？办法是先生成指向新名字的路径对象再改名。假设悟空传.txt 跟程序代码在一个文件夹下，现在要把名字改为 quote1.txt：

```
source = Path('./悟空传.txt')
target = Path('./quote1.txt')
# 生成一个指向quote1.txt的路径对象target。

source.rename(target)             # 给原文件改名。
```
如果不仅给出了新文件名，还给出了新位置，那么文件被改名的同时还会被移动：

```
…
target = Path('./temp/quote2.txt')
# quote2.txt与悟空传.txt不在一个文件夹下。

source.rename(target)             # 移动和改名。
```
这段代码执行后，悟空传.txt 就被移动到 temp 文件夹下，并改名为 quote2.txt。

7.4.4　遍历文件夹找文件

[x for x in p.iterdir() if x.is_dir()]：生成一个列表，列表元素是路径对象 p 指向的文件夹下所有的子目录对象。拆开解释如下：for x in p.iterdir()，for 循环内 x 遍历 p 指向的文件夹；if x.is_dir()，筛选出文件夹；[x for…]：，将筛选出来的结果放进列表。

如果想输出当前目录下所有子目录的名字，可用以下代码：

```
p = Path('.')
for f in [x for x in p.iterdir() if x.is_dir()]:
    print(f.name)
```

[x for x in p.iterdir() if x.is_file()]：生成一个列表，列表元素是路径对象 p 指向的目录下所有的文件对象。

列出当前目录树（当前目录、子目录，以及子目录的子目录……）下的所有文件：

```
for f in p.glob('**/*.*'):
    print(f.name)
''' p.glob('**/*.*')的'**/*.*'不能替换成'*/*.*',p.glob('*/*.*')只会检索p指向的文件
夹下的文件。'''
```

列出当前目录树（当前目录、子目录，以及子目录的子目录……）下的所有.py 文件：

```
for f in p.glob('**/*.py'):
    print(f.name)
```

列出当前目录（不包括子目录）下的所有.py 文件：

```
for f in p.glob('*/*.py'):
    print(f.name)
```

指定一个文件名给 fName，比如 fName='viva_la_vida'。遍历指定目录 currentFolder 下所有以 fName 为文件名但扩展名不同的文件，viva_la_vida.jpg、viva_la_vida.mp3、viva_la_vida.txt 都符合条件。从中找出扩展名是.mp3 的那个文件，输出文件名和文件大小；找到扩展名为.txt 的文件，输出文件内容：

```
currentFolder = Path('/Users/PythonABC/Documents/myCollection/')
fName='viva_la_vida'
for f in currentFolder.glob(fName+'.*'):
# 找出currentFolder文件夹下所有文件名是viva_la_vida、扩展名随意的文件。

    if f.suffix == '.mp3':              # 扩展名是.mp3的文件满足条件。
        print(f.name, f.stat().st_size)
            # 输出文件名字和大小。f.stat()返回路径对象f的信息，st_size是文件大小。
    elif f.suffix == '.txt':            # .txt文本文件满足条件。
        print(f.read_text(encoding='utf-8'))
            # 输出f指向的文本文件的内容子串。
```

7.5　文件实例：不一样的考卷

文件实例：不一样的
考卷

老师要给学生出考卷考作家与作品、国家与首都……用程序帮老师出一套考作家与作品的"防作弊"考卷。题目是"某作家的作品是哪个？"，每张考卷上有 34 道题。怎样"防作弊"呢？那就是每一份考卷都是"独一份儿"，设计如下。

1. 每个学生考卷上的考题顺序不一样，通过调用 random 模块的随机排列函数 shuffle() 来实现。

2. 每道考题的答案选项不相同，例如题目"海明威的作品是哪个？"，学生甲遇到的备选项是 A.战争与和平、B.老人与海、C.红与黑、D.变色龙，而学生乙遇到的备选项是 A.远大前程、B.玩偶之家、C.老人与海、D.了不起的盖茨比。

每一题的答案都有 4 个选项，由 1 个正确答案和 3 个混淆视听的错误答案构成。3 个错误答案用 random.sample() 从作家作品的错误答案池里随机抽取，用 random.shuffle() 将错误答案与正确答案一起随机排列。

7.5.1　生成题目库文件和引入第三方模块

先把每个作家和作品的对应关系用字典表达出来，键（key）是作家的名字，值（value）是作家的作品：

masterWork = {'莎士比亚':'哈姆雷特','巴尔扎克':'人间喜剧','但丁':'神曲','歌德':'浮士德','荷马':'伊利亚特','托尔斯泰':'战争与和平','狄更斯':'远大前程','乔伊斯':'尤利西斯','弥尔顿':'失乐园','卡夫卡':'变形记','福楼拜':'包法利夫人','易卜生':'玩偶之家','契诃夫':'变色龙','惠特曼':'草叶集','司汤达':'红与黑','海明威':'老人与海','马克吐温':'竞选州长','雨果':'悲惨世界','塞林格':'麦田里的守望者','薄伽丘':'十日谈','伏尔泰':'老实人','萨克雷':'名利场','拜伦':'唐璜','马尔克斯':'百年孤独','霍桑':'红字','菲兹杰拉德':'了不起的盖茨比','泰戈尔':'飞鸟集','丹尼尔笛福':'鲁滨逊漂流记','叶芝':'当你老了','王尔德':'快乐王子','君特格拉斯':'铁皮鼓','乔治奥威尔':'动物农场','米兰昆德拉':'不能承受的生命之轻','毛姆':'月亮和四便士'}

把这个变量定义保存到一个名为 masterAndWork.py 的程序文件里。大量的数据放在专门的文件里，方便共享变量定义，程序要用时通过 import 引入。多程序共享变量定义可以减少程序长度，提高程序的可读性和代码利用率。程序的第一行为注释，说明这是一个生成考卷的程序。下面来分析需要引入哪些模块。

1. 在代码所在的文件夹下新建一个文件夹，用来存放考卷文件和存放答案文件，引用第三方模块 pathlib 处理跟文件夹和路径相关的部分。

2. 存放考卷和答案的文件夹如果已经存在，则先删除再新建一个同名的新文件夹。引进 shutil 模块的 rmtree() 执行删除文件夹的操作。

3. 题目和答案选项都要随机抽取、随机排列，所以需要引进 random 模块。

4. 因为把存放作家和作品的字典变量放在了 masterAndWork.py 中，为了使用这个字典变量，需要在程序首部引入 masterAndWork：

```
import masterAndWork
```

如果 masterAndWork 下有红色曲线，可能是因为它不在 Python 解释器的搜索半径内，可把 masterAndWork.py 所在的文件夹加入 Python 解释器搜索路径中去。

```
# 为每位同学生成独一份的考卷（考题随机排列，备选项随机抽取、随机排列）。

from pathlib import Path        # 管理文件路径。
import shutil                   # 管理文件。
import random                   # 随机抽取、随机排列。
import masterAndWork            # 自定义的数据文件。
```

7.5.2 准备好存放考卷和答案的文件夹和文件

建一个新文件夹用来存放生成的所有考卷和答案：

```
# 建立存放考卷文件的目录。


quizFolder = Path('./quizFolder')
''' 用文件夹quizFolder存放试卷和答案，上面路径是Mac系统的表达方法。Windows系统上用
quizFolder = Path('C:\\Document\\python\\quizFolder')。'''

if quizFolder.exists():  # 判断quizFolder是否存在，若存在，删除。
    shutil.rmtree(str(quizFolder))
    # rmtree()要求参数是字符串，用str()对Path对象quizFolder做类型转换。
quizFolder.mkdir(mode=0o777, parents=True)              # 建立目录。

paperNum = int(input("\n您要出几份考卷?    "))  # 输入要生成几份考卷赋给paperNum。
```

接下来的 for 循环生成 paperNum 份卷子和答案，进入 for 循环后就可以只考虑一份卷子和对应答案的生成了。用写模式分别打开每一份试卷和答案文件，待内容生成完毕后把内容写入文件中：

```
for quizNum in range(paperNum):
# quizNum是循环变量，取值为0～quizNum-1。


    quizFilePath = quizFolder.joinpath('quiz{}.txt'.format(quizNum + 1))
    ''' 存放考卷的文件名随着quizNum递增：quiz1、quiz2、quiz3……。QuizFolder是路径对
象，指向存放考卷的文件夹。通过方法函数joinpath(考卷文件)生成指向考卷文件的路径对象。'''

    quizFile = quizFilePath.open(mode='w', encoding='utf-8')
    ''' 以写模式'w'打开考卷文件。因为考卷内容是中文，所以设置编码参数为UTF-8。考卷文件的
文件对象是quizFile。'''

    answerKeyFilePath = quizFolder.joinpath('quiz_answers{}.txt'.format(quizNum
+ 1))

    # 指定路径下的答案文件是quiz_answers1、quiz_answer2……

    answerKeyFile = answerKeyFilePath.open(mode='w', encoding='utf-8')
    # 以写模式打开答案文件，生成答案文件对象是answerKeyFile。
```

7.5.3 考题和陪跑的答案项随机抽取+考题随机排列

生成试卷头，包括姓名、学号、班级、第几套试卷，写入试卷文件中：

```
    quizFile.write('姓名：\n\n学号：\n\n班级：\n\n')
    quizFile.write(' '*20 + '考 卷 {}'.format(quizNum + 1))
        # ' '*20，输出20个空格，后面跟着'考 卷 X'。
    quizFile.write('\n\n')
```

接下来着手准备出考题，各张试卷的题目数量和内容相同，但题目排列是随机的。之前用作家的名字作键、作品作值生成了一个字典变量 masterWork，并保存到 masterAndWork.py 里。在程序首部使用 import masterAndWork 语句，所以可以通过 masterAndWork.masterWork.keys 访问到字典变量 masterWork 的所有键（作家）：

```
    masters = list(masterAndWork.masterWork.keys())
    # 通过list()把所有作家的名字放在一个列表里，存放在列表变量masters里。
```

```
random.shuffle(masters)
''' 通过random模块的shuffle()函数把masters列表里的元素随机排列。每次进入循环调用一
次这个函数，使masters里的元素排列每次都不一样，这样每张试卷的考题顺序也就不相同了。'''
```

将作家的名字放进列表变量 masters 里，调用 random 模块的 shuffle()函数打乱 masters 的元素排列，进而影响考题的排列顺序。因为考题的关键字就是作家的名字，这样考题的主体部分就准备好了。接下来要为每一道考题准备 4 个备选项，4 个选项中只有一个是正确答案：

```
for questionNum in range(len(masters)):
    correctAnswer =
            masterAndWork.masterWork[masters[questionNum]]
    # 提取出正确答案。
```

考题考的是作家的作品是哪个，有几位作家就有几道考题。列表变量 masters 保存所有作家的名字，它的长度 len(masters)就是考题的数目。循环变量 questionNum 充当索引遍历作家列表 masters，一一取出作家名字 masters[questionNum]。作家名字也是变量文件 masterAndWork.py 中定义的字典变量 masterWork 的键值，通过 masterAndWork.masterWork[masters[questionNum]] 可以得到作家对应的作品。将题目的正确答案放进变量 correctAnswer 保存起来。

3 个错误答案从错误答案池中随机抽取：

```
# 把正确作品剔除后，剩下的作品为错误答案池。

wrongAnswers = list(masterAndWork.masterWork.values())
''' 建立答案池，masterAndWork.masterWork.values()是字典变量masterWork的所有跟键
值对应的值，也就是字典变量里记录的所有的作品。通过list()变成列表后存放到列表变量wrongAnswers
里。'''

wrongAnswers.remove(correctAnswer)
'''通过列表的方法函数remove()把正确答案从列表中移除，这样wrongAnswers就成了名副其实
的错误答案池。'''
wrongAnswers = random.sample(wrongAnswers,3)
''' 从错误答案池里随机取3个错误答案。random模块的sample(列表,数目)函数从列表中随机取
出指定数目个元素，具体到这段代码中就是从错误答案池wrongAnswers中随机抽取3个元素放进列表变量
wrongAnswers中。'''
answerOptions = wrongAnswers + [correctAnswer]
''' 正确答案的列表[correctAnswer]通过操作符'+'与包含3个错误答案的列表进行合并。4个
备选项出来后，放进列表变量answerOptions中。'''
random.shuffle(answerOptions)
# 再次调用shuffle()函数打乱4个备选项的排列顺序。
```

7.5.4　将考题和答案写入提前准备好的文件

题目关键字和 4 个备选项全部准备好了，接下去就是把考题和答案各自写进试卷和答案文件中：

```
quizFile.write('{}、   {}的作品是?\n'.format(questionNum+1,
                            master[questionNum]))
''' questionNum+1是题目序号，因为questionNum从0开始，所以+1。quizFile是指向试卷
文件的文件对象，调用它的方法函数write()把考题写进考卷文件。'''


for i in range(4):
    quizFile.write('{}. {} '.format('ABCD'[i], answerOptions[i]))
''' 答案有4个备选项，循环变量不仅控制循环次数，还充当字符串'ABCD'和备选项列表的索引：
'ABCD'[i], answerOptions[i]。'''


quizFile.write('\n\n')
```

```
answerKeyFile.write('{}. {}\t'.format(questionNum + 1,
    'ABCD'[answerOptions.index(correctAnswer)]))
```

''' 把正确答案写入答案文件：answerKeyFile指向答案文件的文件对象，\t是Tab键，questionNum + 1对应考题序号。列表的方法函数index(列表的值)可以定位值在列表值中的位置，比如正确答案correctAnswer的值是"战争与和平"，answerOptions.index('战争与和平')定位它在列表answerOption里的索引是2，则正确答案就是'ABCD'[2]，即C。通过'ABCD'[answerOptions.index(correctAnswer)]就把正确答案前面的字母写进答案文件里了。'''

```
quizFile.close()
answerKeyFile.close()
```

7.5.5 完整代码

完整的程序（省略注释）如下：

```
from pathlib import Path
import shutil
import random
import masterAndWork

# 考题和答案的文件夹。
quizFolder = Path('./quizFolder')
if quizFolder.exists():
    shutil.rmtree(str(quizFolder))
quizFolder.mkdir(mode=0o777, parents=True)

paperNum = int(input("\n您要出几份考卷？"))

# 循环里处理每一份考卷。
for quizNum in range(paperNum):
    # 打开空白的试卷文件和答案文件。
    quizFilePath = quizFolder.joinpath('quiz{}.txt'.format(quizNum + 1))
    quizFile = quizFilePath.open(mode='w', encoding='utf-8')
    answerKeyFilePath = quizFolder.joinpath('quiz_answers{}.txt'.format(quizNum
+ 1))
    answerKeyFile = answerKeyFilePath.open(mode='w', encoding='utf-8')

    # 试卷头。
    quizFile.write('姓名：\n\n学号：\n\n班级：\n\n')
    quizFile.write(' '*20 + '考 卷 {}'.format(quizNum + 1))
    quizFile.write('\n\n')

    # 打乱试题顺序。
    masters = list(masterAndWork.masterWork.keys())
    random.shuffle(masters)
    # 循环内处理每一道题。
    for questionNum in range(len(masters)):
    # 为每一道题准备答案选项（一个正确答案 + 3个错误答案）。
        correctAnswer = masterAndWork.masterWork[masters[questionNum]]
        wrongAnswers = list(masterAndWork.masterWork.values())
        wrongAnswers.remove(correctAnswer)
        wrongAnswers = random.sample(wrongAnswers, 3)
```

```
        answerOptions = wrongAnswers + [correctAnswer]
        random.shuffle(answerOptions)
    # 写入试题和答案选项。
        quizFile.write('{}、{}的作品是哪个?\n'.format(questionNum+1,
masters[questionNum]))
        for i in range(4):
            quizFile.write('{}. {} '.format('ABCD'[i],
answerOptions[i]))
        quizFile.write('\n')
        answerKeyFile.write('{}.{}\t'.format(questionNum+1,
'ABCD'[answerOptions.index(correctAnswer)]))

quizFile.close()
answerKeyFile.close()
```

本章小结

不同于存放在内存中的变量和数据一关闭程序就消失，文件写入硬盘，可以长时间保存。文件分为纯文本文件和二进制文件，注意不同的操作对应不同的打开方式。写入文件的函数和变量可以在另一个文件用 import 引入后使用，有时需要将文件的路径添加进 Python 解释器的搜索路径。对文件和文件夹的管理用的是第三方模块 pathlib。

习题

1. 建立一个文本文件，内容如下。

天上的街市

远远的街灯明了，

好像闪着无数的明星。

天上的明星现了，

好像点着无数的街灯。

写程序，用"地"替换掉文本中所有的"的"，并输出到新文件中。

2. 建立一个文本文件，内容如下。

坡上立着一只鹅，坡下就是一条河。宽宽的河，肥肥的鹅，鹅要过河，河要渡鹅。不知是鹅过河，还是河渡鹅？

写程序，统计每个字出现的次数，用一个直方图来表示：

坡 **

上 *

鹅 ******

河 ******

……

3. 做一个 To-Do 列表。写程序询问用户要进行什么操作：输入'i'表示要添加记录；输入's'表示要查看记录；输入'd'表示要删除记录。用户输入要做的事情，程序把输入的事情记在文本文件里，给记录加上标号。添加时，用户如果直接按回车键表示停止录入。删除记录时，询问用户删除哪条记录，把对应记录号的记录删除。添加、查看和删除记录用函数来完成。

第 8 章

意外总是难免的

有时人们编写的程序存在以下情况：有一点小错误或小意外立马就崩溃，撂挑子不干了。这就好比得了小感冒不仅头疼脑热，还立马昏厥过去，不省人事。虽然我们不提倡生病了还坚持工作，但也不能一感冒整个身体就彻底罢工呀！虽然不能不犯错误、不出意外，但是可以在发生错误和意外时让程序不崩溃，在给出错误提示后继续执行后面的代码。

学习重点

捕获意外，定义意外的处理方法，使用日志来记录和分析调试信息。

8.1 bug，bug，必须习惯 bug 的存在

当意外避免不了时

程序员们有个段子，"Writing code accounts for 90 percent of programming. Debugging code accounts for the other 90 percent"。就是说编程占开发工作量的 90%，调试（debug）占另外 90%。慢着……加起来 180%？这就是为什么软件项目经常拖延交付时间，也从侧面说明 bug 的存在是十分正常的。bug 指程序中的错误和意外。据说在计算机还是"巨无霸"的时代，工作人员调试早期电子计算机 Mark II 时，发现错误是卡里面的一只飞蛾导致的。于是工作人员小心地把飞蛾取出来，放在了计算机日志上，就是图 8.1 上的那只 bug（小昆虫）。从此程序里的错误和意外就得名 bug。

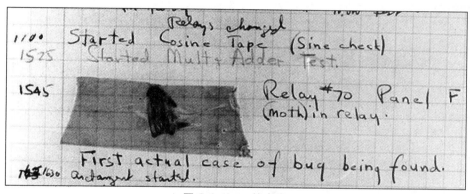

图 8.1 bug 的由来

既然 bug 无法避免，那程序就必须具备应对 bug 的能力。

8.2 捕获意外

8.2.1 提前处理，避免崩溃

先来看一段求除数的代码：

```
def spam(divideBy):
    return 42/divideBy

print(spam(3))        # 运行结果是14.0。
print(spam(0))        # 遇到了除数为0的错误，整个程序直接崩溃。
print(spam(2))        # 没有机会运行。
```

程序运行结果：

```
14.0
Traceback (most recent call last):
  File "/Users/……/8-2-1.py", line 5, in <module>
    print(spam(0))
  File "/Users/……/8-2-1.py", line 2, in spam
    return 42/divideBy
ZeroDivisionError: division by zero
```

程序给出的错误提示是 ZeroDivisionError: division by zero。这种情况用 try…except 捕获意

外就可避免整个程序崩溃：

```
def spam(divideBy):

    try:
        return 42 / divideBy
        ''' 把有可能出意外的代码块放在try和except中间。如果divideBy接收的是0，就会出现
错误ZeroDivisionError。程序不会崩溃，而是去except那里看应对错误的办法。处理完错误继续执行后
面的程序。'''

    except ZeroDivisionError:
    # ZeroDivisionError是错误名称。

        print('出错：0 不被接受')  # 应对ZeroDivisionError的办法。

print(spam(3))
print(spam(0))          # 0作为实参传给函数spam()。
    ''' 0作为实参传给函数spam()的形参divideBy，在函数spam()内执行42/divideBy时出现错
误ZeroDivisionError。执行except ZeroDivisionError定义的应对方法，输出"出错：0不接受"，同
时返回None。'''
print(spam(2))
```

程序运行结果：

```
14.0
出错：0 不被接受
None
21.0
```

这样当出现除数为 0 的情况时，整个程序就不会再崩溃了，而是按错误代码 ZeroDivisionError
去找这个意外的应对（except ZeroDivisionError）方法。意外处理完毕，后续的代码继续执行。
提前捕获"错误或意外"并做相应处理，避免了程序崩溃从而导致后续代码无法执行的情况发生。

再看一个打开文件的例子：

```
f = open('nonExist.txt')
print(f.read())
```

这段程序的运行结果：

```
Traceback (most recent call last):
  File "/Users/……/8-2-1.py", line 17, in <module>
    f = open('nonExist.txt')
FileNotFoundError: [Errno 2] No such file or directory: 'nonExist.txt'
```

代码执行时，因为当前目录不存在 nonExist.txt，程序就崩溃了，错误提示为"FileNotFoundError:
[Errno 2] No such file or directory: 'nonExist.txt'"。用 try…except 来捕获这个 FileNotFound-
Error 错误并做相应处理：

```
try:
f = open('existOrNonExist.txt')  # 这条语句可能有意外发生。

except FileNotFoundError:          # 捕获错误FileNotFoundError。
    print('抱歉，这个文件不存在')
    # 发生FileNotFoundError错误时输出"抱歉，这个文件不存在"的错误提示。
except Exception as err:  # 捕获其他可能出现的意外，将错误信息放进err。
    print('意外发生！错误信息：' + str(err) + '\n')
        # 把错误信息输出供参考，err先转成字符串才能与其他字符串连接。
```

```
    else:                       # 如果没有意外发生，那么执行else:后的语句。
        print(f.read())         # 文件读出来后输出。
        f.close()               # 关闭文件。
```

程序运行结果：

```
抱歉，这个文件不存在
```

这段代码不仅会捕获打开 existOrNonExist.txt 时可能出现的文件不存在的错误（FileNotFoundError），except Exception as err 还将打开文件时可能出现的其他错误也收入囊中。另外，这段代码在 try…except 之后还加了一个 else，else 引导的程序块在没有意外发生时执行。

8.2.2 不能捕获其他语句引发的意外

接下来把代码里打开文件的语句 f = open('existOrNonExist.txt')换成 f = open('grace.jpg')，其他部分不变，并确保当前目录下存在 grace.jpg 这个文件。然而这段代码在当前目录下确实存在 grace.jpg 的情况下，竟然崩溃了，错误提示是 "UnicodeDecodeError：'utf-8' codec can't decode byte……" 代码如下：

```
    try:
        f = open('grace.jpg')
    except FileNotFoundError:
        print('抱歉，' + f.name + '这个文件不存在')
        ''' 如果当前目录下没有grace.jpg,运行时找不到文件。FileNotFoundError错误被捕获后输
    出 "抱歉，grace.jpg这个文件不存在"。'''
    except Exception as err:
        print('意外发生! 错误信息：' + str(err) + '\n')
    else:
        print(f.read())
        f.close()
```

程序运行结果：

```
    Traceback (most recent call last):
      File "/Users/……/8-2-2.py", line 9, in <module>
        print(f.read())
      File "/Library/……/codecs.py", line 322, in decode
        (result, consumed) = self._buffer_decode(data, self.errors, final)
    UnicodeDecodeError: 'utf-8' codec can't decode byte 0xff in position 0: invalid
    start byte
```

except Exception as err:不是能捕获所有其他错误么？为什么捕获不到导致程序崩溃的错误呢？如果仔细看看错误提示 UnicodeDecodeError：'utf-8' codec can't decode byte 和错误发生的行数就知道发生错误的语句不是 f = open('grace.jpg')，而是 else 引领的程序块内的 print(f.read())。try…except 可以捕获 f = open('grace.jpg')这条语句可能出现的意外，但对其他语句引起的错误它无能为力。

当前错误是用打开纯文本文件的方法打开二进制文件引发的，解释打开语句 f = open('grace.jpg')时，Python 解释器没反应过来打开方式错了，等用 f.read()读文件的时候才发现错了。既然是运行 f.read()时才发现错了，只有把 f.read()放在 try…except 中才能捕获这个错误：

```
    try:
        f = open('grace.jpg')
    except FileNotFoundError:
        print('抱歉，' + f.name + '这个文件不存在')
```

```
except Exception as err:
    print(err)
    # err是错误对象可以直接输出,但如果与其他字符串用+连接,需先用str(err)做强制类型转换。
else:
    try:                    # 处理f.read()可能出现的意外。
        print(f.read())
    except UnicodeDecodeError:
        print("应该用二进制模式打开文件f= open('grace.jpg', 'rb')")
finally:# 无论有没有意外发生,finally引导的程序块是一定会执行的。
    f.close()
```

程序运行结果:

应该用二进制模式打开文件f= open('grace.jpg', 'rb')

这段代码中可能出现意外的两条语句 f = open('grace.jpg') 和 print(f.read())都用 try…except "圈" 起来了,并定义了意外应对方法,这就避免了一旦有意外程序马上崩溃的局面。除此之外,这段代码还增加了 finally 引导的程序块,finally 引导的程序块无论有没有意外发生都会被执行。回到这段程序,无论 grace.jpg 是否被顺利打开,finally 后的 f.close()就会被执行。而如果 grace.jpg 不能被顺利打开,意外被 except 捕获,else 引导的程序块将不会被执行。

在 try…except…else…finally 语句中,把可能引发错误和意外的语句放在 try 和 except 之间。except 后跟具体的错误类型,例如 UnicodeDecodeError、NameError、FileNotFoundError 等,然后定义应对错误的操作。也可以有错就认为是 Exception,错误放在 except Exception as err 的 err 变量里(err 是个错误对象),意外应对方法可以是把 err 输出。如果没有意外发生,except 引导的程序块不执行,else 引导的程序块会被执行。无论谁引导的程序块被执行,有没有意外发生,finally 引导的程序块一定会被执行。

8.3 定义意外

这里通过一个程序来阐明如何自己定义意外。这个程序将输出一个长方形,如图 8.2 所示。长方形的宽、高和边字符由用户输入,要求:边为单字符,宽和高不小于 2。

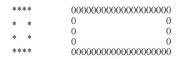

图 8.2 输出的长方形

8.3.1 定义能预料的意外处理

如果用户没按要求输入,则提请自己定义的意外处理,可能的意外情况如下。

1. 用户输入的组成长方形边的字符不是单字符,即字符长度不等于 1。
2. 宽小于 2。
3. 高小于 2。

定义一个函数 boxPrint(),形参是边字符、宽和高,功能是用输入的字符按照指定的宽和高将长方形输出。输出之前对参数进行检查,不符合要求则提请意外处理。输出长方形时从上往下进行。

1. 第一行输出图 8.2 所示图形的第 1 行,用字符'o'与长方形的宽相乘。
2. 中间部分(图 8.2 所示图形的第 1 行与最后一行之间的部分)是多行,要用循环。因为要减掉上下两行，所以循环次数是长方形的高减 2。每一行输出'o' + ' ' * (长方形的宽 − 2) +'o'。

3. 最后输出图 8.2 所示图形的最后一行。

代码如下：

```
def boxPrint(symbol, width, height):
# symbol接收组成长方形的字符，width接收宽，height接收高。

    # 检查传进来的参数（图像的组合要素）是否符合要求。
    if len(symbol) != 1:                        # 不止一个字符。
        raise Exception('组成长方形边的字符只能是单个字符')
        # 提请意外处理并给出错误提示。
    if width <= 2:          # 宽不符合要求。
        raise Exception('长方形的宽必须大于2')
    if height <= 2:         # 高不符合要求。
        raise Exception('长方形的高必须大于2')

    print(symbol * width)                       # 输出图形的第1行。
    for i in range(height - 2):                 # 输出图形的第1行与最后一行之间的部分。
        print(symbol + ' ' * (width - 2) + symbol)
    print(symbol * width)                       # 输出图形的最后一行。
    print()                                     #
```

8.3.2　与 try…except 配合使用

主函数将 4 组实参传给函数 boxPrint(symbol，width，height)，试图输出 4 个长方形。每一组实参放进一个元组 tuple，如('*'，4，4)。第一个元素为构成长方形的字符'*'，第二、第三个元素分别是宽和高。4 组实参也放在一个元组里，即元组的每个元素还是元组。代码如下：

```
for sys, w, h in (('*',4,4), ('0',20,2), ('x',2,3), ('ZZ',3,3)):
# 循环遍历外层元组，3个循环变量sys、w、h按顺序分取内层元组的3个元素。

    try:
        boxPrint(sys, w, h)
        ''' 因为对函数调用参数有诸多限制，调用函数boxPrint(sys, w, h)时有发生意外的可
能性，故把对boxPrint()函数的调用放在try…except之间。'''

    except Exception as err:
        ''' 如果boxPrint(sys, w, h)函数定义的参数不符合条件，就提请意外处理。err里就是
raise语句生成的错误对象。'''

        print('意外发生：' + str(err) + '\n')
        # 对参数不符合要求的意外的处理方法是输出错误信息。
```

程序运行结果：

```
****
*  *
*  *
****

意外发生：长方形的高必须大于2

意外发生：长方形的宽必须大于2
```

意外发生： 组成长方形边的字符只能是单个字符

提请意外处理后，循环继续，程序继续。不会再因为一组不符合要求的实参就导致整个程序彻底崩溃，让后续程序无法运行。意外和错误在编写程序时经常会遇到，应对得当很重要。raise 联合 try…except 语句可以增加程序的健壮性，对预计到的意外和错误提前进行处理，防止时不时就崩溃，这样用户体验可以得到很大的提升。

8.4　用 logging 调试程序

调试程序时，经常需要深入程序内部去看变量是不是按照预设变化。虽然可以用 print() 在指定位置把要检测的值输出，但这样做在调试结束后要花很多时间来清除为调试而添加的 print()，不仅麻烦费时，还容易遗漏。

8.4.1　设置多个监测点

Python 有专门做这个的运行日志（logging），logging 可以帮助我们了解程序内部发生了什么，判断程序按什么顺序在运行、是不是按照计划在执行预设步骤。程序运行到设置的 logging 监测点时，可以列出任何指定的变量值。如果应该出现的 logging 没有出现，就说明部分代码被直接跳过了。

不管在程序中插入了多少条 logging，调试完毕后都不用手动逐条删除，只需一条语句就可以把它们的影响全部清除。调试结束后，仔细搜寻和清除为调试而添加的 print() 语句是很麻烦的。实际上 logging 的日志信息不是给用户看的，而是给开发人员做参考的。从调试程序的角度看，logging 相对 print() 的优势随着程序变长、变复杂会越来越明显。另外 PyCharm 的 "Run" 菜单下的 "Debug" 的单步执行和 pythontutor 网站也可以帮助您查看程序运行时的实际执行顺序和变量变化，有兴趣的朋友可以自己去了解。

这段求阶乘的代码的运行结果为 0，我们就用它来演示如何使用 logging 调试程序：

```
# 计算n的阶乘：n！
def factorial(n):
    total = 1
    for i in range(n+1):
        total *= i
    return total


print(factorial(5))
```

程序运行结果：

```
0
```

为了找出错误，需要深入求阶乘函数 factorial(n) 循环的内部去观察 total 值的变化。如何用 logging 设置多个监测点，从而深入了解程序的运行情况呢？加几条与 logging 相关的语句就可以了：

```
import logging                    # 引入logging模块。


logging.basicConfig(level = logging.DEBUG, format = '%(asctime)s -
            %(levelname)s - %(message)s')
''' 设置录入日志的监测级别。level = logging.DEBUG，指定监测DEBUG和DEBUG级别以上的
logging。监测的层级排序为CRITICAL > ERROR > WARNING > INFO > DEBUG > NOTSET，越往后面
级别越低。format = '%(asctime)s - %(levelname)s - %(message)s'设置输出日志的格式。其
中，%(asctime)s显示输出日志的日期时间；%(levelname)s显示输出日志的监测层级，这里设定的监测层
级是DEBUG；%(message)s定义输出的信息。 '''
```

```
#  求阶乘的函数。
def factorial(n):

    logging.debug('Start of factorial({})'.format(n))
    '''  设置监测点，输出提示或要监测的变量。在函数内部入口设置这个监测点，提示程序已经进入
函数factorial(n)。'''

    total = 1
    for i in range(n+1):
        total *= i
        logging.debug('i is {}, total is {}'.format(i, total))
        # 在循环内部设置监测点，监测循环变量i的变化和累乘积total的值。

    logging.debug('End of factorial({})'.format(n))
    # 这个监测点提示形参为n的函数已经执行完毕。

    return total

print(factorial(5))                        # 主函数调用factorial()。
logging.debug('End of program')            # 提示整个程序运行结束。
```

这段代码的运行结果：

```
0
2019-10-20 10:10:30,605 - DEBUG - Start of factorial(5)
2019-10-20 10:10:30,605 - DEBUG - i is 0, total is 0
2019-10-20 10:10:30,605 - DEBUG - i is 1, total is 0
2019-10-20 10:10:30,605 - DEBUG - i is 2, total is 0
2019-10-20 10:10:30,605 - DEBUG - i is 3, total is 0
2019-10-20 10:10:30,605 - DEBUG - i is 4, total is 0
2019-10-20 10:10:30,605 - DEBUG - i is 5, total is 0
2019-10-20 10:10:30,605 - DEBUG - End of factorial(5)
2019-10-20 10:10:30,605 - DEBUG - End of program
```

8.4.2　分析日志和控制调试信息的输出

可以从 logging 监测到的信息里看到代码的执行顺序、观察到变量值的改变。注意 i 从 0 开始，
而不是从设计的 1 开始，这导致之后的累乘积 total 一直为 0。所以将：

```
for i in range(n+1):
```
改成：
```
for i in range(1,n+1):
```
再运行，可以看到 i 和 total 都是按计划在变化，结果也正确。

如果应该出现的 logging 没有出现，说明那段 logging 的代码段被跳过没有执行。如果想停止
调试信息对运行结果的干扰，只需在 logging.basicConfig()语句前添加：

```
logging.disable(logging.DEBUG)
```
该语句添加后将不再显示 logging.debug()添加的信息，只显示程序运行结果。

如果想保留 logging 信息，或不想 logging 信息跟输出结果混杂在一起，可以把 logging 信息输
出到文件中，方法是调用 logging.basicConfig()时多加一个输出文件参数（filename）：

```
logging.basicConfig(filename='myProgramLog.txt', level = logging.DEBUG, format
= '%(asctime)s - %(levelname)s - %(message)s')
```
此时再运行程序就会只输出运行结果了，logging 信息将全部输出到当前路径下的

myProgramLog.txt 文件里。

8.4.3 使用 logging 时可能出现的错误：AttributeError

运行时若出现 AttributeError: module 'logging' has no attribute 'basicConfig' 的错误提示，错误行指向 logging.basicConfig 这一行，可能是因为代码文件所在的文件夹下有个叫 logging.py 的代码文件，并且当前目录已经加入 Python 解释器的搜索路径内。解决办法就是更改当前文件夹下 logging.py 的名字。如果代码所在文件夹被添进 Python 解释器的搜索路径中，当前文件夹又有与代码中引入的模块名相同的代码文件，也会出现 AttributeError 的错误，而且十分隐蔽，不容易被发现。

8.5　assert 帮忙锁定程序设计上的问题

assert 用于确保某个条件得到满足，否则程序直接崩溃，并给出错误提示 AssertionError。其用处是帮助程序员迅速锁定错误原因，省去寻找和分析错误原因的时间。AssertionError 这个错误是设计上的错误，不是运行时的错误。之前用 try…except 处理的多是运行上的错误，例如打开的文件不存在、输入的除数为 0 等。

下面举个例子来说明 assert 是如何帮忙找出设计上的错误的。在游戏里控制小汽车穿过十字路口，是要看十字路口的红绿灯的，红绿灯的转换顺序是绿 -> 黄 -> 红的闭环，十字路口有两套红绿灯，一个控制东西方向，一个控制南北方向。如果直接按红灯停、绿灯行的原则写代码和运行代码，红绿灯转换虽然没问题，十字路口虚拟通行的小汽车却会被撞得支离破碎。因为程序没有考虑到南北方向和东西方向的红灯必须有一个是亮着的，否则某一时刻十字路口东西方向和南北方向的交通灯都是通行的（非红灯），撞车大概率会发生。

用 assert 语句可以要求程序确保东西方向和南北方向至少有一个红灯，一旦这个条件没有得到满足，程序将立刻崩溃，并给出 AssertionError 的错误提示。若设计时没有 assert 语句保证十字路口只有东西或南北方向能通行，那么程序一运行就会看到虚拟汽车被撞毁，却不知道什么原因，要分析各种可能导致汽车被撞毁的原因。有 assert 语句将会节省掉这些时间，AssertionError 能马上锁定是红绿灯两个方向都能通行的缘故。代码如下：

```
Stone_Scissor = {'南北':'红灯', '东西':'绿灯'}
''' 用字典来表达南北方向的剪刀路与东西方向的石头路交汇的十字路口的红绿灯。键：'南北'方向、
'东西'方向。值：红绿灯现在的颜色。'''


def switchLights(stoplight): # 形参stoplight接收传过来的实参。


    for key in stoplight.keys():
    # 循环变量key遍历字典stoplight的键（先'南北'，再'东西'）。

        # 红绿灯按照设定的顺序进行变换：绿灯->黄灯->红灯->绿灯……
        if stoplight[key] == '绿灯':
            stoplight[key] = '黄灯'
        elif stoplight[key] == '黄灯':
            stoplight[key] = '红灯'
        elif stoplight[key] == '红灯':
            stoplight[key] = '绿灯'
```

```
        assert '红灯' in stoplight.values(), '警告：交会路口都显示可以通行（没有红灯亮
着）' + str(stoplight)
        '''  南北方向和东西方向必须有个红灯是亮的。stoplight.values()取得两个方向的红绿灯颜
色，'红灯' in stoplight.values()判断两个方向是不是有一个红灯是亮着的。不满足条件输出：警告！
交会路口都显示可以通行(没有红灯亮着)。assert语句的结构是：assert 条件表达式,条件表达式为False
输出的信息。'''

    # 主函数。
    switchLights(Stone_Scissor)    # 字典变量作为实参调用红绿灯切换函数。
```

程序运行结果：

```
Traceback (most recent call last):
    File "/Users/……/8-5.py", line 17, in <module>
    switchLights(Stone_Scissor)
    File "/Users/……/8-5.py", line 15, in switchLights
        assert '红灯' in stoplight.values(), '警告：交会路口都显示可以通行（没有红灯亮
着）' + str(stoplight)
    AssertionError: 警告：交会路口都显示可以通行（没有红灯亮着）{'南北': '绿灯', '东西':
'黄灯'}
```

红绿灯转换时如果出现两个方向都是黄灯或绿灯的情况，程序立即崩溃，给出错误提示：
AssertionError：警告！交会路口都显示可以通行（没有红灯亮着）{'南北':'绿灯', '东西':'黄灯'}。
AssertionError 是错误名称；"警告！交会路口都显示可以通行（没有红灯亮着）{'南北':'绿灯', '东西':'黄灯'}"是 assert 语句定义的错误显示信息。见到这条错误，就知道目前设计的代码不能杜绝两条交叉路可以同时行车的可能，需要改进设计。

本章小结

意外和错误是永远存在的，只能尽量提前预防，碰上了有相应的处理措施。本章捕获和处理意外和错误的手段可以帮上忙。

习题

从学过的章节中找出 3 个需要做意外处理（try…except）的例子，用这章学过的意外处理方法予以完善。

第 9 章

编辑 PDF 文件也没什么
不可能

PDF 文件对眼睛和打印机都很"友好",但对编辑这个动作却相当不"友好"!为此,我们引入 PyPDF2(注意大小写)模块到 Python 程序里以便操控 PDF 文件。

学习重点

在第三方模块 PyPDF2 的帮助下,抽取部分页生成 PDF 文件、给 PDF 文件加水印、合并多个 PDF 文件、给 PDF 文件加打开密码、提取 PDF 文件中的字符、切割页面、加入 JavaScript 语句、添加注释和附件。

PyPDF2 模块下负责读、写、合并的 3 个类分别是 PdfReader、PdfWriter 和 PdfMerger。

操控 PDF 文件

PdfReader 的读对象负责读 PDF 文件，可以获得 PDF 文件的页数、部分内容和页面布局等。

PdfWriter 的写对象把其他类（一般是 PdfReader）产生的暂存页对象写入 PDF 文件，可以向 PDF 文件里添加附件（attachment）、空白页、书签（bookmark）、JavaScript、链接（link）、诠释数据（metadata）等。

PdfMerger 的合并对象用来合并多个 PDF 文件。

9.1　抽取选定页，生成新 PDF 文件

提取 withCover.pdf 除了封面以外的其他页，生成没有封面的 withoutCover.pdf。"提取"需要"读"，"生成"需要"写"，即读出指定页暂存起来而后写入 PDF 文件。

代码如下：

```
# -------------------- 抽取选定页 --------------------

import PyPDF2
''' 第三方模块PyPDF2使用前需要安装，可以图形化安装也可以命令行安装，安装完毕后用import引入程序。'''

with open('withCover.pdf', 'rb') as pdfFile:
    '''以二进制读模式rb打开withCover.pdf，生成PDF的文件对象pdfFile。用with语句打开文件可以省掉关闭这个动作。withCover.pdf如果不在代码所在文件夹，需要把它的路径字符串也写上。'''

    reader = PyPDF2.PdfReader(pdfFile)
    ''' 用PyPDF2模块下的类PdfReader生成读对象reader。PDF文件对象做参数，还有个strict=参数偶尔也会用。'''
    print(reader.documentInfo)
    # 提取PDF文件的相关信息，如创建者、创建日期、标题、关键字。

    writer = PyPDF2.PdfWriter()
    # 生成写对象writer，用来盛装选定或调整的页对象。
    for pageNum in range(1, reader.numPages):
        ''' 页数是从0算起的，封面就是第0页。reader.numPages给出PDF文件的总页数。若要原封不动地复制withCover.pdf，改成range(reader.numPages)即可。'''
        pageObj = reader.getPage(pageNum)
        # 调用读对象的方法函数getPages()把指定页读出来放在页对象里，参数给页码pageNum。
        writer.add_Page(pageObj)
        ''' 调用写对象的方法函数add_page()将读出来的页对象接收进来，add_page()也可以写成addPage()。'''

    print(reader.getNumPages())
    # 通过调用读对象的方法函数getNumPages()也可以获得PDF文件的总页数。

    with open('withoutCover.pdf', 'wb') as outputFile:
        ''' 该读的页都读出来并加进写对象后，将写对象里暂存的所有页全部写入一个新文件。新文件以wb模式打开，生成文件对象outputFile。'''
```

```
            writer.write(outputFile)
            ''' 用写对象的方法函数write()，文件对象outputFile做实参，将writer里暂存的那些
页写入PDF文件。 '''
```

9.2 加水印

加水印实际上是把要加水印的页叠加到水印页上，是页和页的合并。用页对象的方法函数
mergePage()给 withCover.pdf 的封面页加水印，水印页放在 watermark.pdf 里。

代码如下：

```
# -------------------------- 加水印 --------------------------------

import PyPDF2

# 首先取出要加水印的封面页。

pdfFile = open('withCover.pdf', 'rb')
# 以rb模式打开withCover.pdf生成文件对象pdfFile。
pdfReader = PyPDF2.PdfReader(pdfFile)
# 在文件对象pdfFile的基础上生成读对象pdfReader。
coverPage = pdfReader.getPage(0)
'''用读对象的方法函数getPage()把要加水印的页读出来，放在页对象coverPage里。注意页数是从0
算起的，所以封面页是pdfReader.getPage(0)。 '''

# 用和读出封面页一样的方法把水印页读出来。
markFile = open('watermark.pdf', 'rb')          # 打开watermark.pdf生成水印页文件对象。
pdfWatermarkReader = PyPDF2.PdfReader(markFile)     # 生成水印文件读对象。
watermarkPage = pdfWatermarkReader.getPage(0)        # 取出水印页。

# 给封面页加水印。
coverPage.mergePage(watermarkPage)
# 用页对象coverPage的方法函数mergePage()将水印页叠加进来。

# 将加了水印的页存入写对象。
pdfWriter = PyPDF2.PdfWriter()           # 生成写对象pdfWriter。
pdfWriter.add_page(coverPage)            # 用写对象的方法函数add_page()接收暂存的页对象。

# 把不需要添加水印的页从withCover.pdf中读出来加进写对象。

for pageNum in range(1, pdfReader.numPages):
#    pageNum是页码，pdfReader是读withCover.pdf文件的读对象，从1开始的页不需要添加水印。
    pageObj = pdfReader.getPage(pageNum)    # 把不需要添加水印的页读出来，生成页对象。
    pdfWriter.add_page(pageObj)             # 原封不动地添加进写对象。

# 写入PDF文件。
resultPdfFile = open('watermarkedCover.pdf', 'wb')
# 用wb模式打开一个新文件watermarkedCover.pdf。
pdfWriter.write(resultPdfFile)     # 把写对象pdfWriter里暂存的页全部写入这个新文件。

# 关闭打开的文件对象。
```

```
pdfFile.close()
markFile.close()
resultPdfFile.close()
```

9.3　合并多个 PDF 文件

PyPDF2 中有专门用于对 PDF 文件进行合并的对象，假设有 5 个 PDF 文件要进行合并。
代码如下：

```
# ------------------------ 合并PDF文件 ------------------------

from PyPDF2 import PdfMerger, PdfReader

# 列出要合并的文件。
filenames = ['startCover.pdf', 'pdfFileReaderDoc.pdf', 'endCover.pdf']
# 将要合并的PDF文件名放进列表filenames中。
merger1 = PdfMerger()                      # 生成PDF合并对象merger1。
for filename in filenames:                 # 循环遍历文件名列表filenames。
    merger1.append(filename)
        ''' 调用合并对象merger1的方法函数append()将生成的PDF文件读对象添加进合并对象。
append()合并PDF文件是把文件添加到末尾，参数可以是文件名字符串，比如这里直接放filename；也可以
是文件对象，比如open(filename, 'rb')；还可以是读对象PdfReader(filename)。 '''
    merger1.append("pdfFileReaderDoc.pdf", pages=(0, 1))
    # 可以指定只连接特定页。
    merger1.write('mergerExample1.pdf')
    # 将合并的结果写入新文件。方法函数write()参数可以是文件名字符串，也可以是文件对象。


merger2 = PdfMerger()
merger2.merge(fileobj="startCover.pdf", position=2)
merger2.merge(fileobj="pdfFileReaderDoc.pdf", position=0, pages=(0, 2))
merger2.merge(fileobj="endCover.pdf", position=1)
    ''' 合并对象的方法函数merge()，fileobj=和position=这两个参数是必需的。fileobj参数可以
是文件名字符串、文件对象或读对象，position决定位置。pdfFileReaderDoc.pdf的第一页是
mergeExample.pdf的第一页，endCover.pdf是第二页，之后是pdfFileReaderDoc.pdf的其他页，最后
是startCover.pdf。 '''
    merger2.write("mergerExample2.pdf")
```

9.4　给 PDF 文件加"打开"密码

因为 PDF 本身是不可编辑的，所以这里不是给原文件 PythonABC.pdf 加密码，而是生成了带
密码的新 PDF 文件 encryptedPythonABC.pdf。
代码如下：

```
# ------------------------ 给PDF文件加密码 ------------------------

import PyPDF2

with open('PythonABC.pdf', 'rb') as pdfFile:
# 以rb模式打开PythonABC.pdf生成文件对象pdfFile。
```

```
    reader = PyPDF2.PdfReader (pdfFile)
    # 在文件对象pdfFile基础上生成读对象pdfReader。
    writer = PyPDF2.PdfWriter ()
    # 生成写对象pdfWriter，用于暂存读出来的页。
    for pageNum in range(pdfReader.numPages):
    # 用循环把PythonABC.pdf文件中的每一页读出来。
        writer.add_page (pdfReader.getPage(pageNum))
            # 用写对象pdfWriter的方法函数add_page ()将每一页添加进写对象。
writer.encrypt('PythonABC')        # 暂存各页的写对象加一个密码 "PythonABC"。
with open('encryptedPythonABC.pdf', 'wb') as resultPdf:
# 以wb模式打开一个新文件encryptedPythonABC.pdf生成文件对象resultPdf。
        writer.write(resultPdf)        # 将写对象pdfWriter里暂存的各页写入新文件。
```

9.5　打开加了密码的 PDF 文件和提取 PDF 文件里的字符

有时，PyPDF2 模块可以提取 PDF 文件中的文字内容。提取 PDF 文件的内容没有看起来那么容易，这跟 PDF 的生成方式有关系，有时不得不先将其转换成图片，然后通过 OCR 技术从图片中提取文字。这段代码先提取出加了密码的 PDF 文件 encryptedInstance.pdf 里面的文字，而后将封面旋转 90 度保存起来。

代码如下：

```
# ----------------- 打开加了密码的PDF文件和提取PDF文件里的文字-----------------

import PyPDF2

with open('encryptedPythonABC.pdf', 'rb') as pdfFileObj:
# 以rb模式打开encryptedPythonABC.pdf生成文件对象pdfFileObj。
    reader = PyPDF2.PdfFileReader(pdfFileObj)        # 生成读对象pdfReader。
    if reader.isEncrypted:
    # 用读对象的属性isEncrypted判断PDF是否经过加密，为True表示加密过。
        if reader.decrypt('PythonABC'):
        # 用密码解密，密码正确返回True，密码错误返回False。
            pageObj = pdfReader.getPage(0)              # 生成封面页对象。
        else:
            print('密码错误')                        # 提示密码错误。
            quit()                                  # 退出整个程序。
    else:                                           # PDF文件没有被加密过。
        pageObj = reader.getPage(0)
        # 省去解密过程直接读出封面，生成页对象。
    print('能读出来的字符有：\n', pageObj.extractText())
    # 通过页对象pageObj的方法函数extractText()将这一页内的文字字符提取出来。

    pageObj.rotateClockwise(90)
    ''' 通过页对象的方法函数rotateClockwise(90)将封面顺时针旋转90度。PDF文件是不允许被
编辑的，所以不是旋转原文件里的页面，而是旋转页对象pageObj里的页。'''

    print ("文件{}有{}页".format(pdfFileObj.name, reader.numPages))
    ''' 文件对象pdfFileObj的name属性可获得PDF文件的名字，输出文件名和页数。通过读对象的
属性numPages得到PDF文件的页数。'''
```

```
        writer = PyPDF2.PdfFileWriter()                    # 生成写对象。
        writer.add_page (pageObj)                          # 将选中页加进写对象。
        writer.add_blank_page()                            # 添加空白页。
    with open('rotatedPDF.pdf', 'wb') as rotatedPDF:
    # 以wb模式打开新文件rotatedPDF.pdf生成文件对象rotatedPDF。
        writer.write(rotatedPDF)          # 写对象将暂存的页写进新文件rotatedPDF.pdf。
```

9.6 给 PDF 文件添加注释

用写对象的方法函数 addMetadata()给 PDF 文件加作者、标题、关键字等注释信息：

```
# 写metadata。
from PyPDF2 import PdfReader, PdfWriter

reader = PdfReader("actor.pdf", strict=False)
# PDF的规矩很多，PDF 1.7的规范多达978页，不可能所有PDF都遵守这些规矩。actor.pdf是做PDF
表格的网站做的，可能不是那么规范，strict=False即宽容那些不规范。

writer = PdfFileWriter()
for i in range(reader.numPages):
    writer.add_page(reader.pages[i])

# 添加注释metadata。
writer.add_metadata(
    {
        "/Author": "PythonABC",
        "/Producer": "PythonABC.org",
        "/Title": "演技派男演员调查表",
        "/Subject": "追星演技派",
        "/Creator": "2022-5-11",
        "/Keywords": "演技 颜值 亲和力"
    }
)
# 写对象的方法函数add_metadata()的参数是字典类型。

# 将写对象里的内容保存成PDF文件。
with open("metaActor.pdf", "wb") as f:
    writer.write(f)

reader = PdfFileReader("metaActor.pdf")
print("页数: ", reader.numPages)

# 读metadata，没有设置的为None。
info = reader.getDocumentInfo()
print(info.author)
print(info.creator)
print(info.producer)
print(info.subject)
print(info.title)
```

9.7 旋转切割页面并结合 JavaScript

页面对象的方法函数 rotateClockwise(角度)与 rotate()可以对页面进行旋转，通过页对象的 mediabox 可以定义显示和打印的矩形区域。写对象的方法函数 add_js()可以添加 JavaScript 脚本，比如可实现一打开代码生成的 PDF 文件就调出打印的窗口。

```python
from PyPDF2 import PdfWriter, PdfReader

reader = PdfReader("pdfFileReaderDoc.pdf")
writer = PdfWriter()

writer.add_page(reader.pages[1].rotateClockwise(90))
# 添加的页面顺时针旋转了90度。
writer.add_page(reader.pages[2].rotate(180))
# 添加的页面旋转了180度，旋转的度数只能是90的整数倍。


writer.insertBlankPage(index=1)

page3 = reader.pages[0]          # 取出第三页生成页对象。
print(page3.mediabox.getLowerLeft())
print(page3.mediabox.getUpperRight())
print(page3.mediabox.getUpperRight_x())
print(page3.mediabox.getUpperRight_y())
# mediabox是页对象的矩形区域，定义显示或打印的物理边界。
# 左下角为LowerLeft，右上角为UpperRight。

# 定义显示和打印的矩形区域的左下角坐标。
page3.mediabox.lowerLeft = (
    page3.mediabox.getLowerLeft_x()+100,
    page3.mediabox.getLowerLeft_y()+20
)
# 定义显示和打印的矩形区域的右上角坐标。
page3.mediaBox.upperRight = (
    page3.mediaBox.getUpperRight_x() / 2,
    page3.mediaBox.getUpperRight_y() / 2,
)
writer.add_page(page3)

# 写对象的方法函数add_js()可以使得打开PDF文件时运行JavaScript脚本。
writer.add_js("this.print({bUI:true,bSilent:false,bShrinkToFit:true});")

with open("croppedRotated.pdf", "wb") as fp:          # 写入PDF文件。
    writer.write(fp)
```

9.8 生成内嵌文本文件的 PDF 文件

写对象的方法函数 add_attachment()可以添加附件，第一个参数给文件名，第二个参数给文件内容：

```
from PyPDF2 import PdfWriter

writer = PdfWriter()
writer.addBlankPage(width=200, height=200)
writer.addBlankPage(width=100, height=500)
# 加空白页，通过参数设定空白页的宽和高。

data = bytes("白茫茫一片真干净", 'utf-8')
# 把字符串转成bytes类型，编码是utf-8。

writer.add_attachment("starting.txt", data)
# 第二个参数fdata=这个位置放文本文件的内容，放str类型会出错，并提示要放bytes-like的数据。

with open("output.pdf", "wb") as output_stream:
    writer.write(output_stream)
```

本章小结

PDF 支持高质量的打印，可以跨平台，无论是归档、作为邮件附件、放在网站上，还是打印出来都非常好用。本章在第三方模块 PyPDF2 的帮助下，用代码完成了对 PDF 文件的一些常用的简单操作。

习题

1. PDF 文件经过加密，用户却忘记了打开密码，只记得密码是一种水果的名字。用程序将可能的水果名的单词放进一个列表，然后用这些单词一一去试，用穷举法把密码试出来。

2. 建立文件夹，里面放几个 PDF 文件，首先用程序合并这些 PDF 文件，然后加密这些 PDF 文件。密码也由程序生成（第 4 章习题 2 的密码生成器），把文件名和对应的密码记录在文本文件 secret.txt 里。

3. 接上题写程序，提示用户输入要打开的 PDF 文件名，然后用 secret.txt 里的密码打开这个 PDF 文件并加上水印。

第 10 章

Word 文档也"沦陷"了

Python 可以调用第三方模块 python-docx 来创建和修改扩展名为 .docx 的 Word 文档。安装第三方模块 python-docx（又称 docx 模块）的方法详见 1.6 节，安装完毕后在程序中用 import docx 语句引入。更常见的用法是引入 docx 模块里要用的部分，例如：

```
from docx import Document
from docx.enum.text import WD_PARAGRAPH_ALI
GNMENT
...
```

用这种方式比较简便。

学习重点

在第三方模块 python-docx 的帮助下，新建或打开 Word 文档，设置 Word 的段落、文字、表格和图片。

10.1　新建或打开 Word 文档

操控 Word 文档之
常用操作

　　对.docx 文件的处理分成 3 级：最高一级是代表整个文件的 Document 文件对象；其次，Document 文件对象包含多个 paragraph 段落对象，代表文件中的各段（标题、文字段落、表格、图片等）；最后，每个 paragraph 段落对象包含一个或多个 run 游程对象（游程是指一段相同格式的文字）。

　　从 docx 模块引入 Document 类：from docx import Document。生成一个新文件的对象：document = Document()。如果在引入 docx 模块时用的是 import docx，那么这里就要用 document = docx.Document()。

　　生成指向已经存在文件的对象：document = Document('existingDoc.docx')。如果 existingDoc.docx 与该段代码的.py 程序文件不在同一路径下，则需要指明其所在路径。Windows 用：document = Document('C:\\my Document\\PythonABC\\existingDoc.docx')。Mac 用：document = Document('/Users/PythonABC/Documents/existingDoc.docx')。

　　如果排除了路径和文件名的错误，打开文件时仍然出现了错误 "docx.opc.exceptions. PackageNotFoundError: Package not found at……"，有可能是用在 Word 里生成的 Word 文档可以打开正常，而用其他方式生成的 Word 文档（例如在文件管理器里用鼠标单击右键选中 "新建" 生成的 Word 文档、MAC 系统的 "pages" 导出生成的 Word 文档）打开时会出现这种错误。

10.2　对段落的处理

　　段落（paragraph）是 Word 文档的基础，可以是一段文字（body text），可以是一行标题（heading），也可以是项目的列表项（list bullet）……

10.2.1　添加标题和正文

　　Word 文档的标题级别可以是 Heading 0、Heading 1、Heading 2……调用.docx 文件对象的方法函数 add_heading()来添加标题：

```
paragraphTitle = document.add_heading('唐诗宋词', level=0)
```
paragraphTitle 是生成的段落对象，Heading 0 为标题级别。若不指定层级 level：
```
paragraphHeading1 = document.add_heading('满江红·怒发冲冠')
```
　　通过查看段落对象 paragraphTitle 的属性 style：print(paragraphTitle.style)，可知 add_heading()不指定 level 时，默认添加标题的级别是 Heading 1。

　　添加标题除了用文件对象的 add_heading()方法函数外，还可以用更通用的方法函数 add_paragraph()来实现，用参数 style 指定标题级别。前面两条 add_heading()的语句可以替换成：

```
paragraphTitle = document.add_paragraph('唐诗宋词', style = 'Title')
paragraphHeading1 = document.add_paragraph('满江红·怒发冲冠', style = 'Heading 1')
```
调用 add_paragraph()，如果不特别指定，默认的 style 是正文 Normal：
```
paragraphNormal = document.add_paragraph('怒发冲冠，凭阑处、潇潇雨歇。\n')
```
添加后效果见图 10.2 所示界面。

　　如果想在 "满江红·怒发冲冠"（paragraphHeading1）与 "怒发冲冠，凭阑处、潇潇雨歇。"（paragraphNormal）两段之间加一个副标题：
```
prior_paragraph = paragraphNormal.insert_paragraph_before('作者：岳飞', 'Subtitle')
```

'Subtitle'也是一个 style，添加后效果见图 10.2 所示界面。

10.2.2　段落 style 和设置项目列表

段落都有哪些 style 可以指定呢？一个办法是打开 Word 程序，查看菜单"Home"下的"Styles Pane"，如图 10.1 所示的黑框框起来的位置。

图 10.1　Word 段落的样式

另一个办法就是用代码把 Word 的 style 全部列举出来。

1. 从 docx 模块中引入需要的部分：

```
from docx.enum.style import WD_STYLE_TYPE
```

2. Word 文档里不仅段落 paragraph 有 style，表格 table 和游程 run（一段相同格式的字符）也有 style，所以要指明只查看段落 paragraph 的 style（WD_STYLE_TYPE.PARAGRAPH）：

```
paragraph_styles = []
for s in document.styles:
    if s.type == WD_STYLE_TYPE.PARAGRAPH
        paragraph_styles.append(s)
```

这段代码也可以简化成：

```
paragraph_styles =
[s for s in document.styles if s.type == WD_STYLE_TYPE.PARAGRAPH]
```

输出段落 paragraph 的 style 的全部选项的完整代码段：

```
from docx.enum.style import WD_STYLE_TYPE

paragraph_styles = [s for s in document.styles if s.type == WD_STYLE_TYPE.
PARAGRAPH]

for style in paragraph_styles:
    print(style.name)
```

通过设置 style 为 list bullet，可设置项目符号列表：

```
paragraphItem1 = document.add_paragraph('抬望眼,仰天长啸,壮怀激烈.', style= 'List
Bullet 2')
    paragraphItem2 = document.add_paragraph('三十功名尘与土,八千里路云和月。', style=
'List Bullet 2')
    paragraphItem3 = document.add_paragraph('莫等闲,白了少年头,空悲切。\n待从头,收拾
旧山河,朝天阙。\n', style= 'List Bullet 2')
```

代码运行效果如图 10.2 所示。

段落对象的 style 属性可以单独设置。把 Word 中一段文字的 style 改成项目数字列表，只需重新设置下 style 属性：

```
paragraphItem1.style = 'List Number 3'
paragraphItem2.style = 'List Number 3'
paragraphItem3.style = 'List Number 3'
```

代码执行效果如图 10.3 所示。

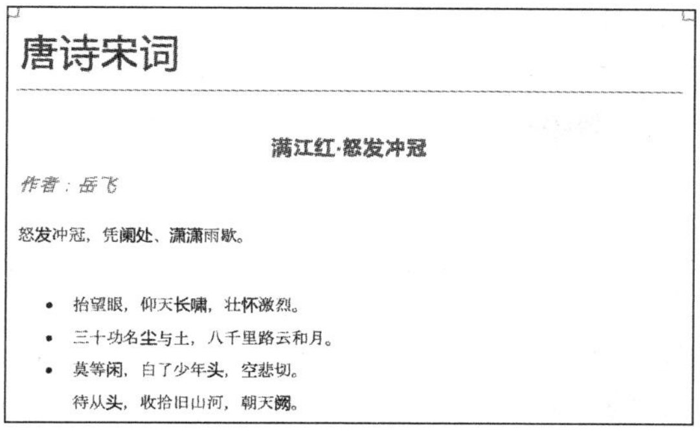

唐诗宋词

满江红·怒发冲冠

作者：岳飞

怒发冲冠，凭阑处、潇潇雨歇。

- 抬望眼，仰天长啸，壮怀激烈。
- 三十功名尘与土，八千里路云和月。
- 莫等闲，白了少年头，空悲切。

待从头，收拾旧山河，朝天阙。

图 10.2 Word 段落 List Bullet 2

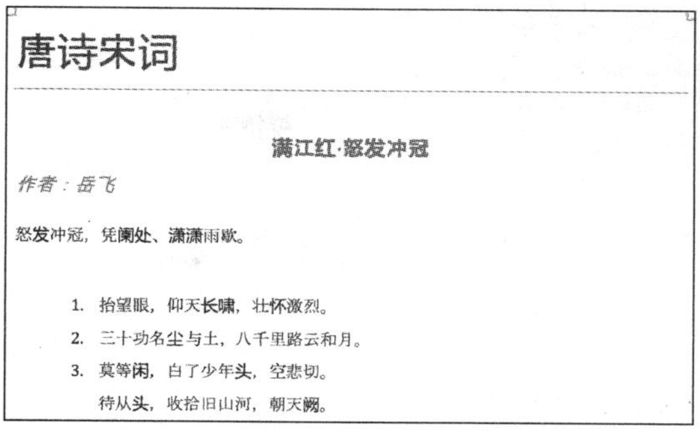

唐诗宋词

满江红·怒发冲冠

作者：岳飞

怒发冲冠，凭阑处、潇潇雨歇。

1. 抬望眼，仰天长啸，壮怀激烈。
2. 三十功名尘与土，八千里路云和月。
3. 莫等闲，白了少年头，空悲切。

待从头，收拾旧山河，朝天阙。

图 10.3 Word 段落 List Number 3

10.2.3 格式设定

设置对齐需要引入：

```
from docx.enum.text import WD_PARAGRAPH_ALIGNMENT
```

设置大小需要引入单位：

```
from docx.shared import Cm, Pt
```

设置段落靠左（WD_PARAGRAPH_ALIGNMENT.LEFT）、靠右（WD_PARAGRAPH_ALIGNMENT.RIGHT）和居中（WD_PARAGRAPH_ALIGNMENT.CENTRE），不特别指定对齐方式时默认是靠左：

```
paragraphHeading1.paragraph_format.alignment =
WD_PARAGRAPH_ALIGNMENT.CENTER                    # 标题（满江红·怒发冲冠）居中。
prior_paragraph.paragraph_format.alignment = WD_PARAGRAPH_ALIGNMENT.RIGHT
                                                 # 副标题（岳飞）靠右。
```

设置段落的缩进（left_indent）、段前距（space_before）、段后距（space_after）、行间距（line_spacing）为指定单位。在程序首部引入单位：

```
from docx.shared import Cm, Pt
```

例如 paragraphText 是个段落对象：

```
paragraphFormat = paragraphText.paragraph_format
```

生成格式对象 paragraphFormat。设置段落 paragraphText 的缩进为 0.63cm：

```
paragraphFormat.left_indent = Cm(0.63)
```

加分页符用：

```
document.add_page_break()
```

用格式设定在图 10.3 所示的 Word 文档中追加一首诗：

```
paragraphText = document.add_paragraph('''赵客缦胡缨，吴钩霜雪明\n银鞍照白马，飒沓如
流星\n十步杀一人，千里不留行\n事了拂衣去，深藏身与名\n''')
# paragraphText是段落对象。


paragraphFormat = paragraphText.paragraph_format
# paragraphFormat是格式对象。
from docx.shared import Cm, Pt
# 设置间距需要用到长度衡量，故引入计量单位。
paragraphFormat.left_indent = Cm(0.63)
# 设置左缩进0.63cm。
paragraphFormat.space_before = Pt(18)
paragraphFormat.space_after = Pt(12)
```

```
# 设置段前距和段后距。
paragraphFormat.line_spacing = 1.75
# 设置行间距，1.75表示1.75倍行距。
```

代码执行效果如图 10.4 所示。

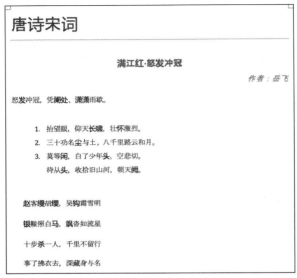

图 10.4　设置段落对齐、缩进和间距

10.3　对文字的处理

通过游程 run 对段落里的文字进行处理。什么是游程 run？Word 文档里的文本可以通过字体、大小、颜色、粗体、下画线等设置成不同格式，一个游程 run 对象指向具有相同格式信息的连续字符串，格式一变就需要用一个新的 run 来表达，如图 10.5 所示。

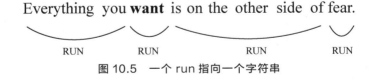

图 10.5　一个 run 指向一个字符串

10.3.1　添加游程和设置文字基本格式

段落对象的方法函数 add_run() 可以添加游程 run，添加后可以指定游程 run 的加粗（bold）、斜体（italic）属性为 True：

```
# 加粗和斜体。
runDemo = document.add_paragraph()                # 生成段落对象。

runDemo.add_run('Everything you ')                # 添加的第一个游程。

runDemo.add_run('want ').bold = True
# 添加的第二个游程设置为粗体。
runDemo.add_run('is on the other side of ')       # 添加的第三个游程。
runDemo.add_run('fear\n').italic = True           # 添加的第四个游程设置为斜体。
```

```
# bold或italic可以取值True、False或None，None就是继承前面run的值。
```

更多的文字格式可以通过两个步骤对游程的 font 进行设置。

1. 提取游程 run 的 font：

```
run1 = runDemo.add_run('This is my kingdom \n')
font = run1.font
```

2. 设置字体、大小 size、加粗 bold、斜体 italic、下画线 underline：

```
# 设置英文字体(字体的名称查Word的"Home"菜单下设置字体的英文字体的可选项)。
font.name = 'Menlo'

from docx.shared import Cm, Pt    # 引入计量单位的功能模块。
font.size = Pt(14)                # 大小。
font.bold = True                  # 加粗。
font.italic = True                # 斜体。
font.underline = True             # 下画线。
```

还可以指定下画线的样式：

```
from docx.enum.text import WD_UNDERLINE        # 引入下画线样式模块。
font.underline = WD_UNDERLINE.DOT_DASH
```

10.3.2 设置中文字符的字体

通过 font.name 设置字体，只对英文字符有效果，如果要设置中文字符的字体只设置 font.name 是不够的。图 10.4 所示的 Word 文档中，paragraphText 段落对象指向了"赵客缦胡缨……深藏身与名"这部分内容，现在要把这首诗的字体设为楷体（KaiTi）。通过段落对象 paragraphText 定位游程 run 对象，而后设置中文字符的字体：

```
#---------------------设置段落中的中文字符的字体---------------------

from docx.oxml.ns import qn

run = paragraphText.runs[0]
# paragraphText.runs取段落所有的run，通过索引可取得目标run。

font = run.font                  # 设置这段run里的汉字为楷体。
font.name = 'KaiTi'
''' 这句决定选中这段run后Word字体栏的显示，如果写成font.name = '大脑袋'，那么选中这段文
字后字体栏会显示"大脑袋"。'''

# 设置中文字符的字体。
r = run._element
r.rPr.rFonts.set(qn('w:eastAsia'), 'KaiTi')
''' 这句决定使用哪种字体，字体也可以是从中文网站上下载的字体。字体文件放在系统的字体库里：
Mac是/library/fonts/，Windows是C:\Windows\fonts。在语句中'KaiTi'的位置放下载字体文件的文
件名，例如设置字体为HYNuoMiTuan: r.rPr.rFonts.set(qn('w:eastAsia'), 'HYNuoMiTuan')。
'''
```

代码的执行效果如图 10.6 所示。

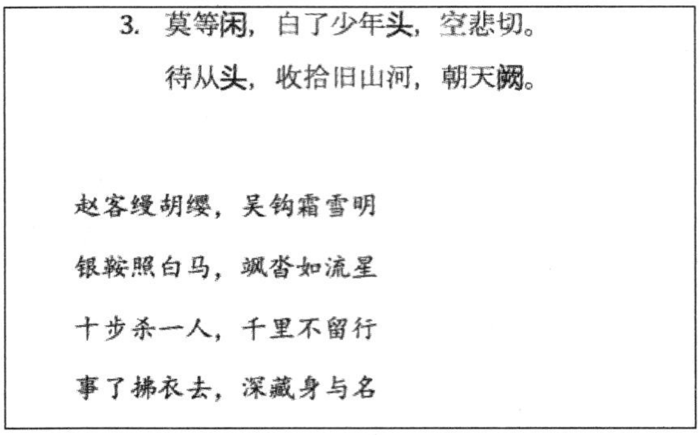

3. 莫等**闲**，白了少年**头**，空悲切。

待从**头**，收拾旧山河，朝天**阙**。

赵客缦胡缨，吴钩霜雪明

银鞍照白马，飒沓如流星

十步杀一人，千里不留行

事了拂衣去，深藏身与名

图 10.6　设置中文字体

把整个文档的段落文字的字体都设为楷体：

```
from docx.oxml.ns import qn

for paragraph in docObj.paragraphs:        # 文档里的各个段落。
    for run in paragraph.runs:             # 段落里的各个游程。
        font = run.font
        font.name = '楷体'
        r = run._element
        r.rPr.rFonts.set(qn('w:eastAsia'), 'KaiTi')
```

10.3.3　设置字体颜色

设置字体颜色需要引入 RGBColor() 函数。RGB 是一种颜色模式，在操控图片那一章还会讲到，它是 Red、Green 和 Blue 的简写。RGBColor（红色参数，绿色参数，蓝色参数），3 个参数的取值范围都为 0 ~ 255，共同决定最后的颜色。将这个颜色参数赋给 font.color.rgb 以设置字体颜色：

```
from docx.shared import RGBColor

font.color.rgb = RGBColor(255, 102, 255)
# 字体颜色是桃红。
```

在搜索引擎中搜 RGB color codes，可以搜到颜色和颜色参数对应的网站。接下来用 RGBColor() 写出一行五颜六色的字：

```
from docx import Document
from docx.shared import RGBColor, Pt

document = Document()
p = document.add_paragraph()
text_str = '一个人的命运当然要靠自我奋斗，但是也要考虑到历史的进程。'

for i,ch in enumerate(text_str):
# enumerate(text_str)列举字符串text_str的字符索引和对应的字符。
    run = p.add_run(ch)
    # 因为要每个字符都是不一样的颜色，所以一个字符一个字符地添加。
    font = run.font
    font.size = Pt(30)    # 字符大小。
    color = font.color
    color.rgb = RGBColor(i*10 % 200 + 55,i*20 % 200 + 55,i*30 % 200 + 55)
```

```
                      # 字符颜色随循环变量i的不同而不断变化。
document.save('wordText.docx')    # 把生成的Word文档保存起来。
```

10.4 对表格的处理

操控 Word 文档之
"看我能做这些"

10.4.1 添加表格和行列

docx 文件对象的方法函数 add_table()可以往 Word 文件添加表格:

```
document = Document()
# 增加9行10列的表格:
table = document.add_table(rows=9,cols=10,style = 'Table Grid')
```

这段代码添加了一个 9 行 10 列、样式是'Table Grid'的表格,table 是指向这个表格的表格对象。参数 style 用于设定系统提供的表格样式,可以设定的值的列举方法类似列举段落样式 style 的方法。一种方法是通过表格菜单下的工具栏(见图 10.7 标示的位置),当鼠标指针指向选定的样式时,该样式的名字会自动出现。

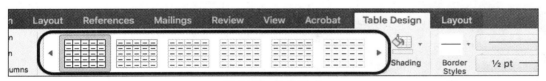

图 10.7 表格样式

另一个办法就是用代码查:

```
from docx.enum.style import WD_STYLE_TYPE

paragraph_styles = [s for s in document.styles if s.type == WD_STYLE_TYPE.TABLE]

# 查表格格式,表格样式用WD_STYLE_TYPE.TABLE,段落样式用WD_STYLE_TYPE.PARAGRAPH。

for style in paragraph_styles:
    print(style.name)
```

表格对象 table 的方法函数 add_row()和 add_column(宽度)可以往已有表格中添加行和列。

10.4.2 访问和写入表格

用 table.cell(行坐标,列坐标)可以取表格的单元格对象,例如将第 5 行第 7 列的单元格赋值为 elephant,然后将结果保存下来:

```
cellObj = table.cell(4, 6)
cellObj.text = 'elephant'
# cellObj是第5行第7列单元格对象,通过其属性text可对单元格赋值。

document.save('wordTable.docx')    # 把Word文档保存下来。
```

document.tables:可以取文档中的所有表格对象。

document.tables[索引]:通过索引定位具体的表格对象,索引从 0 开始。

table.rows:取表格所有的行对象。

table.rows[索引]:取索引对应的行,索引从 0 开始。

table.columns：取表格所有的列对象。

table.columns[索引]：取索引对应的列，索引从 0 开始。

重新打开刚才保存的 wordTable.docx，用循环和列举遍历表格的每一行。访问每一行的单元格，把该单元的行和列填进去。这里用到了 enumerate(table.rows)列举表格的行号和对应的行，enumerate(rowObj.cells)列举该行单元格所在的列数和单元格对象：

```
document = Document('wordTable.docx')
table = document.tables[0]

# rowObj行对象遍历表格各行，cellObj单元格对象遍历一行的各个单元格。
for row,rowObj in enumerate(table.rows):
    for col,cellObj in enumerate(rowObj.cells):
        cellObj.text = '{},{}'.format(row, col)
```

也可以通过列对象来访问单元格：

```
columnObj = tables.columns[1]            # 第二列。
columnObj.cells[3].text = 'shark'
# 第4行第2列的单元格内容，还可以写成：tables.columns[1].cells[3].text = 'shark'。
```

来看一段代码，这段代码的目的是在 Word 里添加表格后把数据写入表格：

```
recordset = [{'Qty':3,'Name':'Fish','Desc':'Tom'},
             {'Qty':8,'Name':'Cheese','Desc':'Jerry'},
             {'Qty':5,'Name':'Bacon','Desc':'Garfield'}]
# 数据列表，列表的每个元素都是字典类型。

table = document.add_table(rows=1, cols=3)    # 添加表格。
table.style = 'Light Grid Accent 1'
# 表格的样式style参数没在定义表格时给出，而是单独拿出来设置的。

hdr_cells = table.rows[0].cells
# hdr_cells行对象，指向第一行（索引为0）。
hdr_cells[0].text = 'Qty'              # 填写表头。
hdr_cells[1].text = 'Name'
hdr_cells[2].text = 'Desc'

for item in recordset:                        # 用循环把列表的元素一一填写进表格。
    row_cells = table.add_row().cells         # 表格一行一行地添加。
    row_cells[0].text = str(item['Qty'])      # 将数字转换成字符串。
    row_cells[1].text = item['Name']
    row_cells[2].text = item['Desc']
```

10.4.3 调节表格

列的宽度可以自行设置，通过计算 tables.rows 和 table.columns 的个数可以得知表格有多少行多少列。可以给表格增加行或列，还可以对单元格进行合并：

```
from docx.shared import Cm              # 放在程序首部。

table.columns[4].width = Cm(4)          # 控制列宽为4cm。
row_count = len(table.rows)             # 计算行数。
col_count = len(table.columns)          # 计算列数。
row = table.add_row()                   # 表格底部增加了一行。
```

```
cell_1 = table.cell(1, 2)
cell_2 = table.cell(4, 6)
cell_1.merge(cell_2)
# 将从左上单元格（第2行第3列）到右下单元格（第5行第7列）所覆盖到的长方形内的单元格进行合并。
```

设置列宽的 table.columns[4].width = Cm(4)在 Mac 的 Word 上是不起作用的。网上有一种通过单元格设置列宽的办法，经测试有效：

```
table.allow_autofit = False              # 允许手动调节。
for row in table.rows:                   # 遍历所有行。
    row.cells[0].width = Cm(4)           # 通过第一列的单元格设置列宽为4cm。
        row.cells[1].width = Cm(3)       # 通过第二列的单元格设置列宽3cm。
```

10.4.4　设置表格内的中文字体

设置表格里文字的方法是遍历表格的单元格，然后再遍历单元格里的每个段落的游程 run，通过 run.font 来设置文字的字体、大小、粗体、斜体和下画线。将表格内的文字设为楷体：

```
for row in table.rows:                       # 遍历表格里的所有行。
    for cell in row.cells:                   # 遍历某一行的所有单元格。
        for paragraph in cell.paragraphs:    # 遍历单元格里所有的段落。
            for run in paragraph.runs:       # 遍历段落里所有的游程。
                font = run.font              # 字体对象。
                font.name = '楷体'           # 控制字体栏的显示。
                r = run._element
                r.rPr.rFonts.set(qn('w:eastAsia'), 'KaiTi')
                            # 控制采用什么字体，这里是'KaiTi'。
```

10.5　对图片的处理

10.5.1　图片的添加和居中

添加图片用文件对象的方法函数 add_picture(图片路径和文件名字符串)，也可以调整图片大小。图片的宽和高一般只给出其中一个，另外一个参数会按比例自动算出：

```
document.add_picture('classAndObject.png')           # 加图片。
document.add_picture('classAndObject.png', width = Cm(5))
# 指定添加宽度为5cm的图片，图像会按比例自动缩放。
```

若想使添加的图片居中，可以通过段落对象的 alignment 属性来完成。假如要获取刚刚添加完的一张图片：

```
from docx.enum.text import WD_PARAGRAPH_ALIGNMENT

last_paragraph = docObj.paragraphs[-1]
''' docObj是Word对象，docObj.paragrahs获取段落列表。索引-1获取最后一段，因为图片是刚刚
添加的，是最后一段，所以last_paragraph实际上是指刚刚添加的图片。'''

last_paragraph.alignment = WD_PARAGRAPH_ALIGNMENT.CENTER
# 设置last_paragraph最后添加的这一段落居中，即图片居中。
```

10.5.2　生成简单图形

往 Word 里添加图形需要借助第三方模块 Pillow，后面会专门介绍这个图片处理的模块。这里

只需知道可借助 Pillow 模块下的 Image 和 ImageDraw 生成一块白色画布，在上面画圆（或其他图形）和填色。

用程序往画布上画 255 个圆，然后再涂上渐变的颜色。借助 Pillow 模块把圆画好后，往 Word 里添加时有个问题，文档对象的方法函数 add_picture()不接收 Pillow 的图形对象。可以把用 Pillow 画的图保存成图片文件，每次用 add_picture()打开图片文件。这段代码要画 255 个圆，图片文件如果保存到硬盘，每次都得读写硬盘，这样是会大大降低处理速度的。为了减少访问硬盘的次数，引入 io 模块下的 BytesIO，可以把图形对象保存成内存上的数据流。add_picture()可以接收内存数据流作为参数，这样使用内存作为中转站就绕过了磁盘操作，会大大提高运行速度：

```python
# ---------------------- 往Word文档里画圈涂色 ----------------------

from PIL import Image,ImageDraw
from io import BytesIO
from docx import Document

document = Document()                      # 生成Word文档对象。
p = document.add_paragraph()               # 添加一个段落。
r = p.add_run()                            # 添加一个游程。

img_size = 20                              # 画布尺寸。
for x in range(255):                       # 画255个圆。
    im = Image.new("RGB", (img_size, img_size), "white")
    # 生成图片对象（类同一张20像素*20像素的白画布）。
    draw_obj = ImageDraw.Draw(im)          # draw_obj是图形对象的画笔。
    draw_obj.ellipse ((0,0,img_size-1,img_size-1), fill=(0,255-x,0))
    ''' 用画笔对象的方法函数ellipse()在画布上画圆，大小和位置是从画布上的坐标(0,0)到
(img_size-1, img_size-1)。画完填色，fill=(0, 255-x, 0)控制颜色，(0,255,0)是绿色，(0,0,0)
是黑色，所以颜色是从绿色向黑色渐变。'''

    fake_buf_file = BytesIO()              # 生成内存数据流。
        im.save(fake_buf_file,"png")
        # 把图片保存到内存数据流，减少访问磁盘的次数。

    r.add_picture(fake_buf_file)           # 在当前游程中插入图片。

fake_buf_file.close()
document.save('lookWhatICanDo.docx') # 保存到文件。
```

本章小结

python-docx 把对".docx"文档操控的细节都封装到对象的方法函数里了，无论是加文字、加表格还是加图片，调用相应对象的方法函数就可以完成。至于字体、大小、格式……则通过设置对象的相应属性来完成。下一章我们看代码对另一个常用的办公软件——Excel 的处理。

习题

建一个作家列表，例如['鲁迅', '莫泊桑', '刘慈欣', '金庸']，然后为每个作家建一个以作家名命

名的目录，把跟这位作家相关的材料都放进对应的作家目录里。

建一个所选小说和小说中的人物对应的列表保存成 list.txt，例如：

> 故乡 闰土
>
> 狂人日记 狂人
>
> 阿 Q 正传 阿 Q
>
> 祝福 祥林嫂
>
> 孔乙己 孔乙己
>
> 伤逝 涓生、子君
>
> 药 夏瑜

按照列表，找来作家的几个作品放进以小说名命名的.txt 文档里，例如阿 Q 正传.txt、狂人日记.txt、祝福.txt……

祝福.txt 文件内容如图 10.8 所示。

图 10.8　祝福.txt 内容

再找出跟作品相关的图片并以小说名保存，例如阿 Q 正传.png、孔乙己.jpg 等，如图 10.9 所示。

图 10.9　图片和文本文件

写一个程序将作家的作品汇总，编辑排版成图文并茂的 Word 文档。

用鲁迅作为例子，先建一个名为"鲁迅"的文件夹，然后选鲁迅的几篇小说，将小说名和小说中的人物放进一个.txt 文本 list.txt。程序的任务是把这些原始素材组织起来自动编辑排版成图 10.10 和图 10.11 所示的 Word 文档。

鲁迅小说及人物

作品	人物
故乡	闰土
狂人日记	狂人
阿 Q 正传	阿 Q
祝福	祥林嫂
孔乙己	孔乙己
伤逝	涓生、子君
药	夏瑜

故乡

这时候，我的脑里忽然闪出一幅神异的图画来：深蓝的天空中挂着一轮金黄的圆月，下面是海边的沙地，都种着一望无际的碧绿的西瓜，其间有一个十一二岁的少年，项带银圈，手捏一柄钢叉，向一匹猹尽力的刺去，那猹却将身一扭，反从他的胯下逃走了。

这少年便是闰土。我认识他时，也不过十多岁，离现在将有三十年了；那时我的父亲还在世，家景也好，我正是一个少爷。那一年，我家是一件大祭祀的值年。这祭祀，说是三十多年才能轮到一回，所以很郑重；正月里供祖像，供品很多，祭器很讲究，拜的人也很多，祭器也很要防偷去。

狂人日记

从来如此，便对么？

图 10.10　自动编排的 Word 文档①

我翻开历史一查，这历史没有年代。歪歪斜斜的每页上都写着"仁义道德"几个字，我横竖睡不着，仔细看了半夜，才从字缝里看出来，满本上都写着两个字"吃人"！

阿Q正传

"我们先前比你阔多啦，你算是什么东西！"

中国的男人，本来大半都可以做圣贤，可惜全被女人毁掉了。商是妲己闹亡的；周是褒姒弄坏的；秦……虽然史无明文，我们也假定他因为女人，大约未必十分错；而董卓可是的确给貂蝉害死了。

祝福

"说不清"是一句极有用的话。不更事的勇敢的少年，往往敢于给人解决疑问，选定医生，万一结果不佳，大抵反成了怨府，然而一用这"说不清"来作结束，便事事逍遥自在了。

图 10.11　自动编排的 Word 文档②

　　后面几页省略，格式跟列出来的两页相同，即都是先小标题，而后插入第一段文字，接下来插入图片，再把小说剩余部分放上来。排列顺序为 list.txt 列出来的顺序。文档最前面是一个包含作家名的大标题，标题之后是一个列着作家作品和作品中人物的表格。

第 11 章

Excel 表格，一般功能没问题

在 Python 中可引入 openpyxl 模块（第三方模块，引入前需安装）来操控 Excel 文件。Excel 文件以.xlsx 为扩展名，打开后叫工作簿（workbook）。每个工作簿可以包括多张表单（worksheet），正在操作的这张表单被认为是活跃的表单（active sheet）。每张表单有行和列，行号为 1,2,3,…列号为 A,B,C,…行列交会处为单元格（cell）。

学习重点

在第三方模块 openpyxl 的帮助下，读取和写入 Excel 数据、操控表单和单元格、生成常用类型的图表。

11.1　读取数据

11.1.1　工作簿、表单和单元格

调用 openpyxl 模块下的 load_workbook(路径字符串+文件名)函数打开已存在的 Excel 文件，得到一个工作簿（workbook）对象 wb：

```
import openpyxl
wb = openpyxl.load_workbook('example.xlsx')
```

查看这个工作簿的表单列表：

```
print('工作簿表单列表: ', wb.sheetnames)
```

也可以遍历工作簿的各表单，用表单对象的属性 title 列出表单名：

```
for sheet in wb:
    print(sheet.title, end=' ')
print()
```

print()用了参数 end，这样一个表单名 sheet.title 输出后不默认换行，而是加参数 end=' '指定的空格。for 循环结束后用 print()换行。

通过 wb.active 获取当前活跃的表单或通过 wb['表单名称']得到特定表单对象：

```
ws = wb.active                    # ws是当前活跃的表单对象。
print('当前表单对象: ', ws.title)   # 查看当前活跃的表单名。

sheet3 = wb['Sheet3']             # 生成指向Sheet3的表单对象。
```

表单对象结合坐标可以获取单元格对象，行坐标从 1 开始，列坐标从 A 开始。通过单元格对象的属性 value、row、column、coordinate 对单元格进行多方位立体式访问：

```
# 访问表单里的单元格：
cellObj = ws['B3']                # cellObj是B列第3行单元格对象。
print('行{}，列{}的值是{}，单元格坐标: {}'.format(cellObj.row,
        cellObj.column, cellObj.value, cellObj.coordinate))
# 通过单元格对象的属性可以获得单元格的行坐标、列坐标、内容和坐标。
```

也可以通过表单的方法函数 cell(行坐标,列坐标)获取单元格：

```
# 行坐标从1开始，列坐标从A开始：
for i in range(1, 8, 2):
    print(i, ws.cell(row=i, column=2).value, end=' ')
```

这段代码将第 1、3、5、7 行与 B 列（column=2 为第 2 列）交汇的单元格 B1、B3、B5、B7 的值输出。

11.1.2　读取行列和区域数据

这一小节取表格的某一行（列）数据、几行（列）数据和一片数据。ws[6]是个元组（元组与列表类似，不同之处在于元组可使用小括号把元素括起来，且其元素不能修改），元组元素是第 6 行的各个单元格对象；ws['C']也是元组，元组元素是 C 列各单元格对象：

```
# 取得表单里的一行或一列：
colC = ws['C']            # C列。
row10 = ws[6]             # 第6行。
for cellObj in colC:      # 输出C列单元格的内容。
    print(cellObj.value, end=' ')
```

```
print()
```

行切片 ws[2:6]，取第 2 行到第 6 行；列切片 ws['B':'C']，取 B 列到 C 列：

```
row_range = ws[2:6]                        # 取第2行到第6行。
for row in row_range:                       # 行对象循环变量row遍历第2行到第6行。
    for cell in row:                         # 单元格对象遍历每行。
        print(cell.value, end=' ')          # 输出单元格内容，用空格分隔。
print()
# 输出完一行后换行。这段代码列出了表单上第2行到第6行的数据。
```

ws['A1':'C2']，取单元格左上角 A1 到右下角 C2 的矩形区域：

```
cell_range = ws['A1':'C2']                  # 用切片获得表单上的矩形区域。
for rowObjects in cell_range:                # 列对象循环变量遍历矩形区域的各列。
    for cellObj in rowObjects:               # 单元格变量遍历每一行。
        print(cellObj.coordinate, cellObj.value, end=' ')
                                             # 输出单元格坐标、单元格内容，用空格分隔。
print()
```

这段代码列出从左上角 A1 到右下角 C2 的矩形区域内单元格的内容，也可以写成：

```
for row in ws.iter_rows(max_col=3, max_row=3):
''' 行对象循环变量遍历左上角A1到右下角B2矩形区域的各行。左上角位置通过参数min_col和
min_row指定，如果不指定则默认为1，结合起来就是A1。'''

    for cell in row:                         # 单元格变量遍历各行。
        print(cell.value, end=' ')           # 输出单元格内容。
print()                                      # 输出一行后换行。
```

11.1.3 最大行列号、列字母与列数值的转换

表单对象的属性 max_row 和 max_column 给出表单用到的最大行和列。max_column 给出的最大列是数值，而不是 Excel 表格中显示的字母。以下代码输出表单对象最大的行与列：

```
print('{} * {}'.format(ws.max_row, ws.max_column))
```

从 openpyxl.utils 引入两个函数可以实现 Excel 表格列字母和列数值之间的转换：

```
from openpyxl.utils import get_column_letter, column_index_from_string
```

get_column_letter(列数值)：从列数值得到列字母。

get_column_letter(ws.max_column)：得到表单对象 ws 最大列的字母表达。

column_index_from_string(列字母)：从列字母得到列数值。

```
# 列字母标号和列数值标号相互转换，使用这两个函数时不强行要求工作簿载入。
from openpyxl.utils import get_column_letter, column_index_from_string

print(get_column_letter(2), get_column_letter(27),
    get_column_letter(900))
print(column_index_from_string('A'), column_index_from_string('AA'))
```

11.1.4 Excel 实例：读出 Excel 数据，输出统计结果

Excel 实例：读出
Excel 数据，输出统
计结果

最后处理一个人口统计的 Excel 表格里的数据，censusPopData.xlsx 表格是美国 2010 年的人口统计表，记录各区的人口数据。例如，纽约市各区的数据是 3058、7316、11367、6547……程序要做的就是把纽约市各区人口累加，得到纽约市总人口及分区数目。将统计结果放进一个字典变量，而后用 pprint.pformat()生成字符串，把生成的字符串保存到 census2010.py。日后需要用这个统计结果时，

只需将 census2010.py 作为模块引入程序即可。读取表单数据的步骤及解释如下。

（1）引入第三方模块，打开数据源 censusPopData.xlsx，提取记录人口数据的表单：

```
import openpyxl, pprint

print('打开工作簿……')
wb = openpyxl.load_workbook('censusPopData.xlsx')
# 载入Excel 文件，生成工作簿对象。
sheet = wb['Population by Census Tract']        # 生成表单对象。
```

（2）从 Excel 文件里读出数据。

Excel 文件中的数据如图 11.1 所示。

1	A	B	C	D
1	**CensusTract**	state	county	pop2010
72837	56033000400	WY	Sheridan	5675
72838	56033000500	WY	Sheridan	6541
72839	56033000600	WY	Sheridan	4697
72840	56035000101	WY	Sublette	4321
72841	56035000102	WY	Sublette	5926

图 11.1　censusPopData.xlsx 中的数据

C 列是 county 列（county 指县、郡或市）。用 Sheridan 这个 county 举例，统计 Sheridan 的人口就是将所有 C 列为 Sheridan 的人口（D 列）累加。county 为 Sheridan 的人口数据在表格里有几行，Sheridan 就有几个分区。循环遍历 censusPopData.xlsx 的每一行，把表格内数据（州 state，郡、县或市 county，以及人口 pop2010 的值）提取出来放进变量（state、county 和 pop）里待用。

（3）把数据整理进字典。

字典的设计放在代码的开始部分。每个 county 的人口数据（各区人口的累加和）和下辖区的个数，以 Sheridan 为例：人口是 16913（5675+6541+4697），分区为 3 个，Sheridan 对应的字典结构为{'pop': 16913, 'tracts': 3}。同一个 state（例如图 11.1 所示的 WY 州）下的 county 为：

```
{
  'Sheridan': {'pop': 16913, 'tracts': 3},
  'Sublette': {'pop': XXXXXX, 'tracts': XX},
  …
}
```

记录各 state 人口：

```
{
  'WY': {
          'Sheridan': {'pop': 16913, 'tracts': 3 },
          ' Sublette': {'pop': XXXXXX, 'tracts': XX },
          …
        }
  …
}
```

存储各州人口统计结果的字典变量为 countyData，countyData 的键为各个州 state，countyData[state]保存某个 state 的数据。每个 state 的键为各个 county，countyData[state][county]取某个 county 的数据。人口数据的键是'pop'和'tracts'，对应的值分别是人口数和分区个数：countyData[state][county]['pop']记录人口数，countyData[state][county]['tracts']记录分区个数，

countyData['AK']['Anchorage']['pop']取的是 AK 州（state）Anchorage 的 county 的人口值。

把数据从表格里读出来后初始化字典变量，然后统计分区的个数和累加各区人口数量：

```
countyData = {}          # 字典类型变量countyData初值为空。

print('提示：开始一行一行读数据啦……')

for row in range(2, sheet.max_row + 1):
# 第一行为表头，循环变量row从第二行开始。

    # 把表格每行的3个关键数据读出来放入3个变量：

        state  = sheet['B' + str(row)].value
        ''' state名在B列，row行的值转成字符后与B列合并成单元格的坐标，如B2、B3、B4……。单
元格对象sheet[B3]的属性值value用于提取单元格内容。'''
        county = sheet['C' + str(row)].value
        pop    = sheet['D' + str(row)].value

        countyData.setdefault(state, {}) # 初始化字典变量。
        ''' 字典类型的方法函数setdefault()确保每个州都作为键存在并设置默认值为空：已存在的不
干预；不存在的添加进去并设初值为{}。'''
        countyData[state].setdefault(county, {'tracts': 0, 'pop': 0})
        ''' setdefault()确保每个州的各county都定义了键并设置默认值，没有定义的添加并设定初
值。'''

        # 统计分区数和人口数。
        countyData[state][county]['tracts'] += 1
        # county的分区数累加1。
        countyData[state][county]['pop'] += int(pop)
        # 各区的人口（pop）累加进人口数。
```

（4）保存统计结果。

countyData 存放着统计结果，用 pprint.pformat()将字典变量 countyData 转成字符串保存到 census2010.py，方便以后使用：

```
print('保存统计结果……')

resultFile = open('census2010.py', 'w')
resultFile.write('allData = ' + pprint.pformat(countyData))
# 用pprint.pformat(countyData)把字典变量countyData转换成字符串，写入census2010.py。

resultFile.close()
print('Done.')
```

若以后其他程序要用到这个统计结果，只需把 census2010.py 作为模块引入即可（参见 7.3.2 小节，把 census2010.py 所在的路径加入 Python 解释器的搜索路径）。新建一个程序，输入以下代码：

```
import census2010

print(census2010.allData['AK']['Anchorage'])
# 输出记录Anchorage人口和分区的字典变量{'pop':XXXX, 'tracts':XX}。

popAnc = census2010.allData['AK']['Anchorage']['pop']
```

```
print('The 2010 population of Anchorage was ' + str(popAnc))
# 输出Anchorage的人口。
```

载入 Excel 文件，设计合理的数据结构，用循环一行（列）一行（列）地处理数据。这个处理模式有实际用途，例如可以用来比较 Excel 文件里的多行数据、打开多个 Excel 文件比较不同文件里的表单、检查表单里是不是有空行或异常的数据、把数据从表单里读出来处理后作为其他 Python 程序的输入等。

11.2　操控表单和写入数据

假如 wb 是工作簿（workbook）对象，ws 是 wb 中的表单（worksheet）对象。

11.2.1　操控表单

对 ws.title 赋值可以改变表单名称，wb.sheetnames 能得到所有表单名。wb.save('新的表格文件名')可以将 wb 指向的工作簿对象保存成表格文件：

```
import openpyxl

wb = openpyxl.Workbook()      # 生成一个新的工作簿对象wb。
sheet = wb.active             # 当前活跃的表单对象。
print(sheet.title)            # 原来的表单名。
sheet.title = 'canyon'        # 给表单改名。
print(wb.sheetnames)          # 输出表单名列表，可以看出改名成功。
wb.save('exampleWrite.xlsx')  # 保存所做的修改。
```

wb.save()保存的新表格文件名与原表格文件名相同时会覆盖原来表格文件的数据。建议用不同的文件名保存，这样即使程序有 bug，原来 Excel 文件的数据也不会被破坏。

可以在现有表单后添加一张表单 wb.create_sheet(表单名)，也可以在指定位置添加 wb.create_sheet(index=表单排位，title=表单名)，表单排位 index 从 0 开始。wb.remove_sheet (wb.get_sheet_by_name(表单名))用于删除表单。代码如下：

```
wb = openpyxl.load_workbook('exampleWrite.xlsx')

wb.create_sheet('Last Sheet')
# 在当前已有的表单后添加一张名字为Last Sheet的表单。
wb.create_sheet(index=0, title='First Sheet')
# First Sheet成为第一张表单，index标示位置，title给出表单名。
print(wb.sheetnames)
# 查看所有的表单名，可以看到新添加的两张表单。

wb.remove_sheet(wb['Last Sheet'])
# 与create_sheet()的title要求实参为字符串不同，remove_sheet()的实参要求为表单对象。
print(wb.active)                        # 当前活跃的表单对象。
wb.save('temp1.xlsx')
# 添加或删除表单后要记得调用save()方法函数将修改保存下来。
```

工作簿对象的方法函数 remove_sheet()的参数是表单对象，不是表单名，所以在这段代码里用了 wb.remove_sheet(wb['Last Sheet'])。如果参数给的表单对象不存在，例如要删除不存在的表单 Middle Sheet：wb.remove_sheet(wb['Middle Sheet'])，程序会出现错误提示'Worksheet Middle Sheet does not exist.'，提示要删除的表单并不存在。

11.2.2 写入数据

如果有单元格的坐标，那么给单元格赋值类似给已知键的字典元素赋值，坐标类似于字典的键：

```
wb = openpyxl.Workbook()

sheet = wb.active
sheet['A1'] = 'spring'          # 直接指定行列坐标。
print(sheet['A1'].value)
```

也可以直接指定单元格的行和列进行赋值：

```
from openpyxl.utils import get_column_letter # 列数值转成列字母。

for row in range(10, 20):
    for col in range(27, 54):
        ws.cell(column=col, row=row, value="{}".format(get_column_letter(col)))
        # get_column_letter(col))取得列的字母坐标，将字母坐标作为内容添进单元格。

print(ws['AA10'].value)                        # 直接指定行列坐标。
```

表单对象的方法函数 append()可以通过 range(n)函数，把 $0 \sim n-1$ 的整数整行填入。填入现有数据之后的行：

```
ws.append(range(17))           # 紧挨着现有数据行，整行填入0、1、2……15、16。
```

与列表配合整行填入：

```
rows = [['Number', 'Batch 1', 'Batch 2'], [2, 40, 30],
    [3, 40, 25], [4, 50, 30], [5, 30, 10],
    [6, 25, 5], [7, 50, 10]]
for row in rows:
    ws.append(row)

wb.save('temp2.xlsx')
```

11.2.3 Excel 实例：用单元格内的公式自动计算和填写股票表格

在 Excel 单元格中可以做些简单的计算，只需在单元格里先输入=，然后输入计算公式。例如'=SUM(A1:B3)'，意为计算 A1 到 B3 区域单元格的和。代码举例如下：

```
ws = wb.create_sheet('Formula')

ws['A1'] = 200
ws['A2'] = 300
ws['A3'] = '=SUM(A1:A2)'                   # 计算单元格A1到A2的和。
```

rawData.xlsx 里记录了一些股票交易信息，如图 11.2 所示。

	A	B	C	D	E	F	G	H
1	证券代码	证券名称	行业	观察日	平仓价	预警价	当前价格	当前状态
2	000001	花果山	妖怪		17.00		11.19	
3	000002	火云洞	妖怪		19.00		21.00	
4	000004	兜率宫	神仙		36.00		50.00	
5	000007	盘丝洞	妖怪		8.00		5.44	
6	000005	雷音寺	神仙		36.00		60.00	
7	000006	东海龙宫	神仙		20.00		17.00	
8	000009	大唐	人间		16.00		29.00	

图 11.2 rawData.xlsx 的截图

用程序把 D 列观察日、F 列预警价和 H 列当前状态填上。要求：

D 列观察日这一列放当前的日期；

F 列预警价这一列的值按平仓价 × 1.2 计算；

H 列当前状态列情况略微复杂一些，需要条件判断，具体如图 11.3 所示。

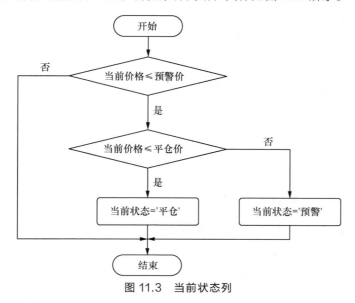

图 11.3　当前状态列

如果是填写 Excel 表格，那么在 Excel 表格中我们会进行如下操作：

单元格 D2 填写=Today()；

单元格 F2 填写=E2*1.2；

单元格 H2 填写=IF (G2<=F2, IF (G2<=E2, "平仓","预警"), "")。

在程序中用表单对象的方法函数 cell(column, row, value)填写单元格内容时，value 的内容跟 Excel 表格中填写的公式内容相同，只不过是以字符串形式填入，例如单元格内容的内容属性.value='=Today()'。

程序会用循环一行一行地往里填数据，行数 row 作为循环变量跳过表头行，取 2、3、4……数据行。在 Excel 表格里的单元格 F2 填写=E2*1.2、F3 填写=E3*1.2、F4 填写=E4*1.2……单元格对象 value 属性接收的是字符串，行数是数值，要先用 str(行数)将数值转成字符串后才传入给 value 赋值的字符串中：

```
value='=E'+str(rowS)+'*1.2'
```

同理，在 Excel 的单元格 H2 中输入=IF (G2<=F2, IF (G2<=E2, "平仓","预警"), "")，在代码里也需要把行号 rowS 由数字转成字符串，再合并：

```
value='=IF(G'+rowS+' <= F'+rowS+', IF(G'+rowS+' <= E'+rowS+', "平仓", "预警"),
"")'
```

填写计算公式时列号用的是字母，而表单对象取单元格的 cell()的参数 column 却要放数值。column_index_from_string()可以把列字母转成列数值，使用这个函数前需要先引入：from openpyxl.utils import column_index_from_string。代码运行后自动把数据计算出来填进表格：

```
# --------------用公式自动计算和填写单元格---------------

import openpyxl
```

```
from openpyxl.utils import column_index_from_string

wb = openpyxl.load_workbook('rawData.xlsx')
# 打开表单生成工作簿对象。
rawSheet = wb.active        # 生成表单对象。

for row in range(2, rawSheet.max_row+1):
# 越过表头行，遍历数据行。
    rowS = str(row)                    # 将行数转成字母。
    rawSheet.cell(row=row, column=column_index_from_string('D'), value='=Today()')
                    # 填写观察日列，放今日日期。
    rawSheet.cell(row=row, column=column_index_from_string('F'), value='=E'+
rowS+'*1.2')                # 填写预警价列：平仓价 * 1.2。
    rawSheet.cell(row=row, column=column_index_from_string('H'),
value='=IF(G'+rowS+' <= F'+rowS+', IF(G'+rowS+' <= E'+rowS+', "平仓", "预警"), "")')
                    # 填写当前状态列。

wb.save('processedData.xlsx')          # 保存结果。
```

11.2.4　Excel 实例：成批修改蔬菜水果表中某几个货品的价格

再来看个例子，有一张包含两万多条记录的蔬菜水果销售表格（productSales.xlsx），如图 11.4
所示。

	A	B	C	D
1	**PRODUCE**	COST PER POUND	POUNDS SOLD	TOTAL
2	Potatoes	0.86	21.6	18.58
3	Okra	2.26	38.6	87.24
4	Fava beans	2.69	32.8	88.23
5	Watermelon	0.66	27.3	18.02
6	Garlic	1.19	4.9	5.83

图 11.4　表格 productSales.xlsx 的截图

假如大蒜 Garlic、芹菜 Celery 和柠檬 Lemon 的成本价登记有误。这 3 类商品的记录在这个表
格里至少也有上百条，即使配合搜索功能，一条一条手动去修改也是一个相当麻烦且耗时的工作。
但如果用程序去解决，只需要几秒。

首先把输错了成本价的蔬菜放进字典变量 PRICE_UPDATES 里，键是蔬菜，值是修改后的成
本价。然后遍历 Excel 表格，定位到记录蔬菜名字的单元格，如果是在字典里的蔬菜，就修改同一
行的蔬菜单价，具体的数值去字典 PRICE_UPDATES 里找：

```
# --------------------- 纠正销售表单上输错了的成本价 ---------------------

import openpyxl

wb = openpyxl.load_workbook('produceSales.xlsx')
ws = wb['Sheet']                        # 生成表单对象ws。

# 登记输错了成本价的产品和更新后的价格。
PRICE_UPDATES = {'Garlic': 3.07, 'Celery': 1.19, 'Lemon': 1.27}
```

```
'''  如果商品名称在字典变量PRICE_UPDATES的键里，则修改表单内记录商品成本价的COST PER
POUND列的相应内容。'''
for rowNum in range(2, ws.max_row):  # 跳过表头，遍历表单每一行。

    produceName = ws.cell(row=rowNum, column=1).value
        # 提取A列（column=1）商品名。

    if produceName in PRICE_UPDATES:
    # 商品名是PRICE_UPDATES的键说明价格需要调整。

        ws.cell(row=rowNum, column=2).value = \
                                PRICE_UPDATES[produceName]
        # 用字典PRICE_UPDATES内的更新后的价格修改B列相应单元格的内容。

wb.save('updatedProductSales.xlsx')
# 保存更新后的工作簿到updatedProductSales.xlsx（没有覆盖原文件）。
```

11.3　设定单元格格式

设定单元格格式

11.3.1　单元格里的文字格式和行高、列宽设置

从 openpyxl.styles 里引入 Font 和 colors 设置单元格字体（默认为 Calibri）、大小（默认为 11pt）、颜色、粗体、斜体：

```
import openpyxl
from openpyxl.styles import Font, colors

wb = openpyxl.Workbook()
ws = wb.active
ws.title = 'Font'                              # 给表单改名。

italic24fontObj = Font(size=24, italic=True)   # 返回字体对象。
ws['B3'].font = italic24fontObj                # 加大字号，斜体。
ws['B3'] = '24 pt Italic'                      # 设置内容。

boldRedFontObj = Font(name='Times New Roman', bold=True, color = colors.RED)
                                               # 改变字体，加粗，红色。

ws['A1'].font = boldRedFontObj
ws['A1'] = 'Bold Times New Roman'              # 设置内容。
```

设置行高和列宽：

```
ws = wb.create_sheet('dimensions')

ws['A1'] = 'Tall row'
ws.row_dimensions[1].height = 70               # 设置行高。

ws['B2'] = 'Wide column'
ws.column_dimensions['B'].width = 20           # 设置列宽。
```

11.3.2　合并和分离单元格

合并单元格：

```
ws = wb.create_sheet('merged')

ws.merge_cells(start_column=1, start_row=1, end_column=4, end_row=3)
# 合并从上角单元格A1到右下角单元格D3的区域。
ws['A1'] = 'Twelve cells merged together.'

ws.merge_cells('C5:D5')          # 合并的另一种写法。
ws['C5'] = 'Two merged cells.'
```

分离合并的单元格：

```
ws = wb.copy_worksheet(wb['merged'])
''' 复制表单、生成表单对象。注意工作簿对象的方法函数copy_worksheet()的参数是表单对象，不
是表单名。'''
ws.title = 'unmerged'            # 给复制出来的这份表单改名。

ws.unmerge_cells('A1:D3')        # 分离合并的单元格。
ws.unmerge_cells('C5:D5')

wb.save('style.xlsx')
```

　　单元格填色、边框的设置、页面的设置等也都可以在 openpyxl 中找到功能实现，需要时可以查看技术文档或在搜索引擎中输入需求，结合自己的需求参考他人共享的代码。

11.4　生成图表

生成图表

　　图表有很多种，选择哪种图表来进行可视化需要根据要求综合考虑，这里选了3种比较常用的类型：饼形图、柱形图、气泡图。其他类型可以查看openpyxl技术文档的 chart 部分，在示范代码基础上做个性化调整。

　　往 Excel 文件里添加图表一般需要进行如下步骤。

　　（1）从 openpyxl 引入 Workbook：

```
from openpyxl import Workbook
```

从 openpyxl.chart 引入 Reference 和需要生成的图表类型：

```
from openpyxl.chart import 图表类型, Reference
```

　　（2）指出图表根据什么来分类数据（分类标签 labels）和分类哪些数据（data）。

　　（3）把这些区域跟图表联系起来。

　　（4）指定图表题目和在表单中的位置 add_chart（图表对象，左上角单元格位置）。

　　第（2）、（3）步因图表不同而不同，用时可在 openpyxl 的技术文档中找到需要的图表，一般会有使用示例代码，可根据自己的需要对示例代码做个性化修改。

11.4.1　饼形图 PieChart

　　用图 11.5 所示的数据生成一个饼形图，数据存储在列表里，填进 Excel 表单后生成图表。

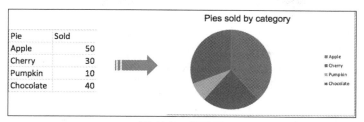

图 11.5　饼形图

生成饼形图的代码如下：

```python
from openpyxl import Workbook
from openpyxl.chart import PieChart, Reference

wb = Workbook()                      # 工作簿对象。
ws = wb.active                       # 表单对象。
ws.title = 'pieChart'                # 给表单改名。
data = [['Pie', 'Sold'], ['Apple', 50], ['Cherry', 30],
        ['Pumpkin', 10], ['Chocolate', 40]]
for row in data:
    ws.append(row)                   # 把数据填入表单中。

pie = PieChart()                     # 生成饼形图对象。

labels = Reference(ws, min_col=1, min_row=2, max_row=5)
# 在表单上指定产生图表标签labels的区域（A列），按labels名称对数据进行分组。

data = Reference(ws, min_col=2, min_row=1, max_row=5)
# 指定跟图表数据相关的区域，要分组的数据在B列。

pie.add_data(data, titles_from_data=True)
# 通过方法函数add_data()把数据跟图表联系起来。

pie.set_categories(labels)           # 指定图表按定义的标签labels进行分类。
pie.title = 'Pies sold by category'  # 给图表起名。
ws.add_chart(pie, "A15")             # 指定图表在表单上的位置A15。

wb.save('chart.xlsx')
```

11.4.2　柱形图 BarChart

用图 11.6 所示的数据生成一个柱状图，数据从列表取出放进 Excel 表单，而后生成图表。

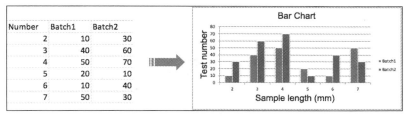

图 11.6　柱形图

代码如下：

```
# ----------------------- 生成柱形图 -----------------------

import openpyxl
from openpyxl.chart import BarChart, Reference

wb = openpyxl.load_workbook('chart.xlsx')
ws = wb.create_sheet('barChart')

rows = [('Number', 'Batch1', 'Batch2'),
    (2, 10, 30), (3, 40, 60), (4, 50, 70),
    (5, 20, 10), (6, 10, 40), (7, 50, 30) ] # 数据列表。
for row in rows:
    ws.append(row)          # 把列表里的数据填进barChart表单。

chart1 = BarChart()         # chart1是barChart表单对象。

chart1.type = "col"         # 柱形图有两类：col是竖方图，bar是横方图。
chart1.style = 10
# 在Excel的Chart Design菜单下可以看到各个style。

chart1.title = "Bar Chart"                      # 图表标题。
chart1.y_axis.title = 'Test number'             # 纵轴名。
chart1.x_axis.title = 'Sample length (mm)'      # 横轴名。

data = Reference(ws, min_col=2, min_row=1, max_row=7, max_col=3)
''' 定义被分类的数据：B、C列的数据chart1.add_data(data, titles_from_data=True)把数
据区和图表联系起来。'''

cats = Reference(ws, min_col=1, min_row=2, max_row=7)
# 按A列数据进行分类。
chart1.set_categories(cats)         # 把分类标签跟图表联系起来。

ws.add_chart(chart1, "A10")         # 图表位置。
wb.save('chart.xlsx')
```

11.4.3　气泡图 BubbleChart

用图 11.7 所示的数据生成一个气泡图，数据从列表取出放进 Excel 表单，而后生成图表。

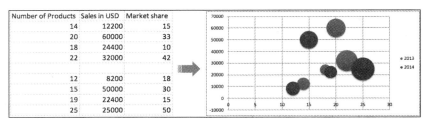

Number of Products	Sales in USD	Market share
14	12200	15
20	60000	33
18	24400	10
22	32000	42
12	8200	18
15	50000	30
19	22400	50
25	25000	50

图 11.7　气泡图

代码如下：

```
# --------------------- 生成气泡图 ---------------------

from openpyxl.chart import BubbleChart, Reference, Series
```

```
import openpyxl

wb = openpyxl.loadworkbook('chart.xlsx')
ws = wb.create_sheet('bubbleChart')

rows = [("Number of Products", "Sales in USD", "Market share"),
        (14, 12200, 15), (20, 60000, 33), (18, 24400, 10),
        (22, 32000, 42), (), (12, 8200, 18), (15, 50000, 30),
          (19, 22400, 15), (25, 25000, 50)]
for row in rows:
    ws.append(row)              # 将数据填入表单。

chart = BubbleChart()           # 生成气泡图对象。
chart.style = 18                # 在Chart Design菜单下可以看到各个style。

# 第一组数据。
xvalues = Reference(ws, min_col=1, min_row=2, max_row=5)
# X轴（A列）。
yvalues = Reference(ws, min_col=2, min_row=2, max_row=5)
# Y轴（B列）。
size = Reference(ws, min_col=3, min_row=2, max_row=5)
# Z轴，C列决定气泡大小。
series = Series(values=yvalues, xvalues=xvalues, zvalues=size, title="2013")
# 气泡图用Series()把图表需要的各要素集中起来。
chart.series.append(series)         # 把这组数据添加进图表。

# 第二组数据。
xvalues = Reference(ws, min_col=1, min_row=7, max_row=10)    # X轴。
yvalues = Reference(ws, min_col=2, min_row=7, max_row=10)    # Y轴。
size = Reference(ws, min_col=3, min_row=7, max_row=10)
# Z轴（气泡大小）。
series = Series(values=yvalues, xvalues=xvalues, zvalues=size, title="2014")
# 气泡图用Series()把图表需要的各要素集中起来。
chart.series.append(series)         # 把这组数据添加进图表。

ws.add_chart(chart, "E1")           # 把图表添加进表单E1起始的位置。
wb.save("Chart.xlsx")
```

11.5 实例：从 Excel 中采集数据写入 Word

从 11.1.4 小节提到的美国 2010 年人口统计表 censusPopData.xlsx 中统计出各州人口，在 Word 里制作表格（Population of State），把统计数据放进 Word 里的表格。计算各州人口的办法同 11.1.4 小节统计各个城市人口，统计结果放进字典变量 stateData 里。stateData 的键是各州，值是各州人口。因为 Excel 里数据比较多，运行时间会久一点，所以从 Excel 表格里读数据、往 Word 里写数据都给出了提示，这样能了解程序运行到哪里，在做什么：

实例:从 Excel 中采集数据写入 Word（上）

实例:从 Excel 中采集数据写入 Word（下）

```
# ----------------从Excel采集数据整理后写入Word表格----------------

import openpyxl                                 # Excel。
from docx import Document                       # Word。
from docx.enum.text import WD_PARAGRAPH_ALIGNMENT, WD_TABLE_ALIGNMENT
                # Word中段落对齐、表格对齐。

print('打开工作簿……')

wb = openpyxl.load_workbook('censusPopData.xlsx')         # 工作簿对象。
sheet = wb['Population by Census Tract']                  # 表单对象。
stateData = {}                  # 初始化存储各州人口的字典变量。

print('一行一行地读取数据……')
for row in range(2, sheet.max_row + 1):        # 循环遍历表单各行。

    state = sheet['B' + str(row)].value
    # B列是州名，state提取的是坐标为B2、B3、B4……单元格的内容。
    pop = sheet['D' + str(row)].value
        # D列是郡、县或市的人口数据，pop提取的是坐标为D2、D3、D4……单元格的内容。

    stateData.setdefault(state, 0)
    # 作为键的州名如果不存在则添进字典，初值设为0；若已存在则不进行操作。
    stateData[state] += int(pop)             # 累加各州人口。

print('打开Word文档……')

doc = Document()
tableTitle = doc.add_heading('各州人口', level = 0)
# 往Word文档里写表格标题。
tableTitle.paragraph_format.alignment = WD_PARAGRAPH_ALIGNMENT.CENTER
# 表格标题设为居中。

print('保存统计结果……')

table = doc.add_table(rows=1, cols=2)
# 往Word文档里添加一行两列的表格。
table.style = 'Light Grid Accent 1'                 # 指定表格的格式。
table.alignment = WD_TABLE_ALIGNMENT.CENTER         # 表格居中。

# 设置表头。
hdr_cells = table.rows[0].cells # 表格第一行的单元格列表。
hdr_cells[0].text = 'State'        # 填入第一行第一列单元格内容。
hdr_cells[1].text = 'Population' # 填入第一行第二列单元格内容。

# 填写表格数据。
for stateName, statistic in stateData.items(): # 将数据添加进表格。
    row_cells = table.add_row().cells          # 往表格里添加一行。
    row_cells[0].text = stateName              # 第一列填州名。
        row_cells[1].text = str(statistic)
        # 第二列填统计出来的各州人口数据。
```

```
doc.save('PopulationStatistic.docx')
print('完成！ ')
```

本章小结

第三方模块 openpyxl 对 Excel 文件的设置可以做到很细致、快速，尤其是数据量大时，用程序操控的优势更明显。

习题

1. 写程序，转置 Excel 表格（即将表格的行列互换），如图 11.8 所示。

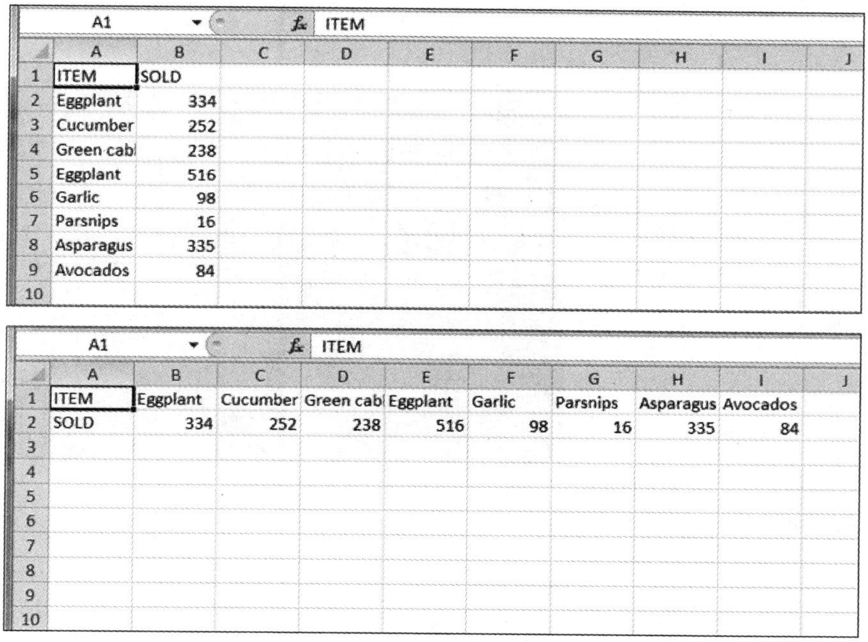

A1 ITEM

	A	B	C	D	E	F	G	H	I	J
1	ITEM	SOLD								
2	Eggplant	334								
3	Cucumber	252								
4	Green cabl	238								
5	Eggplant	516								
6	Garlic	98								
7	Parsnips	16								
8	Asparagus	335								
9	Avocados	84								
10										

A1 ITEM

	A	B	C	D	E	F	G	H	I	J
1	ITEM	Eggplant	Cucumber	Green cabl	Eggplant	Garlic	Parsnips	Asparagus	Avocados	
2	SOLD	334	252	238	516	98	16	335	84	
3										
4										
5										
6										
7										
8										
9										
10										

图 11.8 表格转置

2. 写两个函数，一个函数将几个文本文件里的数据合并到 Excel 表格里，另一个函数将 Excel 表格里的数据转入几个文本文件保存起来。

3. 写一个专门往 Excel 文件里插入空格的函数。函数有 3 个参数，第一个参数接收插入第几行，第二个参数接收插入几行，第三个参数接收要插入的 Excel 文件的路径和文件名字符串。

第 12 章

时间日期管起来

这一章介绍 Python 代码中日期和时间的规范、表达和计算。使用的是 Python 内置的 time 模块和 datetime 模块，Python 内置的模块无须安装就可使用。

学习重点

用日期时间模块 time 和 datetime 显示与转换日期时间、计时及计算时间跨度。

12.1 time 模块

time 模块

在 Python 的世界，时间的起点是 1970 年 1 月 1 日 0 点，又叫 UNIX 纪元，所以如果在代码中问"现在几点了？"：

```
import time

nowTime = time.time()
print(nowTime)
```

运行结果是 1532654091.6829598，返回了一个实数，单位是秒。这是时间戳，指 UNIX 纪元开始到现在一共过去了多少秒。其中：

```
print(round(nowTime, 2))        # round()函数可以指定小数点后的位数。
print(round(nowTime))           # 取整，小数点以及之后的数字直接去掉。
print(time.ctime())
```

时间戳对想看时间的我们来说太不友好了，而 time.ctime() 返回的是当前时间字符串，如 Sat Jan 26 09:55:52 2019，看着比 time.time() 明了很多。

如何将时间戳转成我们熟悉的时间表达格式留到下一节解决。虽然直接用 time.time() 显示当前时间不行，拿来计时却很好用，例如计算某一个操作用时几秒：

```
# ------------------ 测量执行一段代码用了多长时间 --------------------

import time

# 计算1*2*3*4*5*…*100000
def calcProd():
    product = 1
    for i in range(1, 100000):
        product = product * i           # 累乘积。
    return len(str(product))            # 返回累乘积的位数。

startTime = time.time()                 # 记录起始时间（计时开始）。
num = calcProd()                        # 调用函数计算累乘积。
endTime = time.time()                   # 记录结束时间（计时结束）。
duration = endTime - startTime          # 计算用时多久。
print('得到的累乘积有 {} 位，计算用时 {} 秒'.format(num, duration))
```

再用 time.time() 做一个模拟计时秒表的程序，按回车键开始计时，再按回车键结束上一次的计时，开始下一次的计时，同时输出累计用时和这次用时：

```
# ------------------------ 模拟计时器功能 -----------------------

import time

print('按回车键开始计时，之后按回车键类似于按秒表的按钮，中断退出Windows按Ctrl+C，Mac按
Command+F2')

input()                     # 按回车键激发程序继续运行，即第一次按回车键时开始计时。
print('Started.')
startTime = time.time()     # startTime记录最开始计时的时间。
lastTime = startTime
# lastTime记录每次开始计时的时间，初始值为最开始计时的时间。
```

```
lapNum = 1                        # lapNum记录计时的次数，初值为1。

# 开始记录两次按回车键的间隔时间和累积时间：
try:
    while True:                   # 永真循环。
        input()                   # 等待按回车键。

        lapTime = round(time.time() - lastTime, 2)
        # 间隔时间，小数点后保留两位。
        totalTime = round(time.time() - startTime, 2)    # 累积时间。
        print('#{}计时: {} ({})'.format(lapNum, totalTime,lapTime), end='')
        ''' 当用户按回车键时，换行并结束这次计时开始下一次计时。end=''规定输出后不自动换
行。'''
        lapNum += 1               # 累加计时次数。
        lastTime = time.time()    # 记录下次开始时间。

except KeyboardInterrupt:
    ''' 捕获从键盘输入的中断信号，发出中断信号强行中断程序的快捷键为：Windows按Ctrl + F2,Mac
按Command + F2。也可直接单击PyCharm工具栏绿三角运行按钮旁边的红方块停止按钮。程序会捕获
keyboardInterupt意外并退出永真循环。'''

    print('\n计时结束！')
```

接下来看 time.sleep()，time.sleep(秒数)可以让 CPU 休眠指定秒数。来看下面的代码：

```
for i in range(6):
    print('Tick')
```

一运行，瞬间 6 个'Tick'就出来了，计算机运行速度太快了！如果加个 time.sleep(1):

```
for i in range(6):
    print('Tick')
    time.sleep(1)
```

可以看到'Tick'是一个一个出来的（间隔一秒）。

12.2　datetime 模块

datetime 模块

12.2.1　当前日期时间和转换时间戳

借助日期时间模块 datetime 既可以回答"现在几点了"，也可以回答"今天几号了"：

```
import datetime

dn = datetime.datetime.now()
# dn是datetime类的对象，有自己的属性和方法函数，可通过type(dn)查看dn所属的类型。
print(dn)              # 输出结果格式为2019-01-27 13:01:49.285482。
print('年：{}，月：{}，日：{}，小时：{}，分钟：{}，秒：{}'.format(dn.year,dn.month,
dn.day, dn.hour, dn.minute, dn.second))
# 输出日期时间对象dn的年、月、日、时、分、秒属性。

dt = datetime.datetime(2018, 12, 20, 19, 16, 0)
''' dt是跟dn一样的datetime类对象，此处对应的日期时间是2018-12-20 19:16:00。实参对应
year、month、day、hour、minute、second属性。'''
```

```
print(dt != dn)                    # 输出True。
print(dt > dn)                     # 输出False。
# datetime类型的对象可以比较大小，日期较晚的对象大于日期较早的对象。
```

12.1 节中 time.time()返回当前时间距离 UNIX 纪元的时间戳，这时间戳对我们很不友好，那么有没有函数能把时间戳转换成我们熟悉的日期时间表达形式呢？

datetime.datetime.fromtimestamp()可以把时间戳转成 datetime 类型的对象。

datetime.datetime.fromtimestamp(time.time())跟 datetime.datetime.now()效果一样，都是生成指向当前时间点的 datetime 对象，但不意味着它们相等：

```
print(datetime.now() == datetime.fromtimestamp(time.time()))
# 输出False。
print(datetime.datetime.now(),
    datetime.datetime.fromtimestamp(time.time()))
# 从输出结果可以看出不相等的原因是两个时间点差了0.0000X秒。
```

12.2.2　datetime 对象转成指定格式的字符串

datetime 对象的 strftime()方法函数可以将其转成指定格式的字符串，f 代表格式（format）：

```
oct01st = datetime.datetime(2025, 10, 1, 16, 48, 0)
# 生成datetime类型的对象oct01st。

print(oct01st.strftime('%Y/%m/%d %H:%M:%S'))
''' 注意strftime()是方法函数，依托datetime对象oct01st存在。它按照给定的参数格式
'%Y/%m/%d %H:%M:%S'生成了日期时间字符串2025/10/01 16:48:00。'''

print(oct01st.strftime('%I:%M %p'))  # 04:48 PM。
print(oct01st.strftime("%B of %y"))  # October of 25。
```

表 12.1 所示为日期时间格式符。

表 12.1　日期时间格式符

日期时间格式符	解释
%Y	年份，如'2014'
%y	年份后两位，'00'到'99'（1970 到 2069）
%m	数字月份，'01'到'12'
%B	月份的英文全称，如'November'
%b	月份的英文简写，如'Nov'
%d	日期，'01'到'31'
%j	一年里的第几天，'001'到'366'
%w	数字星期几，'0' (Sunday)到'6' (Saturday)
%W	一年里的第几周
%A	星期的英文全称，如'Monday'
%a	星期的英文简写，如'Mon'
%H	小时（24 小时制），'00'到'23'
%I	小时（12 小时制），'01'到'12'
%M	分，'00'到'59'
%S	秒，'00'到'59'

日期时间格式符	解释
%p	'AM'或'PM'
%%	字符%

计算某个日期是星期几的题目可以直接用程序解答：

```
print(datetime.datetime.now().strftime('今天%A，是一年中的第%W周，第%j天'))
''' 输出：今天Sunday，是一年中的第30周，第209天。%A表示星期几，%W表示一年中的第几周，%j
表示一年中的第几天。'''
```

12.2.3　日期时间的字符串转成 datetime 对象

datetime 对象的方法函数 strftime()将日期时间转成字符串，datetime.datetime 下的独立函数
（对比依附对象的方法函数）strptime()则用于把日期时间的字符串转成 datetime 对象，p 是解析
（parse）的意思。解析日期时间字符串也需要格式字符的介入，所以 strptime()有两个参数，一个
是日期时间字符串，另一个是指导字符串解析的格式参数。例如：

```
oct21 = datetime.datetime.strptime('October 21, 2025', '%B %d, %Y')
''' '%B %d, %Y'负责解释字符串（参考日期时间格式符表格）。对这个字符串的解释是：月份的英文
全称，日期，年份。这条语句生成了datetime类型的对象oct21。'''
print(oct21.year, oct21.month, oct21.day)
```

如何把日期时间字符串"2025/10/21 16:29:00"转成日期时间字符串"2025-10-21"？先用
strptime()把字符串变成日期时间对象，然后用日期时间对象的方法函数 strftime()将其变成指定格
式的字符串：

```
print(datetime.datetime.strptime('2025/10/21 16:29:00', '%Y/%m/%d %H:%M:%S').
strftime('%B %d, %Y'))
''' '%Y/%m/%d %H:%M:%S'解析字符串'2025/10/21 16:29:00'，生成的日期时间对象输出被
strftime()转成字符串，'%B %d, %Y'决定字符串输出的格式。'''

print(datetime.datetime.strptime("October 21 of 25", "%B %d of %y").strftime
('%B %d, %Y'))
''' strptime("October 21 of 25", "%B %d of %y")生成日期时间对象。调用日期时间对象的
方法函数strptime()，按照格式参数"%B %d of %y"解析字符串"October 21 of 25"，输出
October 21, 2025。'''
```

12.2.4　时间的跨度

介绍完 datetime 类型的对象，再来介绍一个 timedelta 类型，先来看 4 个问题。为了对付裘千
仞，全真七子决定闭关 20 个星期零 5 天 10 小时 9 分 8 秒研究天罡北斗阵。

第一个问题：请问他们一共闭关了几天？

第二个问题：总共闭关了多少秒？

第三个问题：到底闭关了几天几时几分几秒？

最后一个问题：1234 天后就要华山论剑了，请问华山论剑是哪天举行？

用时间跨度 timedelta 对象写一个计算时间的程序可以回答这 4 个问题，datetime 对象表示一
个时刻，timedelta 对象表示一段时间：

```
delta = datetime.timedelta(weeks=20, days=5, hours=10, minutes=9, seconds=8)
# 生成timedelta对象表示20个星期零5天10小时9分8秒这个时间段。
```

```
print(delta.days, delta.seconds, delta.microseconds)
# 运行结果：145 36548 0。所以全真七子闭关了145天36548秒。

print(delta.total_seconds())
# 运行结果：12564548.0。故闭关了12564548秒。

print(str(delta))
''' 得出闭关了145天10小时9分8秒这么久。将timedelta对象delta作为参数传给str()，得到我们
最熟悉的持续时间表达形式。'''

datetime对象可以加减timedelta对象，计算某个日期多少天之前或之后的日期。如果自己来算，要考
虑每个月多少天，是否闰年……很麻烦！

dt = datetime.datetime.now()        # 今天几号。

days1234 = datetime.timedelta(days=1234)
# 生成timedelta对象，表达1234天这个时间段。

print(dt + days1234)
# 1234天之后是哪天？用datetime对象输出看看。
```

12.3　日期时间函数总结

time.time()：返回 UNIX 纪元开始到现在的时间戳。

datetime.datetime.fromtimestamp(时间戳)：可把时间戳转成 datetime 类型对象。

time.ctime()：返回字符串表达的当前时间。

datetime.datetime.now()：返回指向当前时刻的 datetime 对象。

time.sleep(秒数)：让程序休眠指定秒数。

datatime.datetime(年，月，日，时，分，秒)：返回指定日期时间的 datetime 对象，没有提供
的参数默认为 0。

datetime.datetime.strptime(日期时间字符串,日期时间格式符)：按照日期时间格式符解析日期
时间字符串，返回日期时间对象。

datetime 对象的方法函数 strftime(日期时间的格式符)：根据日期时间对象生成指定格式的日
期时间字符串。

datetime.timedelta(周，天，时，分，秒，毫秒，微秒)：返回一段时间的 timedelta 对象，所
有参数都是可选的，参数不包括年和月（因为年和月的天数是不确定的）。

timedelta 对象的方法函数 total_seconds()：返回时间段的总秒数。

str(timedelta 对象)：返回 timedelta 对象表达的时间段的字符串表达形式。

本章小结

本章内容不算多，在 time 和 datetime 模块的帮助下，可以对程序中的日期时间相关部分进行
控制。

习题

1. 写程序，将一些题目放在 .txt 文件里，每次随机抽 10 道题，在规定时间内由用户一一作答。时间到或用户答完后，给出用户的正确率和所用时间。

2. 写程序，请用户输入生日并完成以下功能。

显示用户出生那一年是否为闰年。

计算出到现在为止，用户来到这个世界上一共几天。

显示 100 年后的日期，以及 100 年后用户几岁了。

3. 13195 的素数因子是 5、7、13 和 29，写程序计算 600851475143 最大的素数因子是多少，并计算程序用了多久算出这道题。

4. 编写程序记录和统计用户平均一个星期每天花多少时间在做某件事上，例如玩游戏。打算开始玩时运行程序，显示：

几分钟后开始？

输入"10 分钟"，则 10 分钟后开始计时；玩到中间要去做某事按空格键暂停计时，再次按空格键继续计时；结束计时按回车键。将每一次的记录结果汇总填入一个 Excel 表格，一周后输出这周平均每天在游戏上花了多少时间。

第 13 章

subprocess 调来强援

以我们目前的能力想写个功能完善、界面友好的应用程序还是有难度的，不过我们可以在代码中用 subprocess 调用外界已经成熟的应用软件"巧借东风"，"有如神助"地实现代码功能上的大飞跃。另外，现在也主张写实现有限功能且"短小精悍"的程序，然后各程序之间互相调用，联手完成复杂任务。例如手机上的美食推荐 App，查找美食地点的功能一般会调用地图 App 完成，而不是在美食推荐 App 上自己实现地图定位。subprocess 模块是一个调用外部应用和资源的功能模块，这里我们只介绍比较常见和浅层的应用。

学习重点

使用 subprocess 模块在程序中运行终端或命令窗口的命令，调用外部应用程序以扩展程序功能。

13.1 在程序中打开外部应用

在程序中打开外部
应用

13.1.1 启动计算器和文本编辑器

在 Mac 终端窗口中用命令行打开计算器输入命令 open /Applications/Calculator.app。

在 Windows 命令窗口中用命令行打开计算器输入命令 start calc 或者直接输入 calc。

在 Python 代码里启动计算器，首先引入 subprocess 模块：

```
import subprocess
```

然后把在终端或命令窗口中打开计算器的命令传给 subprocess 模块的 run()函数，Mac 平台与 Windows 平台上略有不同。

在 Mac 平台上：

```
subprocess.run(['open', '/Applications/Calculator.app'])
# 参数是列表，把命令行的命令和参数分别以字符串的形式放进列表里。
```

或者：

```
subprocess.run('open /Applications/Calculator.app', shell=True)
# 第一个参数是命令行的字符串，需要设置参数shell=True。
```

在 Windows 平台上：

```
subprocess.run(['start', 'calc'], shell=True)
```

或者：

```
subprocess.run('start calc', shell=True)
```

或者：

```
subprocess.run('calc', shell=True)
# Windows上无论第一个参数用列表还是字符串，shell=True必须设置。
```

查看.txt 或.py 之类的文本文件时，Mac 上可以用编辑器 TextEdit，Windows 上可以用记事本。在 Mac 的终端窗口输入命令：

```
open /Applications/Textedit.app '/Users/PythonABC/Documents/poem.txt'
```

用 Python 代码实现：

```
subprocess.run(['open', '/Applications/Textedit.app', '/Users/PythonABC/Documents/
poem.txt'])
```

或者：

```
subprocess.run('open /Applications/Textedit.app /Users/PythonABC/Documents/
poem.txt', shell=True)
```

总结起来就是找到外部应用程序的位置，替换掉'/Applications/Textedit.app'；用文件的路径+文件名字符串替换掉'/Users/PythonABC/Documents/poem.txt'。

Windows 上用命令行查看文本文件是在命令窗口输入命令：

```
start notepad C:\Users\PythonABC\Documents\poem.txt
```

或者：

```
notepad C:\Users\PythonABC\Documents\poem.txt
```

对应的 subprocess 实现如下：

```
subprocess.run(['start', 'notepad', 'C:\\Users\\PythonABC\\Documents\\poem.txt'],
shell=True)
```

或者：

```
subprocess.run('start notepad C:\\Users\\PythonABC\\Documents\\poem.txt', shell=
True)
```

或者：

```
subprocess.run(['notepad', 'C:\\Users\\PythonABC\\Documents\\poem.txt'], shell
=True)
```

或者：

```
subprocess.run('notepad C:\\Users\\PythonABC\\Documents\\poem.txt', shell=True)
```

13.1.2　使用系统默认的应用打开文件和网页

也可以不指定打开文件的应用，系统会调用默认的应用打开文件。

Mac：

```
subprocess.run(['open', '/Users/PythonABC/Documents/poem.txt'])
subprocess.run('open /Users/PythonABC/Documents/datePlus.py', shell = True)
```

Windows：

```
subprocess.run('C:\\Users\\PythonABC\\Documents\\poem.txt', shell=True)
subprocess.run('C:\\Users\\PythonABC\\Documents\\datePlus.py', shell=True)
# datePlus.py是12.2.4小节的程序。
```

如果给出网址，系统会调用默认的浏览器打开相应的网页。

Mac：

```
subprocess.run(['open', 'http://www.PythonABC.org'])
```

Windows：

```
subprocess.run('http://www.PythonABC.org', shell=True)
```

13.1.3　运行 Python 程序

在 Mac 终端窗口运行 Python 程序：

```
python3   /Users/PythonABC/Documents/datePlus.py
```

Mac 上用'python3'是因为有些 Mac 自带了 Python 2.7，而用'python'调用的是 Python 2.7 的解释器。在 Windows 命令窗口运行 Python 程序：

```
python C:\Users\PythonABC\Documents\datePlus.py
```

Python 代码实现如下。

Mac：

```
subprocess.run(['python3', '/Users/PythonABC/Documents/datePlus.py'])
```

Windows：

```
subprocess.run('python C:\\Users\\PythonABC\\Documents\\datePlus.py', shell=True)
```

13.2　查询目录、复制和粘贴

13.2.1　查询目录和定向输出

Mac 终端窗口查询指定的目录（例如查询/Users/PythonABC/Documents 目录）下的文件和子目录详细信息的命令是：

```
ls -l /Users/PythonABC/Documents
```

Windows 命令窗口查询目录的命令是：

```
dir C:\Users\PythonABC\Documents\
```

在代码里把文件夹内容输出到屏幕上的 subprocess 实现。

Mac：

```
subprocess.run('ls -l /Users/PythonABC/Documents', shell=True)
```
Windows:
```
subprocess.run('dir C:\\Users\\PythonABC\\Documents', shell=True)
```
如果想把输出内容保存到文本文件，在 Mac 的终端窗口用命令：
```
ls -l /Users/PythonABC/Documents > folderContent.txt（文本文件）
```
在 Windows 的命令窗口用命令：
```
dir C:\Users\PythonABC\Documents > folderContent.txt（文本文件）
```
用代码把文件夹内容输出到文本文件里。

Mac:
```
subprocess.run('ls -l /Users/PythonABC/Documents > folderContent.txt', shell=
True)  # 输出至文本文件。
```
Windows:
```
subprocess.run('dir C:\\Users\\PythonABC\\Documents > folderContent.txt, shell
=True)  # 输出至文本文件。
```
也可以把输出放进变量供后续程序使用：
```
# 在Mac上用。
directory = '/Users/PythonABC/Documents'
proc1 = subprocess.Popen(['ls', '-l', directory], stdout=subprocess.PIPE)
# 在Windows上用。
directory = 'C:\\Users\\PythonABC\\Documents'
proc1 =subprocess.Popen(['dir', directory], shell=True, stdout=subprocess.PIPE)
''' 除了跟subprocess.run()一样的命令列表参数外，多了一个stdout=，指定输出结果放进
subprocess.PIPE。'''


out1 = proc1.communicate()
# 把存放到subprocess.PIPE里的内容读出来。
print(out1)
# out1是个元组，元组的第一个元素out1[0]是输出内容。
print(out1[0].decode())
# out1[0]是bytes类型，看着有点乱，用decode()解码成字符串类型就看得懂了。
```

13.2.2　复制和粘贴

pbcopy 是 Mac 命令行的 copy 操作，可以把它前面的管道符"|"之前命令的显示内容送进剪贴板。打开终端窗口输入：
```
ls -l  /Users/PythonABC/Documents | pbcopy。
```
文件夹 Documents 的内容被复制进系统剪贴板里了。对应在 Python 中的实现就是：
```
subprocess.run('ls -l /Users/PythonABC/Documents | pbcopy', shell=True)。
```
在 Mac 命令行上输入 pbcopy < poem.txt，把当前文件夹下的 poem.txt 的内容复制进系统剪贴板，对应在 Python 中的实现是：
```
subprocess.run('pbcopy < poem.text', shell=True)
# 文本文件-->剪贴板。
```
pbpaste 是粘贴命令，在 Mac 终端窗口中输入 pbpaste，可以让剪贴板里的内容显示出来。输入 pbpaste > pastetest.txt，剪贴板的内容将粘贴到文本文件 pastetest.txt 里。用代码实现就是：
```
subprocess.run('pbpaste > pastetest.txt', shell=True)
# 剪贴板-->文本文件。
```
">"开口对着输入方，尖头对着输出方，当前目录下如果没有 pastetest.txt 则会创建一个，已

经有了则将其覆盖。

Windows 系统下的命令 clip 可以把内容复制到剪贴板：

```
dir C:\Users\PythonABC\Documents | clip
```

用代码实现：

```
subprocess.run('dir C:\\Users\\PythonABC\\Documents | clip', shell=True)
# 输出至剪贴板。
```

但是把内容从剪贴板里复制出来的 paste 命令却不是系统自带的，需要另外安装，这里就不做介绍了。

用代码把字符串内容送进剪贴板：

```
str = '苦乐年华'
subprocess.run('echo ' + str + ' | pbcopy', shell=True)  # 适用Mac
```

或者：

```
subprocess.run('echo ' + str + ' | clip ', shell=True)
# 适用于Windows。
```

"苦乐年华"是中文，所以需要系统参数 IOEncoding 的值是 UTF-8。可以参见 19.4 节自动复制和粘贴中文字符中关于 Mac 和 Windows 中语言编码的设置。

subprocess.run()是 subprocess.Popen()的简化版。subprocess.Popen()把运行结果存放到 PIPE 管道里供后续使用，例如用 subprocess.Popen()把输出结果送到剪贴板上。

Mac：

```
proc1 = subprocess.Popen(['echo', '两两相忘'], stdout=subprocess.PIPE)
# 将"两两相忘"送进管道。
subprocess.Popen(['pbcopy'], stdin=proc1.stdout)
# 输入的是管道里的内容，输出到剪贴板。
```

Windows：

```
proc1 = subprocess.Popen(['echo', '两两相忘'], stdout=subprocess.PIPE, shell=True)
# 将"两两相忘"送进管道。
subprocess.Popen(['clip'], stdin=proc1.stdout)    # 输出到剪贴板。
```

13.3　播放音乐

调用日期时间模块和 subprocess 模块可以使程序在设定的时间点运行外部程序：

```
import datetime, time, subprocess


newYear2020 = datetime.datetime(2020, 1, 1, 0, 0, 0)
# 设定日期为2020年元旦。
while datetime.datetime.now() < newYear2020: # 没到2020年元旦就一直休眠。
    time.sleep(1)
    print('音乐响起来，就现在!')
    subprocess.run(['open', '像风一样自由.mp3'])
```

也可以倒数播放：

```
import time, subprocess


timeLeft = 5                             # 倒数5秒。
while timeLeft > 0:
    print(timeLeft)                      # 间隔1秒倒数。
    time.sleep(1)
```

```
      timeLeft = timeLeft - 1
   print('Music, Now!')                                  # 启动音乐。
   subprocess.run(['open', '像风一样自由.mp3'])           # Mac。
   ''' 若是Windows, 用subprocess.run(['start', '像风一样自由.mp3'], shell=True)或者
subprocess.run('像风一样自由.mp3', shell=True)。'''
```

13.4　批量解压多个压缩文件

文件夹 compressed 下有很多.rar 和.zip 格式的压缩文件，如何用 Python 程序批量解压呢？自己写不出来没关系，因为可以通过 subprocess 找"外援"解压文件，间接完成任务。Mac 上找的"外援"是免费的解压 App：The Unarchiver（App Store 下载）。Windows 上是免费开源的 7-zip（用搜索引擎找到 7-zip 的官方网站下载）。用代码批量解压的思路是：遍历 compressed 文件夹下的所有压缩文件，启动第三方应用 The Unarchiver 或 7-zip 解压文件。

13.4.1　获得第三方应用和被压缩文件夹的位置

通过 subprocess.run()启动第三方应用需要获得第三方应用和被压缩文件夹的位置。在 Mac 上打开 Finder，在边栏上选中"Application"，内容栏就会显示安装在本机上的所有应用。用鼠标右键单击 The Unarchiver(或要用的其他 App)的图标，在出现的菜单项里选择第二项"Show Package Contents"-> "Contents" ->"MacOS"，在这个文件夹下就可以看到类型（Kind）是可执行文件的 The Unarchiver 了。选中"The Unarchiver"，按 Cmd+Opt+C 快捷键可以将其路径复制到剪贴板上。还有一个办法是打开终端窗口，按住鼠标左键把可执行文件 The Unarchiver 拖入窗口，The Unarchiver 的路径就会显示在终端窗口上。这样得到的路径字符串跟前面那个方法得到的路径略有不同，空格' '前加了转义字符，变成'\ '。

获取被压缩文件夹的位置方法同上：在 Finder 上选中文件或文件夹后，按 Cmd+Opt+C 快捷键将其路径复制到剪贴板上，或者按住鼠标左键将文件或文件夹往终端窗口拖动，路径会显示在终端窗口上。

在 Windows 上如果在安装 7-zip 时没有改变安装路径，到 C:\Program Files 目录下去找 7-Zip 下的 7z.exe。选中压缩文件夹后单击鼠标右键，选择"属性"（Properties），弹出"属性"窗口，复制路径即可。

13.4.2　构建 subprocess.run()的参数

在 Mac 上，The Unarchiver 的路径字符串是："/Applications/The Unarchiver.app/Contents/MacOS/The Unarchiver"。如果直接用作 subprocess.run()的第一个参数，运行时会出现错误提示：-bash: /Applications/The: No such file or directory。Python 解释器只读到路径字符串中的第一个空格之前。在路径字符串里出现的空格前加上转义字符\可以解决这个问题，在代码中就是：

```
   subprocess.run('/Applications/The\ Unarchiver.app/contents/MacOS/The\ Unarchiver ',
shell=True)
```

如果再把路径字符串与文件名连接在一起用作 subprocess.run()第一个参数，则可以启动 The Unarchiver 解压指定文件：

```
   subprocess.run('/Applications/The\ Unarchiver.app/contents/MacOS/The\ Unarchiver ' +
待解压文件名及所在路径字符串, shell=True)
```

待解压文件名字符串里出现的空格也要加上转义字符"\ "。如果存放压缩文件的文件夹对"写"

权限有限制，调用 subprocess.run()前需要加一条 subprocess.run(['chmod', '0o777', 存放被压缩文件的文件夹路径字符串])放开写权限。

在 Windows 命令窗口用 7z.exe 解压.zip 文件的方法是任意路径下，输入命令：

```
"C:\Program Files\7-Zip\7z.exe" x C:\Users\PythonABC\Documents\compressed
\example.zip -aoa -oC:\Users\PythonABC\Documents\compressed
```

命令中的 7z.exe 所在路径 C:\Program Files\7-Zip\里有空格，所以需要把路径和可执行文件本身放进双引号内，即"C:\Program Files\7-Zip\7z.exe"。如果路径中没有空格就不需要这对双引号了。x 参数是解压（extract）。Documents \example.zip 表示压缩文件的路径和文件名。-aoa 参数是覆盖已经存在的同名文件，-o 是指定解压好的文件存放位置，后面紧跟存放路径（中间没有空格）。在 Windows 平台上的 Python 代码里，用 subprocess.run()实现这条命令时，命令里出现在路径字符串里的路径连接符\前都要加上转义字符\，变成'\\'：

```
subprocess.run('"C:\\Program Files\\7-Zip\\7z.exe" x ' + 'C:\Users\PythonABC\
Documents\compressed\example.zip' + ' -aoa -o' + 'C:\Users\PythonABC\Documents\
compressed', shell=True)
```

13.4.3 代码实现

```python
# ----------------------批量解压多个压缩文件----------------------

from pathlib import Path       # 对文件和文件夹进行操作。
import subprocess

def unrarFile(p):              # 负责解压。

    print("***解压App开始启动***\n")
    # 开始成批解压压缩文件。
    for file in list(p.glob('**/*.rar')) + list(p.glob('**/*.zip')):
    ''' p.glob('**/*.rar')获得p目录及其子目录下所有扩展名为.rar的文件,list()将这些文
件放进一个列表中，用+合并列表，获得p为树根的文件夹树上所有扩展名为.rar和.zip的压缩文件。'''
        try:
            subprocess.run(
    '/Applications/The\ Unarchiver.app/contents/MacOS/The\ Unarchiver ' + str(file),
shell=True)
                # Mac上因为第一个参数用的是字符串，所以参数shell=True。
    except Exception as err:
            print(err)
        ''' 用try…except是为了让一个压缩文件解压出错时程序不至于崩溃，并输出错误信息，然
后继续解压下一个文件。'''

def main():  # 主函数其实就是个普通函数，可以带自己的参数，可以被调用。

    path = "/Users/PythonABC/Documents/compressed"
    s = Path(path)             # 生成路径对象。
    unrarFile(s)               # 调用解压函数。
    print('搞定!!!')

main()                         # 调用主函数。
```

本章小结

subprocess 的功能强大，使用起来挺复杂的，我们只介绍了最浅层的应用（打开外部应用和运行命令或终端窗口的指令），却也大大提升了程序处理问题的能力。

习题

1. 写一个程序，使计算机这个星期每天 10 点自动播放自己喜欢的一首歌。

2. 用 pathlib 模块下的 for f in p.glob('**/*.py')遍历硬盘找一个 Excel 文件（或 Word 文件、PDF 文件、图片文件……），用 subprocess.run()打开。

3. 用程序查看代码所在文件夹（或其他指定文件夹）及其子文件夹的内容。

第 14 章

网站提供的 API 数据

不用白不用

JSON(JavaScript Object Notation) 是一种轻量级的数据交换格式，采用完全独立于语言的文本格式，既易于人阅读和编写，又易于机器解析和生成。这些特性使它成为理想的数据交换语言，很多网站（如高德、百度、淘宝、推特、雅虎、谷歌、维基百科、烂番茄、领英等）都提供 JSON 格式的应用程序接口（Application Programming Interface，API）供开发者开发应用。

学习重点

获取网站提供的 JSON 数据，使用这些数据编写实用的小程序。

14.1 JSON 数据与 Python 的字典

先来看 JSON 数据格式。以下是从网站 OpenWeatherMap 开放给公众的
一个 JSON 数据文件 cityList.JSON 中截取出来的片段：

```
…
{
    "id": 6455259,
    "name": "Paris",
    "country": "FR",
    "coord": { "lon": 2.35236, "lat": 48.856461}
}
…
```

看着是不是跟 Python 的字典类型很像？Python 就是把 JSON 数据转成字典类型数据来用的，
如图 14.1 所示。

图 14.1 JSON 数据转换

从网站上得到的 JSON 数据没有层次，可以把数据粘贴到 JSON 解析网站，网站会帮忙整理得
条理分明。用 json.loads() 把 JSON 数据转换成字典变量：

```
import json

stringOfJsonData = '{"name": "Garfield", "isCat": true, "miceCaught": 0,"felineIQ":
null}'          # JSON数据。

jsonDataAsPythonValue = json.loads(stringOfJsonData)
# 存入字典变量。
```

通过输出变量 jsonDataAsPythonValue 的类型 type(jsonDataAsPythonValue)，可以看到它是
字典类型<class 'dict'>。json.dumps()把字典变量转成字符类型：

```
pythonValue = {'isCat': True, 'miceCaught': 0,
               'name': 'Garfield','felineIQ': None}

stringOfJsonData = json.dumps(pythonValue)
```

通过输出变量 stringOfJsonData 的类型 type(stringOfJsonData)，可以看到它是字符串类型
<class 'str'>。

14.2 如何获取 JSON 数据

在 Python 程序中使用网站提供的 API 数据的步骤如下。

1. 向提供 API 数据的网站申请 Web 服务 API Key。

可以用搜索引擎搜 "获取 XXX 网站 API Key" "获取 XXX 网站 API 接口" "how to get XXX web
API key"，XXX 是目标网站，然后在搜索结果中找 XXX 官方网站、技术博客或技术论坛看获取指南。
一般是要在网站上注册账号，申请成为开发者，提交开发申请，获取网站 Web 服务的 API Key。

2. 按照网站规定的 API 格式把链接字符串准备好。

提供 API 数据的网站一般会有专门针对开发者（developer）的网站、页面或文档，去找跟 Web 服务 API 相关的部分。在高德的 Web 服务 API 部分，开发指南模块的 API 文档页面下，可以看到各种应用服务。如果选择"路径规划"，会看到提取"路径规划"API 数据的解释页面，其中解释了链接字符串按照什么格式请求路径规划、有哪些参数可以选择、如何使用这些参数……

3. 把 JSON 数据转成字典变量。

在代码中用 requests.get(url) 向网站申请提取数据，有时要对请求 header 做伪装。得到网站返回的 JSON 数据后，在第三方模块 JSON 的帮助下，把 JSON 数据转成 Python 变量（字典类型）。

4. 需要的话可以对获得的数据做进一步分析整理，并输出或导出到外部文件。

简而言之，获取和使用网站提供的 API 数据做进一步处理的流程如图 14.2 所示。

图 14.2　数据获取和使用流程

14.3　JSON 实例：查询世界各地天气

用户输入城市名，从 OpenWeatherMap 网站（免费提供全世界各大城市 JSON 格式的天气状况）获取天气的数据，整理后输出。

14.3.1　使用网站 API 数据的大致步骤

1. 要获取 openweathermap 网站的 API key，需要先注册，注册时需要提供电子邮件地址。

2. 获得 API key 后查看网站提供的技术文档，找到根据城市提取天气数据的链接格式和参数设定。基本字符串是 http://api.openweathermap.org/data/2.5/weather?q=。其中，q=的 q 是 query，指定查询条件。根据城市提取天气数据，查询条件就是城市名（q=城市名）。相比城市名称，用城市 ID 查询会更准确和迅速。网站提供下载的技术文档有专门跟城市名对应的城市 ID。用&连接其他查询参数。常用的几个参数如下。

lang=zh_cn：语言参数，如果网站提供的 JSON 数据里有中文，那么输出中文，不过这个网站返回的数据主要是英文的。

mode=JSON：指定提取 JSON 格式的数据。

units=metric：指定温度的单位用摄氏度。

APP_ID= API key：API key 使用步骤 1 申请的 API key。

3. 链接准备好后向网站请求 JSON 数据，用 requests 模块的 get(链接字符串)向网站提出申请，接收网站的回应数据后转成字典类型，以便进一步整理和输出。

4. 网站回应的 JSON 格式数据信息量很大，可以放进 JSON 解析网站帮忙解析，取出自己需要的部分，整理拼接后输出。

14.3.2　主函数列出框架

可以在程序中用函数分别实现数据获取、数据整理和数据输出功能，主函数由函数调用组成。引入的模块可以放在程序首部，另外要定义全局变量 APP_ID 存放网站申请到的 API key：

```
# -------------------- reportWeather.py 生成天气报告 --------------------
```

```
import datetime, json, requests

APP_ID = '12345'              # 12345用网站提取数据申请到的API key替换。

city = input('您想了解哪个城市的天气状况（城市名只接收英文或拼音）？')
# 城市名以什么格式被接收由网站决定。

url = url_builder_name(city)
# 调用函数url_builder_name()按网站API规定的格式，生成向网站提请求的链接字符串。

rawData = data_fetch(url)              # 数据获取。
prettyData = data_organizer(rawData) # 数据整理。
data_output(prettyData)               # 数据输出。
```

14.3.3 生成链接字符串

先来看按网站指定格式生成链接字符串的函数：

```
def url_builder_name(city_name):        # 形参city_name接收城市名。

    unit = 'metric'                     # 温度选用摄氏度。

    api = 'http://api.openweathermap.org/data/2.5/weather?q='
    # 基本字符串，可以到网站的API技术文档中去找。

    full_api_url = api + str(city_name) + '&lang=zh_cn' + '&mode=json&units='
+ unit + '&APPID=' + APP_ID
    ''' 参数之间用&连接和分割。lang=zh_cn，有中文输出中文；mode=json，请求JSON格式的数
据；units=，指定用摄氏度作为单位；APPID=网站上申请的API key。APP_ID的值要提前准备好，可作为
全局变量。'''

    return full_api_url              # 返回整理好的链接字符串。
```

14.3.4 数据获取

接下来是负责数据获取的函数，需要用到第三方模块 requests 提供的函数向网站提取数据。
requests 模块的安装过程可参见 1.6 节引入外援。代码如下：

```
def data_fetch(full_api_url):
# 形参full_api_url接收设定好格式的链接字符串。

    response = requests.get(full_api_url)    # 向网站发出提取数据的请求。

    # 对提取数据过程中可能发生的意外做处理。
    try:
        response.raise_for_status()
    except Exception as exc:
        print('There was a problem: {}'.format(exc))

    return json.loads(response.text)
    ''' 网站的回应放在对象response里。通过response的属性text可获得回应的文本内容，
json.loads()将其转成字典类型予以返回。'''
```

函数 data_fetch()借助了两个第三方模块（requests、json）提供的功能，将数据接收进来后转换成字典类型，而后将字典类型数据作为实参传给负责数据整理的函数。

14.3.5　数据整理

data_organizer()对数据进行处理，整理前先找网站提供的 API 文档查看数据的结构。也可以把函数 url_builder_name()的返回字符串粘贴到浏览器的地址栏内直接提取数据，效果跟在程序中调用 requests.get（链接字符串）的作用一样，都是得到网站返回来的数据。url_builder_name()的返回字符串由基本链接子串+赋上具体值的参数组成。基本链接子串为 http://api.openweathermap.org/data/2.5/weather?q=，查询参数：城市名 q='Beijing'，语言参数 lang= zh_cn，数据格式 mode=json，单位用摄氏度 units=merit，参数 APPID 赋上自己申请到的 API key。如此生成的链接字符串如下：

```
http://api.openweathermap.org/data/2.5/weather?q=Beijing&lang=zh_cn&mode=json
&units=merit&APPID=1234567
# 用自己申请的APP_ID替换掉1234567。
```

将返回的数据放在 JSON 网站上进行整理，待层次分明后，比较容易提取自己需要的部分，如图 14.3 所示。

```
{
        "coord":{"lon":116.39,"lat":39.91},
        "weather":[{"id":800,"main":"Clear",
                    "description":"晴","icon":"01d"}],
        "base":"stations",
        "main":{"temp":31,"pressure":1007,"humidity":62,
                "temp_min":31,"temp_max":31},
        "visibility":10000,
        "wind":{"speed":1},
        "clouds":{"all":0},
        "dt":1532313000,
        "sys":{"type":1,"id":7405,"message":0.0074,"country":"CN",
                "sunrise":1532293481,"sunset":1532345801},
        "id":1816670,
        "name":"Beijing",
        "cod":200
}
```

图 14.3　整理好的 JSON 数据

data_organizer 从网站返回的数据中提取需要的部分，并设计存放数据的字典结构：

```
def data_organizer(raw_data):
# 网站返回的数据转成字典类型后传给形参。

    mainW = raw_data.get('main')
    ''' 用字典的方法函数get(键)提取键对应的值，raw_data键'main'对应的值是字典类型，把这
个值放进mainW。'''
    sysW = raw_data.get('sys')    # 键'sys'对应的也是字典类型。

    # 定义和设计字典变量data，只取原数据raw_data中需要的部分。
    data = {
        'city': raw_data.get('name'),        # 城市。
        'country': sysW.get('country'),      # 国家。
```

```
            'temp': mainW.get('temp'),              # 温度。
            'temp_max': mainW.get('temp_max'),       # 最高温度。
            'temp_min': mainW.get('temp_min'),       # 最低温度。
            'humidity': mainW.get('humidity'),       # 湿度。
            'pressure': mainW.get('pressure'),       # 气压。

            'sky': raw_data['weather'][0]['main'],
            # 键'weather'对应的值是列表，取出索引为0的列表元素。图14.3里是{"id":800,
"main":"clear","description":"晴","icon":"01d"}，还是字典类型。用键'main'取对应的值
"clear"。

            'sunrise': time_converter(sysW.get('sunrise')),
            ''' 日出时间，这个键对应的值是1532293481（见图14.3），是UNIX纪元的时间戳，用函
数time_converter()把它转成我们看得懂的时间。'''
            'sunset': time_converter(sysW.get('sunset')),    # 日落时间。
            'wind': raw_data.get('wind').get('speed'),       # 风速。
            'wind_deg': raw_data.get('deg'),                 # 风级。
            'dt': time_converter(raw_data.get('dt')),
             # 发出请求的时间。
            'cloudiness': raw_data.get('clouds').get('all'),
               # 云，raw_data.get('clouds')取得的值是字典类型，只好继续通过键取值。
            'description': raw_data['weather'][0]['description']
               # 图14.3上的中文描述“晴”被显示出来。
        }

        return data
```

时间转换功能由模块 datetime 提供：

```
def time_converter(time):

    converted_time =
    datetime.datetime.fromtimestamp(int(time)).strftime('%I:%M %p')
        ''' fromtimestamp(int(time)) 把 UNIX 纪元的时间戳转成时间日期对象，strftime
('%I:%M %p')是日期时间对象的方法函数，规定日期时间的输出格式为%I:%M %p，例如11:45 AM。'''

    return converted_time
```

14.3.6 数据输出

接下来是数据输出函数 data_output()：

```
def data_output(data):

    data['m_symbol'] = '\u00b0' + 'C'
    # '\u00b0' 是°C的 “°” 的Unicode，“\”是转义字符。

    s = '''
    --------------------------------------------
    Current weather in: {city}, {country}:
    {temp}{m_symbol} {sky}
    Max: {temp_max}, Min: {temp_min}

    Wind Speed: {wind}, Degree: {wind_deg}
```

```
             Humidity: {humidity}
             Cloud: {cloudiness}
             Pressure: {pressure}
             Sunrise at: {sunrise}
             Sunset at: {sunset}
             Description: {description}


             Last update from the server: {dt}
        -----------------------------------------------'''
```

'''s规定输出格式，占位符{}里放了字典的键。之后会引用字符串的方法函数format()与之配合。占位符的实际内容不必一一列出，用指针**data可以自动把字典变量data内的键的对应值填入占位符。'''

```
        print(s.format(**data))
```

14.3.7 完整程序

```
# ----------------提取和预告某个城市的天气状况--------------------

import datetime, json, requests

APP_ID = '12345'        # 12345用网站提取数据申请到的API key替换。

# 日期时间格式转换。
def time_converter(time):

    converted_time = datetime.datetime.fromtimestamp(int(time)).strftime('%I:
%M %p')
    return converted_time

# 生成向网站提取数据的链接字符串。
def url_builder_name(city_name):

    unit = 'metric'           # 温度用摄氏度。
    api = 'http://api.openweathermap.org/data/2.5/weather?q='
    full_api_url = api + str(city_name) + '&lang=zh_cn' + '&mode=json&units='
+ unit + '&APPID=' + APP_ID
    return full_api_url       # 返回整理好的链接字符串。

# 数据获取。
def data_fetch(full_api_url):              # 参数是设定好格式的链接字符串。

        response = requests.get(full_api_url)
        # 向网站发出提取数据的请求。
    try:
        response.raise_for_status()
    except Exception as exc:
        print('There was a problem: {}'.format(exc))
    return json.loads(response.text)

# 数据整理。
def data_organizer(raw_data):
```

```python
    mainW = raw_data.get('main')                    # 键'main'对应的是字典类型。
    sysW = raw_data.get('sys')                      # 键'sys'对应的是字典类型。
    data = {
        'city': raw_data.get('name'),               # 城市。
        'country': sysW.get('country'),             # 国家。
        'temp': mainW.get('temp'),                  # 温度。
        'temp_max': mainW.get('temp_max'),          # 最高温度。
        'temp_min': mainW.get('temp_min'),          # 最低温度。
        'humidity': mainW.get('humidity'),          # 湿度。
        'pressure': mainW.get('pressure'),          # 气压
        'sky': raw_data['weather'][0]['main'],
        'sunrise': time_converter(sysW.get('sunrise')),  # 日出时间。
        'sunset': time_converter(sysW.get('sunset')),    # 日落时间。
        'wind': raw_data.get('wind').get('speed'),  # 风速。
        'wind_deg': raw_data.get('deg'),            # 风级。
        'dt': time_converter(raw_data.get('dt')),
        'cloudiness': raw_data.get('clouds').get('all'), # 云。
        'description': raw_data['weather'][0]['description']
    }
    return data

# 数据输出。
def data_output(data):

    data['m_symbol'] = '\u00b0' + 'C'
    # '\u00b0' 是°C的 "°" 的Unicode, "\" 是转义字符。

    s = '''
-----------------------------------------------
    Current weather in: {city}, {country}:
    {temp}{m_symbol} {sky}
    Max: {temp_max}, Min: {temp_min}

    Wind Speed: {wind}, Degree: {wind_deg}
    Humidity: {humidity}
    Cloud: {cloudiness}
    Pressure: {pressure}
    Sunrise at: {sunrise}
    Sunset at: {sunset}
    Description: {description}

    Last update from the server: {dt}
-----------------------------------------------'''

    print(s.format(**data))

city = input('您想了解哪个城市的天气状况（城市名只接收英文或拼音名）？ ')
url = url_builder_name(city)            # 整理提取指定城市天气信息的链接字符串。

rawData = data_fetch(url)              # 数据获取。
```

```
prettyData = data_organizer(rawData)   # 数据整理。
data_output(prettyData)                # 数据输出。
```

14.4　JSON 实例：解析域名定位 IP 地址

14.4.1　定位国内 IP 地址

这个例子用高德地图的 API 数据来完成，把域名转成 IP 地址后再定位 IP 地址所在的城市。把要查询的域名放进一个.txt 文件，文件内容如图 14.4 所示（请读者自行用具体网址替换图中冒号后面的内容）。

微博：	（微博网址）
微信：	（微信网址）
淘宝：	（淘宝网址）
B 站：	（B站网址）
网易：	（网易网址）
知乎：	（知乎网址）
高德：	（高德网址）

图 14.4　包含域名的文件

名字与域名之间用空格或缩进分隔。.txt 文件制作方法：在 Mac 上打开自带的 TextEdit（按快捷键 Command+空格键调出搜索栏，输入 textedit 后按回车键），把内容输入或复制进 TextEdit 中。然后选择"Format"菜单下面的"Make Plain Text"，转成 TXT 文档保存成 nameL.txt。Windows 系统下则直接用记事本生成 nameL.txt。

程序大概实现步骤是把 nameL.txt 里的记录一条一条地读出来，提取出域名后用 socket.gethostbyname(域名)将域名解析成 IP 地址（要引入 socket 模块）。然后按照高德 API 数据提取要求拼接链接，请求 JSON 数据，最后提取出需要的信息后予以输出。代码如下：

```
# ---------------------定位国内IP---------------------

import requests      # 向网站提取数据用。
import socket        # 域名转IP地址用。
import json          # 解析JSON数据用。

f = open('/Users/PythonABC/Documents/nameL.txt', 'r', encoding='utf-8')
# 打开存放域名的文件nameL.txt，生成文件对象f。Windows系统用f
=open('C:\\Users\\PythonABC\\Documents\\nameL.txt', 'r', encoding = 'utf-8')。

appID = '12345'      # 用自己在高德网站申请的API key替换掉12345。
url = 'https://restapi.amap.com/v3/ip?'
# 基础链接字符串，高德网站给开发者看的技术文档上有相关说明。

recordList = f.readlines()      # 以列表形式存储每条记录。
for record in recordList:       # 依次提取每条记录。
```

157

```
        try:
            name, domain = record.split()
            # 将网站名和域名分别提取到变量里，读到空行会出错，所以放在try…except里。
        except ValueError:
            continue                      # 读到空行，则跳出循环读下一行。

        ip = socket.gethostbyname(domain)
        ''' 域名转成IP地址，注意域名参数domain接收的域名前面不能有http://，如果有，可以用
domain=domain[7:]将http://去掉。'''

        urlIP = url + 'ip=' + ip + '&output=json&key=' + appID
        # 按照网站要求的格式把参数跟基本字符串连接起来。
        response = requests.get(urlIP)        # 向高德提取数据。
            jsonData = json.loads(response.text)
            # 把收到的数据转成字典变量。
        city = jsonData.get('city')            # 获得与IP地址对应的城市。

        print('{}\n域名：{:15}IP地址：{:20}所在城市：{}\n'.format(
            name, domain, ip, city))
        # {:15}表示这个输出占15个字符，靠左输出。

    f.close()
```

14.4.2　定位国外 IP 地址

高德地图只能定位国内的 IP 地址，如果想要定位国外的 IP 地址可以用 ipstack 网站的 API，步骤与定位国内 IP 大同小异。代码如下：

```
    # ----------------------------定位国外IP----------------------------

    import requests
    import socket
    import json

    f = open('/Users/PythonABC/Documents/nameL.txt','r',encoding='utf-8')
    ''' 打开存放域名的文件nameL.txt生成文件对象f。Windows平台上用f = open('C:\\Users\\
PythonABC\\Documents\\nameL.txt', 'r', encoding = 'utf-8')。'''

    recordList = f.readlines()            # 以列表形式存储每一个网址。
    url = 'http://api.ipstack.com/'       # 链接基本字符串。
    appID = '12345'
    # 用自己在ipstack上申请到的API key替换掉12345。

    for record in recordList:             # 依次提取.txt文件中的网址。
        try:
            name, domain = record.split()
        except ValueError:
            continue                      # 如果读到空行，则跳出循环读下一行。

        ip = socket.gethostbyname(domain)
        # 将域名（如果有http://要舍弃）转成IP地址。
        urlIP = url + ip + '?access_key=' + appID
```

```
# 按照网站要求的格式拼接链接字符串（基础字符串 + 参数）。
response = requests.get(urlIP)    # 读取每一行的网址。
jsonData = json.loads(response.text)    # 将JSON格式转成字典。
city = jsonData.get('city')
# 取字典变量jsonData键city对应的值。
country = jsonData.get('country_name')
# 取字典变量jsonData键country_name对应的值。

print('{}\n域名：{:15}IP地址：{:20}所在国家：{:15}所在城市：
        {}\n'.format(name, domain, ip, country, city))

f.close()
```

14.5 JSON 实例：国内城市的天气预报和 PM 值

14.3节查询世界各地天气时用的是网站OpenWeatherMap提供的数据，因为OpenWeatherMap是国外网站，所以返回的数据不是中文的。国内的 ITBoy 在线（与 SOJSON 在线合作）目前免费提供查询和预测天气的服务，并且无须 App key。

在搜索引擎上输入"SOJSON 在线"，找到并打开 SOJSON 在线的网站，单击网站最上面的"免费 JSON API"，单击载入的网页左侧的"天气 API"，阅读天气 API 接口说明。除了了解如何免费使用天气 API 数据，还要了解如何下载城市代码文件，城市代码文件下载到本地硬盘后更名为city.json。需要从城市代码文件 city.json 中获得跟输入的城市名对应的城市代码，然后按照要求将城市代码拼好链接向网站请求数据：

```
# ------------------ 国内城市天气预报和PM值查询 --------------------

import json
import requests
from datetime import datetime


city_list_location = '/Users/PythonABC/Documents/python/city.json'
''' JSON在线上获取的城市代码文件存放位置+文件名字符串。如果是在Windows上，用city_list_
location = 'C:\\Users\\PythonABC\\Documents\\city.json'. '''

# 到城市数据文件city.json中查找用户输入的城市名，获取城市代码。
def get_city_ID(city_name):          # 形参接收城市名。

    with open(city_list_location, encoding='utf-8') as city_file:
        city_str = city_file.read()
        city_list = json.loads(city_str)
        for city in city_list:
            if city['city_name'] == city_name:
                return city['city_code']        # 返回城市代码。

# 按网站要求拼接好请求数据的链接。
def url_name(city_name):

    findCityID = get_city_ID(city_name)
    if findCityID is not None:
```

```
            api = 'http://t.weather.itboy.net/api/weather/city/'
            full_url = api + get_city_ID(city_name)
            return full_url                    # 返回请求链接。
        else:
            return None                         # 没有找到城市名对应的城市代码。

    while True:

        print('\n{:=^40}'.format('欢迎进入天气查询系统'))
        city = input('请输入您要查询的城市名称 / (按q或Q退出)：').upper()
        if city == 'Q':
            print('您已退出天气查询系统！')
            break

        url = url_name(city)
        # 调用函数构建向网站提取数据的链接字符串。
        if url is None:
            print('没有查询到对应的城市代码，请输入城市的中文名称，如厦门')
            continue

        response = requests.get(url)
        # 向网站请求，返回网站回应的response对象。
        rs_dict = json.loads(response.text)
        # 使用loads()将JSON字符串转换成字典类型。

        error_code = rs_dict['status']
        # 根据网站的API接口说明，error为200表示数据正常，否则表示没有查询到天气信息。
        if error_code == 200:
        # 对数据的处理完全由返回JSON的内部结构和键决定。

            results = rs_dict.get('data')
            # 从网站回应的数据中取出天气情况，还是字典类型。
            city_name = rs_dict.get('city')               # 城市。
            today = {
                'date': rs_dict.get('date'),
                    # 当前日期，是个字符串，如'20181225'。
                'humidity': results.get('shidu'),          # 湿度。
                'pm25': results.get('pm25'),               # PM25。
                'pm10': results.get('pm10'),               # PM10。
                'quality': results.get('quality'),         # 空气质量。
                'comment': results.get('ganmao')           # 健康建议。
            }
            datestr = 
        datetime.strptime(today['date'], '%Y%m%d').strftime('%Y-%m-%d')
            ''' strptime()把日期字符串变成日期对象，格式字符串'%Y%m%d'用于解释字符串：%Y对
应年（2018）；%m对应月（12月）；%d对应日（25日）。再通过日期对象的方法函数strftime()变成字符串，
格式由参数'%Y-%m-%d'指定，即2018-12-25。'''

            print('当前城市>>> {}      {}：'.format(city_name, datestr))
            print('湿度：{humidity}；  PM25：{pm25}；PM10：{pm10}；空气质量：{quality}；
健康提议：{comment}'.format(**today))
```

```
                # 字典变量按照占位符{}内的键把值填进去。

                # 循环取出天气数据并输出。
                for weather_dict in results['forecast']:
                    # 取出日期、天气、风级、温度。
                    date = weather_dict['date']                # 日期。
                    weather = weather_dict['type']             # 天气。
                    wind = weather_dict['fx'] + weather_dict['fl']
                        # 风向+风级。
                    tempH = weather_dict['high']               # 高温。
                    tempL = weather_dict['low']                # 低温。
                    notice = weather_dict['notice']            # 注意事项。

                    print('{} | {} | {} | {} | {} | {}'.format(date, weather, wind,
tempH, tempL, notice))

            else:
                print('没有查询到 {} 的天气信息! '.format(city))
```

这段代码的运行结果：

```
===============欢迎进入天气查询系统===============
请输入您要查询的城市名称 / （按 q 或 Q 退出）：北京
当前城市>>> 北京          2018-07-26：
湿度：71%；  PM25：7.0；     PM10：19.0；空气质量：优；健康提议：各类人群可自由活动
26日星期四 | 多云 | 东北风<3级 | 高温 33.0℃| 低温 25.0℃| 阴晴之间，谨防紫外线侵扰
27日星期五 | 阴   | 东南风<3级 | 高温 32.0℃| 低温 24.0℃| 不要被阴云遮挡住好心情
28日星期六 | 晴   | 南风<3级   | 高温 33.0℃| 低温 24.0℃| 愿你拥有比阳光明媚的心情
29日星期日 | 多云 | 南风<3级   | 高温 33.0℃| 低温 25.0℃| 阴晴之间，谨防紫外线侵扰
30日星期一 | 多云 | 南风<3级   | 高温 34.0℃| 低温 26.0℃| 阴晴之间，谨防紫外线侵扰

===============欢迎进入天气查询系统===============
请输入您要查询的城市名称 / （按 q 或 Q 退出）：q
您已退出天气查询系统！
```

14.6　假装是浏览器在发请求

有时用程序向网站提取 API 数据，运行时会出现 "Key Error:'status'"的错误，此时可以先查看网站上使用 JSON 数据的技术说明，确认提取数据的链接符合网站规定的格式要求。如果确定提交的链接符合网站规定的格式要求，问题却依然存在，则可以将输出的提取数据的链接复制下来。把得到的链接字符串复制到浏览器的地址框内，如果浏览器中显示了 JSON 数据，则说明提取数据的链接提取数据没有问题，如图 14.5 所示。

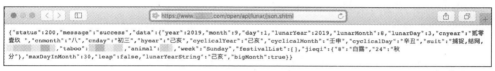

图 14.5　链接提取数据没有问题

这种情况下，在 "response = requests.get(向网站提取数据的链接)" 后，加一条 "print(response.text)" 输出网站返回的 response.text 的内容。如果输出的内容类似{"code": "40310011"， "msg"："invalid User-Agent header"}，则说明网站识别出发出数据提取请求的不是网站，有些网站规定只接受浏览器发来的请求，这种情况下可以通过"headers=参数"做一下伪装。

在"response = requests.get(向 网 站 提 取 数 据 的 链 接)"前 加 一 条 语 句"headers = {'User-Agent'： 'Mozilla/5.0 (Macintosh; Intel Mac OS X 10_15_4) AppleWebKit/537.36 (KHTML, like Gecko) Chrome/83.0.4103.97 Safari/537.36'}"，假装成各个版本的浏览器。然后把"response = requests.get(向网站提取数据的链接)"改成"response = requests.get(向网站提取数据的链接,headers = headers)"，即向网站发出请求时多加一个参数 headers=headers，伪装成是浏览器在发出提取数据的请求。

除了这个直截了当的办法，还可用第三方模块帮忙做伪装，比如第三方模块 my-fake-useragent，详细信息可参见模块的技术文档。

本章小结

从网站上获取、整理和使用 JSON 数据并不难，这些数据可以用来写出很实用的程序。

习题

1. 空气质量实时监测的 API 数据可以从一个叫作 PM25.in 的网站获得，上面的数据接口可以供开发者免费使用，有兴趣的读者可以用网站的 API 数据编写一个监测空气质量的程序。

2. 通过 Open Notify API 网站可以得知现在谁在太空中，不仅是人数，还有宇航员的姓名和太空船。利用这个 API 写一个程序，输出现在在太空中的宇航员的人数、姓名和驾驶的太空船。

现在太空中有 3 名宇航员：

姓名	太空船
Oleg Kononenko	ISS
David Saint-Jacques	ISS
Anne McClain	ISS

3. 用烂番茄网站的 API 写一个程序，接收用户输入的电影名，给出电影的简单介绍。根据观众给电影的打分给出看还是不看的意见：打分高于 80%，推荐这部电影；打分低于 50%，劝用户要不顾一切地避开这部电影。去烂番茄网站获取 API 数据链接。程序的输出结果大概如下。

请输入电影名：Guardians of the Galaxy

上映年份：2014

评级：PG-13

时长：121 分钟

剧情介绍：From Marvel……

烂番茄意见：你应该马上去看这部电影！

第 15 章

操控 CSV 文件也得有

CSV（Comma-Separated Values，逗号分隔的值）文件是一种特殊格式的纯文本文件，每一行是用逗号（英文输入法下的逗号）分隔的字符串。用制表符（Tab）分隔的叫作 TSV（Tab-Separated Values）。CSV 的可移植性非常好，常用在各种平台和应用间传递数据，网站上的交易数据、数据库里的数据都可以导出为 CSV 文件再做进一步处理。图 15.1 所示的是一个打开的 CSV 文件。

```
4/5/2014 13:34,Apples,73
4/5/2014 3:41,Cherries,85
4/6/2014 12:46,Pears,14
4/8/2014 8:59,Oranges,52
4/10/2014 2:07,Apples,152
4/10/2014 18:10,Bananas,23
4/10/2014 2:40,Strawberries,98
```

图 15.1　CSV 文件

在 Python 代码中操控 CSV 文件很简单，即打开→读或写→关闭。

学习重点

打开、读取 CSV 文件，使用 CSV 数据。

15.1 从 CSV 文件里读

CSV 文件的读写

引入 Python 自带的 csv 模块，以只读模式打开文件后将内容读出来：

```
import csv

exampleFile = open('example.csv')
# 不指定打开模式时，默认以'r'只读模式打开，生成文件对象。
exampleReader = csv.reader(exampleFile)          # 生成读对象。

# 一行一行地输出读对象exampleReader里的内容，exampleReader的属性line_num是行号。
for row in exampleReader:
    print('Row #', exampleReader.line_num, row)

# 此时指针已经指向了文件尾。

for row in exampleReader:
    print(row)
''' 读对象exampleReader的读指针从上读到下后不会自己回去,读完一次想再读一次必须把指针移到
文件头，否则什么也读不出。'''

exampleFile.seek(0)
# 将读指针移回文件头。

exampleData = list(exampleReader)
# 把读出来的数据类型转换后放入列表变量exampleData。
print(exampleData)

exmpleFile.close()
```

exampleData 是个列表，它的每个元素仍然是列表，对应着 CSV 文件的每一行。列表的元素还是列表的情况下，用 pprint(exampleData)输出的结构更清晰，输出的效果如图 15.2 所示。注意使用 pprint()时需要先引入 pprint 模块。

```
[['4/5/2014 13:34', 'Apples', '73'],
 ['4/5/2014 3:41', 'Cherries', '85'],
 ['4/6/2014 12:46', 'Pears', '14'],
 ['4/8/2014 8:59', 'Oranges', '52'],
 ['4/10/2014 2:07', 'Apples', '152'],
 ['4/10/2014 18:10', 'Bananas', '23'],
 ['4/10/2014 2:40', 'Strawberries', '98']]
```

图 15.2　将 CSV 文件内容放进列表

引用双重列表里的元素用两重索引，第一重索引定位外层列表的元素（对应 CSV 文件的行），第二重索引定位内层列表的元素（对应 CSV 文件每一行逗号分隔的数据），例如 exampleData[0][1]的值是'Apples'.

15.2　往 CSV 文件里写

往 CSV 文件里写入数据，先打开一个 CSV 文件，然后生成写对象，一行一行地添加内容：

```
outputFile = open('output.csv', 'w')
''' 以写模式打开文件生成文件对象。output.csv是新文件的名字，如果用已有的文件名，已有文件
会被覆盖。'''

outputWriter = csv.writer(outputFile)              # 生成写对象。

outputWriter.writerow(['spam', 'eggs', 'bacon', 'ham'])
# 一行一行地写入，列表的各元素写入时以逗号分隔。
outputWriter.writerow(['Hello, world!', 'eggs', 'bacon', 'ham'])
outputWriter.writerow([1, 2, 3.141592, 4])

outputFile.close()
```

生成写对象时可以指定行间距，还可以指定用 Tab 分隔数据，用 Tab 作分隔符的叫作 TSV 文件：

```
csvFile = open('example.tsv', 'w')

csvWriter = csv.writer(csvFile, delimiter='\t', lineterminator='\n\n')
# delimiter用于设置数据之间的分隔符；lineterminator用于设置行分隔符。
csvWriter.writerow(['apples', 'oranges', 'grapes'])
csvWriter.writerow(['eggs', 'bacon', 'ham'])
csvWriter.writerow(['salad', 'juice', 'yogurt', 'milk'])

csvFile.close()
```

15.3　CSV 实例：批量生成 CSV 文件后去除表头

15.3.1　批量生成 CSV 文件

在 Mac 上的'/Users/PythonABC/Documents/'文件夹或 Windows 上的'C:\Users\PythonABC\Documents\'文件夹下创建 withHeader 文件夹。用代码在文件夹 withHeader 下创建 100 个 CSV 文件，文件名为'妙不可言 X.csv'，X 代表 0～99。每个 CSV 文件里有 10 行，每行内容由序号和 3 个从列表中随机抽取的元素组成。3 个列表分别是 foodList 列表、actorList 列表、singerList 列表。自动生成的 CSV 文件内某一行如下所示：

6,新疆肉串,周润发,谭富英

代码如下：

```
# --------------------批量生成CSV文件--------------------------

from pathlib import Path              # 路径管理。
import random                         # 支持随机抽取。
import csv                            # 支持对CSV文件的操作。


PATH = Path('/Users/PythonABC/Documents/withHeader')
# 指定路径，Windows上路径改成Path('C:\\Users\\PythonABC\\Documents\\withHeader')。
```

```
    p = Path(PATH)              # 生成路径对象。
    p.mkdir(exist_ok= True)     # 如果withHeader不存在，需要建立它。

    foodList = ['煎饼果子', '肉夹馍', '长沙臭豆腐', '茄子煲', '烤饼夹串', '蟹粥', '新疆
肉串', '大盘鸡', '锅包肉', '生煎包']
    actorList = ['周润发', '瑟兰迪尔', '黎明', '张曼玉', '周星驰', '钟楚红', '王祖贤',
'张艾嘉', '张国荣', '林青霞']
    singerList = ['王菲', '许巍', '于淑珍', '李胜素', '马连良', '谭富英', '韩再芬', '朴
树', '李胜素', '徐小凤']

    for i in range(100):        # 循环100次，生成100个CSV文件。

        f = open(p.joinpath('妙不可言'+str(i)+'.csv'),'w',encoding='utf-8')
        # 以写模式生成文件对象，生成的文件名类似于"妙不可言6.csv"。
        csvWriter = csv.writer(f)                    # 生成csv写对象。
        csvWriter.writerow(['序号', '好吃的', '好看的', '好听的']) # 表头。

        for i in range(10):                          # 每个CSV文件有10行数据。
            food = random.choice(foodList)
            # 从foodList列表中随机抽取一个元素。
            actor = random.choice(actorList)
            singer = random.choice(singerList)

            csvWriter.writerow([i+1, food, actor, singer])
            # 往CSV文件里写一行。

        f.close()
```

生成的 CSV 文件可以用记事本（Windows）或 TextEdit（Mac）打开。

15.3.2　用 Excel 直接打开 CSV 文件，中文部分出现乱码

可以做如下处理：打开空白 Excel → 打开"Data"菜单 → 选择"From Text" → 在弹出的窗口中选择要查看的 CSV 文件 → 单击"import"。弹出的界面上的"File original"选择为"Unicode（UTF-8）"，如图 15.3 所示。

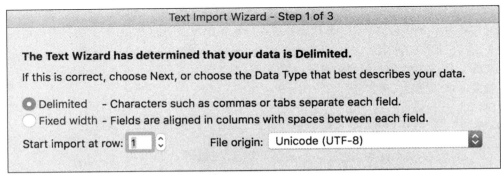

图 15.3　采用分隔符方式而不是固定宽度分离数据

引入向导第二步的分隔符选择为逗号（Comma），如图 15.4 所示。

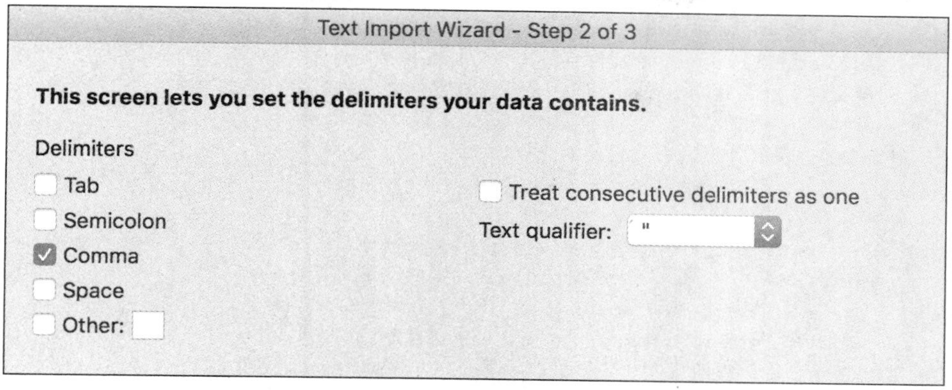

图 15.4　分隔符选择为逗号

之后选择默认选项，直到完成，中文就显示出来了。

15.3.3　批量去掉 CSV 文件的表头

接下来批量处理 CSV 文件，用代码把刚才生成的 CSV 文件的表头去掉，放进 withoutCSV-Header 文件夹，代码要做如下工作：为了防止程序出现 bug 意外毁掉原数据，把源文件全部复制至文件夹 withoutCSVHeader 下进行处理。循环遍历 withoutCSVHeader 文件夹下的每个文件，跳过表头，并用其余数据生成新的 CSV 文件。代码如下：

```
# --------------------- 批量去除CSV文件表头 ------------------------

import csv                       # CSV文件处理。
import shutil                    # 文件管理。
from pathlib import Path         # 路径管理。


PATH = Path('/Users/PythonABC/Documents')
# 基础路径，Windows上路径改为：……'C:\\Users\\PythonABC\\Documents'.
withCSVHeader = PATH / 'withCSVHeader/'          # 源文件夹。
withoutCSVHeader = PATH / 'withoutCSVHeader/'    # 目标文件夹。

''' 记得把源文件复制一份出来，在复制出来的文件上操作。这样万一有失误和意外，源数据还可以恢
复。先判断目标文件夹withoutCSVHeader是否存在，不存在则直接复制整个源目录树；已经存在则复制所
有源文件到目标文件夹下。'''

if not withoutCSVHeader.exists():
    shutil.copytree(str(withCSVHeader), str(withoutCSVHeader))
    ''' shutil模块的函数copytree(源文件夹字符串，目标文件夹字符串)把整个源文件夹
(withCSVHeader)复制一份到目标文件夹，这个函数要求目标文件夹不存在。'''

else:
    # 目标文件夹已经存在时不能用copytree()，可以用文件复制函数shutil.copy().

    for f in [x for x in withCSVHeader.iterdir() if x.is_file]:
    ''' x for x in withCSVHeader.iterdir()遍历withCSVHeader文件夹, if x.is_file
条件筛选出文件(只要文件)，这些文件放进一个列表([])。循环变量f遍历这个文件列表(for f in […])。
'''
```

```
            shutil.copy(str(f), str(withoutCSVHeader))
            ''' shutil.copy(源文件字符串，目标文件或目标文件夹字符串)，如果第二个参数给的是
目标文件夹，用源文件名命名复制出来的文件，会覆盖与目标文件夹名字一样的文件。'''

        # 在复制出来的这份文件上做去除表头的操作。
        for csvFilename in withoutCSVHeader.iterdir():

            if not csvFilename.name.endswith('.csv'):
                continue                    # 跳过非CSV文件。

            print(csvFilename.name + '的文件头正在被删除……')
            # 给出提示，说明程序现在在干什么。csvFilename.name是文件名。
            csvRows = []                    # 将保存有用记录的列表初始化为空列表。

            csvFileObj = open(str(csvFilename))          # 以读模式打开CSV文件。
            readerObj = csv.reader(csvFileObj)           # 生成读对象。
            for row in readerObj:                        # 遍历每一行。
                if readerObj.line_num == 1:              # 行号从1开始。
                    continue                             # 跳过表头。
                csvRows.append(row)                      # 把其余记录添加进列表。
            csvFileObj.close()

            csvFileObj = open(str(csvFilename), 'w')
            # 以写模式打开CSV文件，写入的东西会覆盖文件原来的内容。
            csvWriter = csv.writer(csvFileObj)               # 生成写对象。
            for row in csvRows:
                csvWriter.writerow(row)  # 把列表里的数据一行一行地写入CSV文件。
            csvFileObj.close()
```

15.4 CSV 实例：提取出席金像奖人员列表

第七届和第九届香港金像奖获奖名单的 CSV 文件 7th.csv 和 9th.csv 如图 15.5 所示，用程序把连续两届获奖人员的奖项、姓名和作品列出来，再列出只参加了第七届的人员名单。

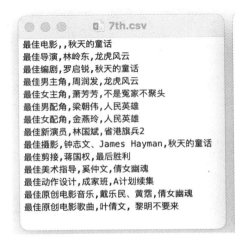

图 15.5　文件 7th.csv 和文件 9th.csv 的内容

最擅长比较几组数据异同的数据类型是集合，所以把第七、九届获奖人员的名字放进两个集合 seventhAttendee 和 ninthAttendee。seventhAttendee.intersection(ninthAttendee) 可得两个集合的交集，就是连续两届获奖的人员名单。seventhAttendee.difference(ninthAttendee) 可以获得只参加第七届而没参加第九届的人员名单集合。提前把获奖记录从 CSV 文件中读入列表，然后按照集合运算得到的名单去列表里提取需要的信息。下面以 Mac 上的代码为例，移植到 Windows 上运行需要改动的代码行在注释行标出：

```python
# ------------------------- 处理金像奖名单 -------------------------

import csv

def tidyUpName(nameSet):
    '''
    函数功能是整理集合内的名字，去除空字符串，分解 '、' 隔开的名字。
    形参nameSet接收从获奖名单里提取出来的名字组成的集合。
    '''
    for name in list(nameSet):
    # 直接用nameSet会出错，因为循环体内nameSet的内容有变化。
        if len(name) == 0:
            ''' csv的第一条记录，如['最佳电影','','秋天的童话']，第二个元素是''，所以
''会出现在名字集合nameSet内，len('')为0。 '''
            nameSet.remove(name)       # 把''从集合里清除出去 。
        if '、' in name:               # 处理'戴乐民、黄霑'这种情况。
            nameSet.remove(name)       # 从集合中清除掉'戴乐民、黄霑'。
            nameSet.update(name.split('、'))
            # 把'戴乐民、黄霑'拆成['戴乐民','黄霑']，并入nameSet。
    return nameSet

def acquireData(fname):
    '''
    函数功能是从csv文件中提取出参会人员名单和获奖记录。
    形参fname接收csv文件名。
    '''
    f = open(fname, encoding='utf-8')     # 打开csv文件。
    csv_f = csv.reader(f)                 # 生成读对象。
    attendee = set()                      # 存放得奖人员的集合变量初始化为空。
    record = []                           # 存放得奖记录的列表变量初始化为空。
    for row in csv_f:
    # 一行一行地处理数据，每一行是一个列表，如['最佳编剧','罗启锐','秋天的童话']。
        attendee.add(row[1])
        # 把获奖人员加入集合变量attendee，获奖人员在列表中的索引为1。
        record.append(row)
        # 每一行（获奖条目）作为一个元素放进列表变量record。
    attendee = tidyUpName(attendee)
    return attendee, record

def printAward(name, awardSet, which):
    '''
    函数功能是输出获奖记录。
    形参name接收名字，awardSet接收获奖记录集合，which接收字符串，比如"第七届金像奖"。
```

```
        '''
        for item in awardSet:        # 遍历获奖记录，寻找name的获奖记录。
            if name in item[1]:      # item[1]记录奖项的获奖名字。
                print('{:20}{}'.format(which+item[0], item[2]))
                '''
                占位符内:20指定占20个字符的位置，左靠齐。
                item[0]记录奖项，item[2]记录获奖影片。
                '''

    ninthFile = '/Users/PythonABC/Documents/CSV/9th.csv'
    # Windows改成'C:\\Users\\PythonABC\\Documents\\CSV\\9th.csv'
    ninthAttendee, ninthRecord = acquireData(ninthFile)
    '''
    调用函数acquireData()获得第九届金像奖参会人员集合ninthAttendee和获奖记录列表
ninthRecord。
    '''

    seventhFile = '/Users/PythonABC/Documents/CSV/7th.csv'
    # Windows改成: 'C:\\Users\\PythonABC\\Documents\\CSV\7th.csv'。
    seventhAttendee, seventhRecord = acquireData(seventhFile)
    '''
    调用函数acquireData()获得第七届金像奖参会人员集合seventhAttendee和获奖记录列表
seventhRecord。
    '''

    # 两届的参会人员姓名分别放入两个集合变量：ninthAttendee和seventhAttendee。

    only7th_attendees = seventhAttendee.difference(ninthAttendee)
    ''' seventhAttendee 集合对象的方法函数 difference() 把 seventhAttendee 里有、
ninthAttendee里没有的元素提取出来，放进only7th_attendees集合。'''

    both_attendees = seventhAttendee.intersection(ninthAttendee)
    ''' seventhAttendee 集合对象的方法函数 intersection() 返回 ninthAttendee 与
seventhAttendee两个集合的交集，交集里的元素是两个集合都有的名字。'''

    print("连续参加第七、第九两届金像奖人员的奖项和获奖作品：")
    for name in both_attendees:
    # 遍历交集-两届获奖名单集合both_attendees
        print(name, end=': \n ')          # 不指定end参数则默认换行，现在用"：" 和回车。
        printAward(name, seventhRecord, '第七届金像奖')
        printAward(name, ninthRecord, '第九届金像奖')

        # 接下来找有name出现的获奖记录。

    print("\n只参加第七届的演职人员名单：")
    for name in only7th_attendees:
        print(name, end=', ')              # end=规定分隔名字用', '。
    print('\b\b')                          # '\b\b'两个删除键，删除输出演职人员名字时最后的', '。
```

运行结果如图 15.6 所示。

```
参加第七、第九两届金像奖人员和获奖作品:
周润发:
第七届金像奖最佳男主角            龙虎风云
第九届金像奖最佳男主角            阿郎的故事
梁朝伟:
第七届金像奖最佳男配角            人民英雄
第九届金像奖最佳男配角            杀手蝴蝶梦
成家班:
第七届金像奖最佳动作设计          A计划续集
第九届金像奖最佳动作设计          奇迹

只参加第七的的演职人员名单:
林国斌, 林岭东, 萧芳芳, 戴乐民, 奚仲文, James Hayman, 黄霑, 金燕玲, 罗启锐, 蒋国权, 钟志文, 叶倩文
```

图 15.6 提取第七届和第九届金像奖运行结果

本章小结

CSV 文件格式简单、体积小、易于编辑、容易生成、处理速度快，被平台和应用广泛支持。局限性就是 CSV 文件里的数据都是字符串，格式单一，无法设置字体、颜色、宽度、高度以及合并表格等。

习题

1. CSV 文件内容如下:
牛魔王, 55900
黑风怪, 30000
白骨精, 28900
黄袍怪, 41000
金角大王, 27307
银角大王, 23847
九尾狐狸, 29384
红孩儿, 49284
琵琶精, 28493
六耳猕猴, 62183
铁扇公主, 27394
玉面狐狸, 13726

写一个程序将这些记录以整理好的形式显示出来:

妖怪	战斗力
牛魔王	55900
黑风怪	30000
白骨精	28900
黄袍怪	41000

金角大王　　　27307

······

2．CSV 文件内容如下：

西游记，吴承恩，唐朝

骆驼祥子，老舍，民国

三国演义，罗贯中，东汉末年

水浒传，施耐庵，北宋

阿 Q 正传，鲁迅，民国

金锁记，张爱玲，民国

骆驼祥子，老舍，民国

写一个程序，根据输入的作品输出作者及时代背景。

第 16 章

浅谈图片处理模块 Pillow

Pillow 是第三方图片处理模块，使用前要先安装。安装完毕后，在代码中引用 Pillow 时不使用 "Pillow"，而是用 "PIL"；不是用 "from Pillow import Image"，而是用 "from PIL import Image"。

学习重点

了解图片属性，在第三方模块 Pillow 的帮助下画图形、调整和处理图片，以及往图片上添加文字。

16.1　了解图片

引入 Pillow 下的 Image 帮忙处理图片：from PIL import Image。先生成图片对象：dollIm = Image.open('doll.jpg')。这里假定图片和程序在同一个文件夹下，否则要指定图片路径，例如 dollIm = Image.open('/Users/PythonABC/Documents/python/doll.jpg')。

从图片对象 dollIm 的属性可以获得图片的很多信息。

1. dollIm.size —— 图片尺寸，用元组（宽，长）表达。
2. dollIm.filename —— 图片文件的文件名。
3. dollIm.format —— 图片文件的格式（JPG、JPEG、PNG……）。
4. dollIm.format_description —— 图片文件的描述信息。

代码如下：

```python
from PIL import Image

# 打开图片文件，生成图片对象。
dollIm = Image.open('doll.jpg')

print('图片尺寸: {}'.format(dollIm.size))          # 图片的尺寸。
width, height = dollIm.size
print('宽: {}\n高: {}'.format(width, height))

print('图片文件名称: {}'.format(dollIm.filename))
print('图片文件格式: {}'.format(dollIm.format))
print('图片文件的描述信息: {}'.format(dollIm.format_description))

dollIm.save('doll_duplicate.png')
''' 将图片对象保存到文件doll_duplicate.png里，因为没有对dollIm做任何修改，所以这相当于
图片格式转换的操作。保存文件时，如果没有指定路径，保存的图片文件会和程序保存在同一个文件夹下。可
以在被保存图片文件的前面指定保存路径: dollIm.save('/Users/PythonABC/Documents/
doll_duplicate.png')。 '''
```

如果将图片放大，会发现图片其实是由一个个的小方格组成的，这些小方格叫作像素，有颜色参数还有坐标参数(x, y)。图 16.1 所示为图片放大后的样子。

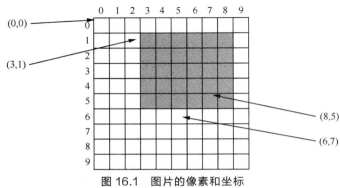

图 16.1　图片的像素和坐标

如果要从图片中剪切部分内容，需要指明欲剪切部分的左上角和右下角的坐标，例如要剪切图 16.1 所示的灰色部分，剪切坐标是(3, 1, 8, 5)。

如何得到指定位置的像素坐标呢？有些图片处理软件的状态栏可以显示鼠标指针指向的像素坐标，也可以结合 19.7 监测鼠标选中的位置和颜色参数这一节的代码显示鼠标指针指向的位置坐标。还可以安装第三方模块 opencv-python，在程序中使用 import cv2 语句，参见 20.4.1 小节打开图片 cv2.imread() 和显示图片 cv2.imshow() 的用法，用这种办法显示图片的窗口左下状态栏显示鼠标指针指向的像素点。笨方法就是在图片左上角接近(0,0)的位置按住鼠标左键，拖动到想要获知坐标的像素附近，随着鼠标指针移动拉出来的矩形框右下角不断变化的数字就是所经像素的位置坐标，这个办法不够精准。

组成图片的像素除了有坐标参数还有颜色参数。颜色有很多模式，RGBA 颜色模式取 Red、Green、Blue 和 Alpha 的首字母，Alpha 表示透明度。Red、Green、Blue 和 Alpha 取值范围分别为 0～255，放进元组里，4 个值共同作用决定像素的颜色和透明度。例如红色的 RGBA 参数为(255, 0, 0, 255)，黑色为(0, 0, 0, 255)，粉色为(255, 192, 203, 255)……Alpha 取 0 为透明，取 255 则是完全不透明。如果给出的颜色参数是只有 3 个元素的元组，即 RGB 参数，例如(255,192,203)，则第四个参数 Alpha 默认为 255（完全不透明）。

用 4 个数字的元组标识颜色很难记。从 Pillow 下的 ImageColor 引入函数 getcolor(颜色的英文名,颜色模式)，可以从颜色的英文表达获得 RGBA 参数，例如粉色的 RGBA 参数可以通过 ImageColor.getcolor('Pink', 'RGBA') 获得：

```
from PIL import ImageColor
print('Pink: {}'.format(ImageColor.getcolor('Pink', 'RGBA')))
```

输出结果是 Pink: (255, 192, 203, 255)。写成 ImageColor.getcolor('PINK', 'RGBA') 也可以，颜色名对大小写不敏感。也可以在搜索引擎中搜索"十进制 RGB 颜色对照表"或"RGB color decimal code"，获得各种颜色的 RGB 值。

16.2　图片处理

图片处理

16.2.1　复制、剪切和粘贴

用图片对象的方法函数 copy() 复制图片对象：

```
from PIL import Image

dollIm = Image.open('doll.jpg')
# 生成图片对象，图片文件doll.jpg如果跟代码不在一个目录下，则把目录加在文件名前。
dollCopyIm = dollIm.copy()          # 复制图片对象。
```

doll.jpg 如图 16.2 所示。

把图片 doll.jpg 上的小娃娃剪切下来：

```
croppedIm = dollIm.crop((266,71,500,566))
# croppedIM是剪切下来的图片对象，(266,71)是图片左上角坐标，(500,566)是右下角坐标。
croppedIm.save('cropped.jpg')
# 将剪切下来的图片对象保存成图片文件。
```

把剪切下来的图片贴回原图像：

```
dollIm.paste(croppedIm, (0,0))
# 第二个参数是粘贴位置的左上角坐标，是个元组。
dollIm.paste(croppedIm, (700,300))
dollIm.save('pasted.jpg')
```

粘贴后的 pasted.jpg 的效果如图 16.3 所示。

图 16.2   doll.jpg

图 16.3   图片上的剪切与粘贴

如果被粘贴的图片背景是透明的，粘贴时要多加一个参数，即被粘贴图片对象本身，不然粘贴上去后透明部分会显示为黑色。假设 reindeer.png 是透明背景的图片：

```
reindeerIm = Image.open('reindeer.png')
dollCopyIm.paste(reindeerIm, (0, 200) ), reindeerIm)
# 透明背景图片粘贴时设置了第三个参数。
dollCopyIm.paste(reindeerIm, (600, 100))
# 透明背景图片粘贴时没有设置第三个参数。
dollCopyIm.save('pasteCompare.jpg')
```

设不设置第三个参数的效果对比如图 16.4 所示。

图 16.4   透明背景图片粘贴时设不设置第三个参数的效果对比

16.2.2   图片处理实例：热气球马赛克

下面做一个小程序，先把图 16.5 左图的热气球剪切下来，然后用这个热气球的图片生成一个热气球的马赛克图片，见图 16.5 的右图。

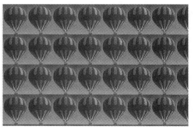

图 16.5   将图片上的热气球剪切下来做成马赛克图片

代码如下：

```
# --------------------------热气球马赛克----------------------------

from PIL import Image

hotAirBalloonIm = Image.open('hotAirBalloon.jpg')
# 生成图片对象。
balloonIm = hotAirBalloonIm.crop((627,164,755,322))
# 把热气球剪切下来。

hotAirBalloonImWidth, hotAirBalloonImHeight = hotAirBalloonIm.size
balloonWidth, balloonHeight = balloonIm.size
''' 取得背景图片（hotAirBalloonIM）和热气球图片（balloonIm）的尺寸，图片对象的属性 size
是元组类型(宽,高)，赋值给记录宽和高的两个变量。'''

for left in range(0, hotAirBalloonImWidth, balloonWidth):
    for top in range(0, hotAirBalloonImHeight, balloonHeight):
        hotAirBalloonIm.paste(balloonIm, (left,top))
''' 往背景图片上贴马赛克图片，内层循环增加的是 y 坐标的值，外层循环增加的是 x 坐标的值，从左往
右贴，贴完一行后转到下一行继续贴。'''

hotAirBalloonIm.save('tiled.jpg')                # 把马赛克图片保存到文件中去。
print('热气球马赛克做好了，快去查看图片文件：tiled.jpg')
```

16.2.3　调整图片大小

用图片对象的方法函数 resize()调整图片大小：

```
from PIL import Image

ArwenIm = Image.open('Arwen.jpg')        # 打开文件，生成图片对象。
print(ArwenIm.size)                      # 输出原图片的尺寸，元组(宽,高)。

width, height = ArwenIm.size             # 获得图片的宽和高。
quartersizedIm = ArwenIm.resize((int(width/2), int(height/2)))
# 图片对象的方法函数 resize(宽,高)，按比例调整图片大小（宽、高各缩小一半）。
quartersizedIm.save('ArwenQuartersized.jpg') # 保存成图片文件。
print(quartersizedIm.size)               # 缩小之后的尺寸。

sveltIm = ArwenIm.resize((width, height+200))
# 直接指定新图片的宽和高，宽没变，高加长，所以图片是拉长变形了。
sveltIm.save('ArwenSvelte.jpg')
```
调整完尺寸，图片文件占用的空间变化更明显。

16.2.4　旋转和镜像

旋转图片用图片对象的方法函数 rotate()：

```
ArwenIm.rotate(45).save('ArwenRotated45.jpg')       # 旋转45度后保存。
ArwenIm.rotate(180).save('ArwenRotated180.jpg')     # 旋转180度后保存。
ArwenIm.rotate(270).save('ArwenRotated270.jpg')     # 旋转270度后保存。
```
旋转后默认画布大小跟原来一样，这样旋转后超出画布的部分会被截掉，除非指定 expand 参数：

```
ArwenIm.rotate(10).save('ArwenRotated10.jpg')
```

```
ArwenIm.rotate(10, expand=True).save('ArwenRotated10_extend.jpg')
```
是否设置 expand 参数的效果对比如图 16.6 所示。

图 16.6　图片旋转 10 度时是否设置 expand 参数效果对比图

还可以对图片进行镜像翻转：

```
ThranduilIm = Image.open('thranduil.jpg')
ThranduilIm.transpose(Image.FLIP_LEFT_RIGHT).save('Horizontal_flip.jpg')
# 左右翻转。
ThranduilIm.transpose(Image.FLIP_TOP_BOTTOM).save('Vertical_flip.jpg')
# 上下翻转。
ThranduilIm.rotate(180).save('ThranduilRotated180.jpg')# 旋转180度。
```
原图、左右镜像、上下镜像和旋转 180 度的效果对比如图 16.7 所示。

原图　　　　　　　　　　　　　　　　左右镜像

上下镜像　　　　　　　　　　　　　　旋转 180 度

图 16.7　图片镜像旋转效果对比图

16.2.5　涂颜色

Pillow 模块的 Image.new(颜色模式,尺寸,颜色)可以产生一块新画布的图片对象，例如 Image.new('RGBA', (100, 120))，生成一个宽 100 像素、高 120 像素的画布的图片对象。Image.new('RGBA', (100, 120), color=(255, 0, 0, 255))生成一个宽 100 像素、高 120 像素的红

色画布的图片对象，也可以写成：Image.new('RGBA', (100, 120), 'red')。

代码如下：

```
from PIL import Image

im = Image.new('RGBA', (100, 100), 'purple')
# 生成宽100像素、高200像素的紫色图片对象。
im.save('purpleImage.png')          # 保存成文件。
im2 = Image.new('RGBA', (20, 20))
# 大小为20像素*20像素的透明图片对象，没有颜色参数则默认是(0,0,0,0)，RGB(0,0,0)是黑色透
明，因为最后一个Alpha参数是0，为透明的，所以看不出颜色。
im2.save('transparentImage.png')
```

用颜色对象的方法函数 putpixel(位置,颜色)给画布上的像素填色，例如往图像对象 Im 的位置
(30,40)像素填粉色：Im.putpixel((30,40), (255,192,203))。也可以用 Im.putpixel((30,40),
ImageColor.getcolor('Pink', 'RGBA'))。

图片对象的方法函数 getpixel(位置)可以得到像素的颜色参数。下面的代码生成一块 100 像
素×100 像素的画布，上半部分涂紫色，下半部分涂黄色：

```
from PIL import ImageColor

im = Image.new('RGBA', (100, 100), 'purple')

# 生成一块紫色画布。
for x in range(100):                    # 横坐标。

    for y in range(50, 100):            # 纵坐标。

        im.putpixel((x, y), ImageColor.getcolor('yellow', 'RGBA'))
''' 纵坐标y的变化是50~100，横坐标x的变化是0~100，所以im.putpixel()只是把图片的下半部
分涂成了黄色。ImageColor.getcolor()得到黄色的RGB颜色参数。'''

print('upper part: {}'.format(im.getpixel((0, 0))))
print('lower part: {}'.format(im.getpixel((0, 50))))
# 输出图片上半部分和下半部分的颜色参数，像素(0,0)是紫色，像素(0,50)是黄色。

im.save('putPixel.png')
```

16.2.6 画图形

利用 Pillow 模块下的 ImageDraw 子模块可以画些简单图形和写字，无论是在画布上画画还是
写字，都要先生成一支画笔（画笔对象）。用画笔对象的方法函数不仅可以画直线、矩形、椭圆和多
边形，还可以写英文字符：

```
from PIL import Image, ImageDraw

im = Image.new('RGBA', (200, 200), 'white')
# 白色、200像素*200像素的画布对象。

draw = ImageDraw.Draw(im)                    # 生成画笔对象。

draw.line([(0, 0), (199, 0), (199, 199)], fill='pink', width=10)
```

''' 第一个参数是列表，列表里的每个元素放坐标元组，标明画布上选中像素的位置。粉色且宽度为10 像素的直线会把这些坐标点连接起来。'''

```
draw.rectangle((20, 30, 60, 60), fill='blue')
''' 第一个参数用4个数字的元组给出长方形左上角(20,30)和右下角(60,60)的坐标，填充色为蓝色。'''

draw.ellipse((120, 30, 160, 60), fill='red')
''' 第一个参数用4个数字的元组给出椭圆外切长方形的左上角(120,30)和右下角(160,60)的坐标，
填充色是红色。'''

draw.polygon(((57, 87),(79, 62),(94, 85),(120, 90),(103, 113)), fill='brown',
outline='yellow')
''' 第一个参数是一个元组，元组的每个元素是多边形各角顶点的位置坐标元组，填充色为棕色；
outline='yellow'指定外围线是黄色。'''

draw.text((50, 150), 'apple', fill='green')
# 在位置坐标(50, 150)写下绿色的'apple'。
```

如果试图用 draw.text()写中文字符，可能会出现 Process finished with exit code 139 (interrupted by signal 11: SIGSEGV)的提示，试图把图形对象保存成图形文件的操作也会失败。这是因为默认使用的是英文字符，不支持中文字符，通过设置可以解决这个问题。

16.2.7 设置中文字体

Mac 自带的字体文件放在/Library/Fonts，Windows 的字体文件放在 C:\Windows\fonts，选中字体文件后查看属性可获得字体文件名。也可以去网上下载中文字体，例如下载一个中文字体文件 XiaoShiYuLeTi.ttf，而后放进文件夹/Library/Fonts/Chinese/备用。Pillow 下的 ImageFont 功能模块可以设置字体：

```
from PIL import ImageFont

SignPainterFont = ImageFont.truetype('SignPainter.ttc', 32)
# 设置系统自带的字体和大小，放进字体对象SignPainterFont里。

draw.text((100,150), 'bird', fill='gray', font=SignPainterFont)
# 在(100,150)的位置用灰色写'bird'，字体和大小由SignPainterFont定义。


fontFolder = '/Library/Fonts/Chinese/'
XiaoShiYuLeTi = ImageFont.truetype(fontFolder+'XiaoShiYuLeTi.ttf', 32)
draw.text((20,20), '长河落日', fill='gray', font= XiaoShiYuLeTi)


im.save('shape.png')
```

16.2.8 彩色变黑白

图片色彩模式有很多种，RGBA（RGB）是其中的一种。图片对象的方法函数 convert()可以转换图片的色彩模式，例如把色彩模式转成'L'模式（灰度模式），则直观上彩色图片变成黑白了：

```
im = Image.open('Arwen.jpg')

imL = im.convert('L')              # 转成灰度模式。
imL.save('ArwenL.jpg')
```

16.3 图片处理实例：批量处理图片

文件夹 toAddLogo 下有很多图片，现在要调整文件夹 toAddLogo 下所有图片的尺寸：把其中的 Logo 图片 transparentLogo.png 做成缩略图，其他宽和高超过 400 像素的图片按比例调整成 400 像素,而后将做成了缩略图的 Logo 添加到每张图片的右下角。下面代码以 Mac 为例，迁移到 Windows 上需要改动的语句在注释中有说明：

```
# --------------- 批量调整图片大小和加Logo ---------------------

from pathlib import Path
from PIL import Image
import shutil

PATH = '/Users/PythonABC/Documents//imagProg/toAddLogo/'
''' 要做成Logo的图片和要加Logo的图片所在的文件夹。Windows上改成：PATH = 'C:\\Users\\
PythonABC\\Documents\\imageProg\\toAddLogo'。 '''

imageFolder = Path(PATH)

SQUARE_FIT_SIZE = 400               # 图片长或宽的最大尺寸。
LOGO_SIZE = 128                     # Logo尺寸。

''' resizeIM()将Logo图片调整成LOGO_SIZE的缩略图；如果要加Logo的图片的宽或高超过
SQUARE_FIT_SIZE，也调用resizeIM()按比例调整。函数有两个形参：size接收要调整的目标尺寸，
imageFile接收要调整的图片文件对象。'''

def resizeIM(size, imageFile):

im = Image.open(imageFile)          # 生成图片对象。

if size == LOGO_SIZE:
# 如果要调整的图片尺寸是缩略图的尺寸。

        size = LOGO_SIZE, LOGO_SIZE
        # 赋值后size成图片尺寸元组（宽，高）。
        im.thumbnail(size)          # 把图片调整成规定size的缩略图。
        return im                   # 返回调整好的缩略图Logo。

    width, height = im.size         # 图片的尺寸。

    # 如果宽或高超过SQUARE_FIT_SIZE就要按比例调整，确保图片不变形。
    if width > SQUARE_FIT_SIZE and height > SQUARE_FIT_SIZE:

        # 找出width和height中比较大的那个，然后调整成SQUARE_FIT_SIZE。
        if width > height:
            height = int((SQUARE_FIT_SIZE / width) * height)
            # 按比例。
            width = SQUARE_FIT_SIZE
```

```
        else:
            width = int((SQUARE_FIT_SIZE / height) * width)
            height = SQUARE_FIT_SIZE

    im.resize((width, height))       # 调整尺寸。
    return(im)                        # 返回调整好尺寸的图片对象。


logoImage = imageFolder.joinpath('transparentLogo.png')
# 要做成Logo的图片。
logoIm = resizeIM(LOGO_SIZE, logoImage)
# 调用函数将图片调整成缩略图Logo。


imageWithLogoFolder = imageFolder.joinpath('withLogo')
# 路径对象指向存放加了Logo的图片的文件夹位置和名称。

if imageWithLogoFolder.exists():
# 如果文件夹已经存在，删掉文件夹和文件夹里面的文件。
    shutil.rmtree(str(imageWithLogoFolder))


imageWithLogoFolder.mkdir(0o777)
# 建立专门存放加了Logo的图片的文件夹。


for fname in [x for x in imageFolder.iterdir() if x.suffix in {'.png', '.jpg',
'.jpeg', '.gif'}]:
''' for x in imageFolder.iterdir() 遍历 imageFolder 指向的文件夹里的每一个文件。
if x.suffix in {'.png', '.jpg', '.jpeg', '.gif'}, 只有扩展名在集合里的图片文件才符合条
件。[x for x in…]将符合条件的图片文件放进列表，for fname in […]循环遍历每一个符合要求的图片
文件。'''


    if fname.name[0] != '.':
    # 排除隐藏文件，隐藏文件名以.开头。


        width, height = Image.open(fname).size    # 获得图片的尺寸。

        im = resizeIM(SQUARE_FIT_SIZE, fname)
        # 调用函数调整图片尺寸。

        print('加logo到图片文件：{}……'.format(fname.name))
        # 提示正在为哪张图片加Logo。

        im.paste(logoIm, (width-LOGO_SIZE, height-LOGO_SIZE), logoIm)
        # 把Logo加到右下角的位置。

        # 将加了Logo的图片保存到前面新建的文件夹内。
        im.save(str(imageWithLogoFolder.joinpath(fname.name)))
```

在批处理大量文件时，如果处理某些图片时出现错误提示 OSError: cannot write mode RGBA as JPEG，是因为 JPEG 格式的图片不支持透明。一个解决办法是抛弃 Alpha 通道，图片对象有个方法函数 convert()可以把 RGRA 转换成 RGB，抛弃 Alpha。在保存图片前添加一条语句 im = im.convert('RGB')就可以了：

```
    print('Converting {}...'.format(filename))
    im = im.convert('RGB')
```

```
# 解决错误OSError: cannot write mode RGBA as JPEG。

    # 保存成文件。
im.save(str(shrinkImage.joinpath(filename)))
```

另一个办法就是保存时转换图片格式，改成支持 Alpha 的 PNG：

```
# 改变图片格式保存，fname.stem只取文件名，不取文件的扩展名。
im.save(shrinkImage.joinpath(fname.stem + '.png'))
```

本章小结

Pillow（Python Image Library，PIL）是 Python 里的图像处理库，提供了广泛的文件格式支持，具有强大的图像处理能力。

习题

用程序帮新郎和新娘制作给朋友的婚礼邀请卡，要求邀请卡上出现朋友的名字。

第 17 章

图片处理的魔杖 Wand

处理图片不只可以用 Pillow，模块 Wand 的功能也很强大。Wand 的内核是 ImageMagick，使用 Wand 必须先安装 ImageMagick。ImageMagick 是图像处理的命令行工具，完全独立于 Python 环境，是 Wand 把 ImageMagick 与 Python 连接起来的。

学习重点

用第三方模块 Wand 对图片做各种处理：调整图片、合成图片、写字、画图形、在动态图中提取静态帧，以及将 PDF 文件转成图片。

17.1　安装支持 Wand 的内核 ImageMagick

ImageMagick 的安装方法可以参见 24.6.1 小节安装 ImageMagick。因为后面会将 PDF 文件转成图片，需要 Ghostscript 解析 PDF 文件，所以也要安装 Ghostscript。Ghostscript 的安装参见 23.6.12 小节 PDF 与图片互相转换。笔者在写这章时 Wand 还不支持 ImageMagick 7。如果安装的 ImageMagick 版本是 7，运行应用了 Wand 模块的 Python 程序会出现错误 ImportError: MagickWand shared library not found，提示找不到共享库。解决办法是再安装一个版本为 6 的 ImageMagick。

在 Mac 上安装 ImageMagick 6 的步骤如下。

1. 在 Mac 的终端窗口中执行命令 brew install imagemagick@6。

2. 查看安装的 ImageMagick 6 的版本。

如果已经安装了 ImageMagick 7，就不要用命令 magick –version 了，否则显示的会是 ImageMagick 7 的版本号。可以在终端窗口上用命令：

```
ls /Users /local/Cellar/imagemagick@6
```

记住显示的版本号，这里假设显示的是 6.9.10-14。

3. 给要用到的库做个链接。

要用到的库是 dylib，可以通过 ls 命令确认库的存在：

```
ls /Users /local/Cellar/imagemagick@6/6.9.10-14/lib/libMagickWand-6.Q16.dylib
```

用命令 ln 做一个链接：

```
ln -s / Users /local/Cellar/imagemagick@6/6.9.10-14/lib/libMagickWand-6.Q16.dylib / Users /local/lib/libMagickWand.dylib
```

这个链接做好后，Python 解释器就知道到哪里去找 MagickWand 的共享库了。

如果已经在 Windows 上安装了 ImageMagick 7，安装版本 6 之前建议卸载版本 7。可以在 Windows 上安装的 ImageMagick 6 的.exe 安装文件在网站 OSDN 上可以找到，点开 im6-exes 文件夹下载合适的版本，下载后双击并按照安装指导一步一步安装即可。或者可以在搜索引擎中输入 Installing ImageMagick 6 on Windows，去找打好包的.exe 文件下载安装。

17.2　图片信息获得

先来看 Wand 对图片的基本操作和信息获得。Wand 对图片的操作通过打开图片文件生成图片 Image 对象来完成。如果出现 wand.resource.DestroyedResourceError 错误提示，那是因为试图操作一个已经关闭的图片，用 with 打开图片文件生成图形对象可以省去打开和关闭图片文件的麻烦。图片信息通过 Image 对象的属性获得，例如宽度（width）、高度（height）、尺寸（size）、格式（format）等。还可以调用显示图片的函数 display()将图片直接显示出来，要注意的是给 display()的参数必须是 Image 对象。

示例代码：

```
from wand.image import Image          # 引入图像处理模块。
from wand.display import display      # 引入显示图片功能。


with Image(filename='QingYi.jpg') as img:
# 生成指向图片QingYi.jpg的图片对象img，用with打开图片后不必关闭。
```

```
    print('width =', img.width)
    # 通过图片对象的属性width获得图片的宽，输出：width = 334。
        print('height =', img.height)
        # 图片的高，输出：height = 504。
        print('size: ', img.size)
        # 图片的尺寸，输出size：(334, 504)。
    print('format= ', img.format)
    ''' 图片的格式，输出：format = JPEG。format是图片对象的一个属性，不一定与图片的保存
格式相同。'''

        img.save(filename='ballet.png')
        # 保存时转换图片保存格式为PNG。


print('format= ', img.format)
# format的属性值还是JPEG，刚才的输出格式PNG不影响format属性。
        display(img)
        # 打开img对象所指的图片文件，实参必须是Image对象。
```

17.3 图片处理

17.3.1 调整大小

用图形对象的方法函数 resize()调整图片大小。若对速度要求比较高，则使用方法函数 sample()。以下代码还用到了复制对象的方法函数 clone()：

```
with Image(filename='QingYi.jpg') as img:
# 打开图片文件生成图片对象。

    with img.clone() as convertImage:
    # 复制一份img到convertImage。
        print('原始尺寸: ', img.size)        # 原始尺寸：(334, 504)。
        convertImage.resize(100, 100)
        print('调整后的尺寸: ', convertImage.size)
        # 调整后的尺寸：(100, 100)。
        display(convertImage)               # 显示调整了尺寸后的图片。

    convertImage = img.clone()              # 再复制一份img到convertImage。
    convertImage.sample(100, 100 )          # 这样调整大小速度更快。
    print('sample()调整的尺寸: ', convertImage.size)
    # 输出为sample()调整后的尺寸：(100, 100)。
    display(convertImage)
```

17.3.2 裁剪图片

裁剪图片可以用图片对象的方法函数 crop()，也可以直接在图片上指定尺寸：

```
with Image(filename='QingYi.jpg') as img:

    with img.clone() as convertImage:
    # 复制一份图片到convertImage供裁剪使用。
```

```
convertImage.crop(70, 50, 300, 320)                    #（1）。
# 从左上角坐标(70，50)到右下角坐标(300，320)的矩形区域被裁剪下来。
display(convertImage)                    # 显示裁剪结果。
convertImage.save(filename='cropImage.jpg')
# 保存裁剪结果。


convertImage = img.clone()
# 复制一份图片到convertImage供裁剪使用。
convertImage.crop(70, 50, width=200, height=250)       #（2）。
# 以坐标(70，50)为起点，裁剪宽200像素、高250像素的矩形区域。
display(convertImage)


convertImage = img.clone()
convertImage.crop(width=200, height=300, gravity='center') #（3）。
# 以图片中心为中心，裁剪宽200像素、高300像素的矩形区域。
display(convertImage)


with img[150:250, 50:250] as cropped:                  #（4）。
# 裁剪横坐标150到250、纵坐标50到250的矩形区域。
    display(cropped)
```

原图和（1）、（2）、（3）、（4）的裁剪结果从左向右排列，如图 17.1 所示。效果图用了 24.6.11 小节提到的 ImageMagick 的 montage 命令将各图拼成一张。

图 17.1　裁剪图片效果图

17.3.3　裁剪和调整大小一起做

用图片对象的方法函数 transform()，先裁剪后调整大小，其第一个参数为要裁剪的大小，第二个参数为要调整的大小：

```
with Image(filename='HuaDan.jpeg') as img:
# 生成图片对象。


convertImage = img.clone()             # 复制一份供变形用。
convertImage.transform('200x200', '200%')        #（1）。
# 从图片左上角开始裁剪，裁剪尺寸为200像素*200像素，然后把裁剪部分的宽和高都放大2倍。
display(convertImage)
```

```
convertImage = img.clone()
convertImage.transform(resize='50%')                    #(2)。
# 把图片宽和高都缩小一半。
display(convertImage)

convertImage = img.clone()
convertImage.transform(resize='x100')                   #(3)。
# 按比例缩小图片直到高为100像素。
display(convertImage)

convertImage = img.clone()
convertImage.transform(resize='480x320>')               #(4)。
# 如果图片不能放进480像素*320像素的矩形框就按比例缩小，直到能放进去。
display(convertImage)

convertImage = img.clone()
convertImage.transform(crop='300x320+50+10')            #(5)。
# 左上角为(0,0)。从图片上(50,10)的位置裁剪个宽300像素、高320像素的矩形。
display(convertImage)
```

原图和（1）、（2）、（3）、（4）、（5）调整的效果从左到右排列，如图 17.2 所示。

图 17.2　用 transform() 调整图片的效果对比

17.3.4　接缝雕刻

接缝雕刻（seam carving）是对图片内容有"感知"的调整大小，例如调小图片去除无关要紧的部分。Wand 用图片对象的方法函数 liquid_rescale() 做接缝雕刻，但是若要启用这个功能必须先安装一个叫 liblqr（Liquid Rescale Library）的开源库，这个库专门做 content-aware resizing，即考虑到图片内容的尺寸调整。如果不安装这个库就调用方法函数 liquid_rescale()，会出现无法载入 liblqr 的错误 Wand ImageMagick in the system is likely to be impossible to load liblqr. You might not install liblqr.。这个库单独安装(brew install liblqr)的结果是 Wand 的内核 ImageMagick 找不到它。

为了使 ImageMagick 能够得到 liblqr 的支持，可以先把 ImageMagick@6 卸载，用命令：

```
brew uninstall imagemagick@6
```

然后带上 --with-liblqr 参数重新安装：

```
brew install imagemagick@6 --with-liblqr
```

如果 Mac 上没有安装 xcode，那么执行这条命令时可能会出现无可用编译器的错误提示 CompilerSelectionError: imagemagick@6 cannot be built with any available compilers.。去 App Store 下载安装 xcode，而后再回终端窗口使用命令：

```
brew install imagemagick@6 --with-liblqr
```

这才能成功将得到 liblqr 支持的 ImageMagick@6 安装上。

接下来分别对图片进行强制调整大小 resize()、裁剪 crop()和考虑内容的调整大小 liquid_rescale()，并对比它们的效果：

```
with Image(filename='ice-cubes.jpg') as img:
# 打开图片ice-cubes.jpg，生成图片文件，图片的尺寸是510像素*340像素。

    with img.clone() as resizeImg:
        resizeImg.resize(300, 300)              # 强制将大小调整成300像素*300像素。
        resizeImg.save(filename='resize.jpg')   # 将调整结果保存下来。

    with img.clone()[:300, :300] as cropImg:
    # 裁剪图片的矩形区域：x是0~300，保留原样，生成图片对象cropImg。
        cropImg.save(filename='crop.jpg')       # 保存裁剪结果。

    with img.clone() as seamImg:                # 复制一份供接缝雕刻。
        seamImg.liquid_rescale(300, 300)
        # 根据图片内容做"雕刻"，将经过算法计算得知相对"无关要紧"的部分裁剪下去。
        seamImg.save(filename='seam.jpg')       # 保存"雕刻"结果。
```

从图 17.3 所示的效果图可以看到将图片强制调整到 300 像素×300 像素，图片 resize.jpg 内容是会变形的。裁剪 crop.jpg 是手动对图片进行裁剪。接缝雕刻用算法根据图片内容将不要紧的"接缝"剪掉，留下目标尺寸 300 像素×300 像素大小的关键内容 seam.jpg，最为智能化。

原图　　　　　　　resize.jpg　　　　　　crop.jpg　　　　　　seam.jpg

图 17.3　强制调整大小、裁剪和根据内容调整大小的效果对比

17.3.5　旋转与镜像

用方法函数 flip()和 flop()实现镜像，用 rotate()实现旋转：

```
with Image(filename='xiaoSheng.jpg') as img:

    with img.clone() as flippedImg:
        flippedImg.flip()                       # 上下镜像。
        flippedImg.save(filename='flip.jpg')
    with img.clone() as floppedImg:
        floppedImg.flop()                       # 左右镜像。
        floppedImg.save(filename='flop.jpg')

    with img.clone() as rotatedImg:
        rotatedImg.rotate(135, background=Color('rgb(229,221,112)'))
        # 旋转135度，并对图片旋转后的留白设置背景颜色（黄色）。
        rotatedImg.save(filename='rotate135.jpg')
    with img.clone() as rotatedImg:
```

```
rotatedImg.rotate(90)                    # 旋转90度。
rotatedImg.save(filename='rotate90.jpg')
```

运行结果如图 17.4 所示。

  原图   flip.jpg   flop.jpg   rotate135.jpg   rotate90.jpg

图 17.4　镜像、旋转效果图

17.3.6　画图形

画布上画图写字

画图形有两个要素：画笔 draw（颜色、粗细、画的内容……）和画布 img（颜色、大小……）。接下来在一块 200 像素 × 200 像素的蓝色画布上画一个圆圈，圆圈的边界是黑色，填充色是粉色：

```
from wand.color import Color
# 为了可以用颜色名称引用颜色，引入Wand中跟颜色有关的模块。
from wand.drawing import Drawing            # 引入画笔模块，方便作图。

with Drawing() as draw:                     # 生成画笔对象。
    draw.stroke_color = Color('black')      # 指定画笔画出来的线条颜色。
    draw.stroke_width = 2                   # 指定画笔画出来的线条粗细。
    draw.fill_color = Color('pink')         # 指定画出来的图形内部的填充颜色。
    draw.circle((100, 100),                 # 圆心位置。
                (125, 125))                 # 圆心到这一点为圆的半径。

    with Image(width=200, height=200, background=Color('blue')) as img:
        ''' 生成画布对象，画布大小为200像素×200像素，画布颜色为蓝色（blue）。如果不设置
backgound参数，则画布就是透明的。'''

        draw(img)      # 用设置好的画笔在刚刚生成的画布上画图形。

        img.save(filename='circle.jpg')
        ''' 保存成图片，这个保存图片的动作减少缩进离开自己对应的with域会出错。例如它往左边移4
个空格，跟draw.circle()对齐，会出现错误wand.image.ClosedImageError: <wand.image.Image:
(closed)> is closed already，显示image对象已关闭。'''
```

代码运行结果见图 17.5 所示的效果图中的 circle.jpg。

17.3.7　设置图片上的文字

往图片上写文字需要设定文字的字体和颜色、采用线条的粗细和颜色、文字在图中的位置等：

```
with Drawing() as draw: # 生成画笔对象。
    with Image(filename='liYuan.jpg') as img:
    # 打开图片文件生成画布对象。
    draw.font = '/Library/Fonts/XiaoHuYao-2.ttf'
```

```
''' 设置字体，设置中文要用中文字体文件。字体文件可以自己下载，放在自己的路径里，只要在
这里指明路径即可。'''
    draw.font_size = 40                    # 字体大小。
    draw.fill_color = Color('white')       # 字体颜色。
    draw.stroke_color = Color('white')     # 字体边框颜色。    (1)
    draw.stroke_width = 2                  # 字体边框粗细。    (2)
    draw.gravity = 'north_east'
    # 文字放在东北角，东北角是坐标原点。
    draw.text(15,30, '梨园好语君须听')
    # 放文字的准确位置是相对于东北角的坐标(15，30)，指定文字内容。
    draw(img)                              # 把文字放在图片上。
    display(img)
```

把（1）、（2）去掉是图 17.5 所示效果图中第二张的效果，保留（1）、（2）则是第三张的效果。

circle.jpg　　　　添加的文字没带边框，即没写语句（1）、（2）　　　　添加的文字带边框

图 17.5　画图形和写文字效果图

17.3.8　合成图片

合成图片就是图片叠加，图片叠加用被叠加的图片对象的方法函数 composite()实现：

```
with Image(filename='beauty.jpeg') as back:
# 被叠加的图片对象（人物）。
    with Image(filename='lotus.png') as front:
    # 前景图片对象（莲花）。
    back.composite(front, top=100, left=back.width-180)
    # composite()的3个参数为：前景图片对象、放前景图片的y坐标与x坐标。
    display(back)
```

合成效果如图 17.6 所示。

图 17.6　叠加图片合成效果图

17.3.9 调节亮度

调节图片亮度通过图片对象的 gamma(Y)校正来完成，Y 值变化区间为 0.8 ~ 2.3，为 1 时图片亮度不变。接下来通过改变 Y 值观察图片亮度的变化：

```
with Image(filename='cottages.jpg') as img_src:
    for Y in [0.8, 0.9, 1.33, 1.66]:        # Y遍历列表，取不同的值。
        with Image(img_src) as img_cpy:      # 复制一份图片对象出来。
            img_cpy.gamma(Y)                 # gamma(Y)校正。
            img_cpy.save(filename='cottagesGamma{}.jpg'.format(Y))
            # 保存不同亮度的图片。
```

图 17.7 所示为 gamma 校正值从小到大图片亮度的变化，有没有天渐渐亮了的感觉？

| 原图 | gamma 校正值
为 0.8 | gamma 校正值
为 0.9 | gamma 校正值
为 1.33 | gamma 校正值
为 1.66 |

图 17.7　gamma 校正调节亮度

17.3.10 调节黑白对比度

图片黑白边界的控制通过方法函数 level()实现，这个函数带 3 个参数：黑值、白值和亮度值。亮度值同 gamma 校正值，黑白值的取值区域为 0 ~ 1，代表百分比。接下来的代码用 20%、90%和中间亮度值 1.1 对图片进行了调节，效果如图 17.8 所示。

```
with Image(filename='wolf.jpg') as img:
    display(img)                              # 显示原来的图片。
    img.level(0.2, 0.9, gamma=1.1)
    # 增强了黑白对比度并微调了亮度。
    display(img)
    # 显示调节后的图片。
    img.save(filename='wolfEnhancement.jpg')  # 保存结果。
```

有没有觉得调节后图片更清楚一些（雾散了一些的效果）？

调节前　　　　　　　　　　　　　　　　　　　调节后

图 17.8　调节黑白对比度和亮度前后对比图

17.3.11 从动态图中提取静态帧

先来看动态图的分解，动态图由很多静态帧组成。静态帧按顺序排列，有自己的索引。接下来的代码先提取第 1 帧，然后提取第 14～19 帧，如图 17.9 所示。

```
with Image(filename='pig.gif') as img:
# 生成指向GIF文件的图片对象。
    print(len(img.sequence))        # 该动态图包括24帧。
    firstImg = Image(image=img.sequence[0])
    # 取出第1帧，转成图片对象。
    display(firstImg)
    # 显示第1帧，display()只接收图片对象作参数。
for frame in img.sequence[13:19]:        # 遍历第14帧到第19帧。
    pageImg = Image(image=frame) # 转成图片对象。
    display(pageImg)
```

| 1 | 14 | 15 | 16 | 17 | 18 | 19 |

图 17.9 动态图分帧系列图

17.3.12 合成动态图

合成动态图就是把单张图当作一帧添加进动态图序列帧的过程。Mac 上查看 GIF 动态图可以用鼠标先选中动态图，而后按住空格键查看效果。以下代码将几张戏剧图片制作成一个动态图：

```
with Image() as gifObj:        # gifObj图片对象作为容器接收各个帧。
    with Image(filename='xiJu1.jpeg') as one:
        # 打开第一张图片生成图片对象。
        gifObj.sequence.append(one)
        # 将生成的图片对象添加进gifObj的序列帧里，成为动态图的第1帧。
    with Image(filename='xiJu2.jpeg') as two:    # 第2帧。
        gifObj.sequence.append(two)
    with Image(filename='xiJu3.jpeg') as three:  # 第3帧。
        gifObj.sequence.append(three)

    # 定义动态图中的每一帧停留的时间。
        for cursor in range(len(gifObj.sequence)):
        # 遍历添加进去的3帧。
        with gifObj.sequence[cursor] as frame:    # 取每一帧。
            frame.delay = 100 * (cursor + 1)
            # 第1帧停留1秒，第2帧停留2秒，第3帧停留3秒……
        gifObj.save(filename='xiJuAnimated.gif')
        # 将动态图保存成GIF文件。
```

17.3.13 将 PDF 文件转成图片

调用 Wand 将 PDF 文件转成图片本质上是通过 Wand 调用 ImageMagick 内核来进行转换。但

ImageMagick 本身解析不了 PDF，所以要安装专门解析这种格式的外部程序 ghostscript。在 Mac 上安装用 brew install ghostscript。ghostscript 安装完毕后就可以转换 PDF 文件了。先打开 PDF 文件生成图片对象，然后将图片对象保存成图片文件，保存时会自动生成多张图片，可以只保存指定页为图片文件：

```
with Image(filename='PythonABC.pdf', resolution=300) as img:
# 打开PDF文件，分辨率设为300像素，分辨率越高执行也越费时，生成图片对象img。
    print('pages = ', len(img.sequence)) # 获取PDF文件的页数。
    img.save(filename='PythonABC.jpg')
    ''' 一页一张，PDF文件保存成多张图片：PythonABC-0.jpg、PythonABC-1.jpg、
PythonABC-2.jpg……'''
Image(img.sequence[1]).save(filename='PythonABC_2ndPage.jpg')
# 保存指定页为图片。
```

本章小结

第三方模块 Wand 的内核是 ImageMagick，对图片的调整功能十分强大。

习题

1. 用程序将一批图片统一调整成 200 像素×200 像素大小，图片到网上找来后放进一个文件夹内。

2. 找一张照片，用程序对图片做裁剪，对比直接裁剪和接缝雕刻的效果。

3. 找一张图片，用程序在图片上用自己喜欢的字体写一行字。

4. 照一张人物图片，用程序调整图片亮度，对比呈现出来的效果。

5. 用手机连续拍几张照片记录物体的移动过程，然后用程序合成动态图。

6. 找一个 PDF 文件，把 PDF 文件的第三页转成图片。

第 18 章

邮件、短信和微信，
一个不能少

如果有一天能得到仰慕的人的电子邮箱，就去找些好词佳句放到一个文本文件内，然后写一段代码，让程序每天从文件里取一段表达仰慕的诗句，给仰慕的人发送过去。这样既能表达如滔滔江水般的崇拜，又可以提升文学修养，想想都觉得美！例如，邮件的内容可以是这样的：

　　亲爱的${喜欢的人昵称}：

　　　　你是一树一树的花开，是燕在梁间呢喃

　　　　你是爱是暖是希望，你是人间的四月天

　　　　　　仰慕你的 PythonABC

　　仰慕的人可能不止一位，如果做成模板，发送邮件时由程序自动往模板占位符里填上不同的人的名字，就可以给每个仰慕的人发仰慕邮件。

学习重点

在第三方模块 smtplib、itchat 和 twilio 的帮助下发送邮件、微信和短信，设置微信的自动回复。群发邮件时使用模板批量生成个性化邮件。

发送邮件

18.1 发送邮件

18.1.1 发送前的准备

使用代码发送邮件前需打开提供发送邮件服务的帮助页面，了解跟邮件服务器建立连接时用的协议是 SSL 还是 TLS，端口是多少，是否需要授权码。这些信息后面在代码中都要用到。Google邮箱授权码的获得可参考 PythonABC 的视频，用 QQ 邮箱的可以去 QQ 邮箱帮助中心搜"授权码"，搜索结果的第一条就是"什么是授权码，微信登录的账号如何使用授权码？"。

1. 登录 QQ 邮箱后单击"设置"（见图 18.1 箭头指向的位置）。

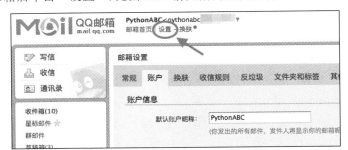

图 18.1　QQ 邮箱设置

2. 在"账户"标签下的"POP3/IMAP/SMTP/Exchange/CardDAV/CalDAV 服务"中，开启"POP3/SMTP 服务"（单击图 18.2 所示界面箭头指向的"开启"）。

图 18.2　POP3/SMTP 服务必须处于开启状态

3. 开启 POP3/SMTP 服务需要手机令牌显示的动态密码，在手机上安装 QQ 安全中心 App 取得动态密码，将其输入弹出的对话框中，如图 18.3 所示。

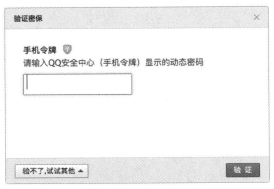

图 18.3　输入手机令牌显示的动态密码

4. 把授权码（mddyvwnqndwtdcfi）记录下来，如图 18.4 所示。

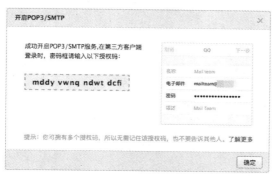

图 18.4　授权码

代码中授权码如果写错，发送邮件的代码运行时会出现 smtplib.SMTPAuthenticationError 的错误提示。

5. 再打开手机上安装的 QQ 安全中心 App："工具" → "登录保护" → "邮箱" → "邮箱登录保护"。

6. 选择"QQ 邮箱帮助中心" → "客户端设置" → "如何设置 POP3/SMTP 的 SSL 加密方式？"（见图 18.5 箭头所指的发送邮件服务器参数"smtp.qq.com，使用 SSL，端口号 465 或 587"）。

如何设置POP3/SMTP的SSL加密方式?

使用SSL的通用配置如下：
接收邮件服务器：pop.qq.com，使用SSL，端口号995
发送邮件服务器：smtp.qq.com，使用SSL，端口号465或587
账户名：您的QQ邮箱账户名（如果您是VIP账号或Foxmail账号，账户
密码：您的QQ邮箱密码
电子邮件地址：您的QQ邮箱的完整邮件地址

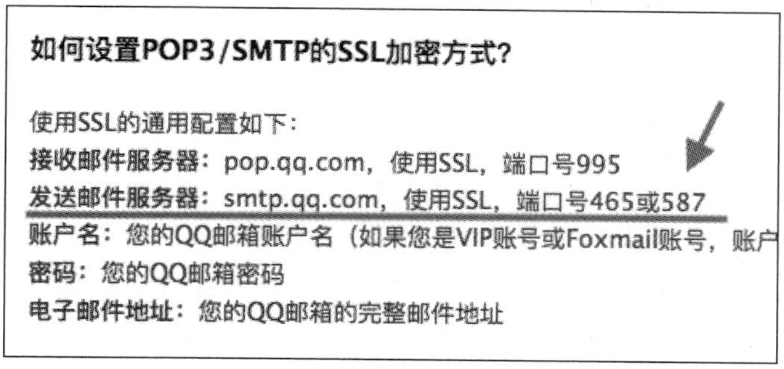

图 18.5　查看连接协议和端口

引入 smtplib 模块帮忙发送邮件，写发送邮件的代码时需指明发送方邮件地址、接收方邮件地址、邮件标题（可选）、正文（可选）、附件（可选）、接收方邮件服务器和端口。发送邮件的过程为建立连接、登录邮件服务器、发送邮件、断开连接。建立连接需要设定连接协议和端口，端口设多少、连接协议用 SSL 还是 TLS，这些要去邮件服务器提供给用户的帮助页面上查。如果连接协议用的是 SSL：

```
import smtplib

smtplib.SMTP_SSL('smtp.qq.com', 465)
''' 建立连接并返回连接对象，smtp.qq.com是邮件服务器，465为开放邮件服务的端口号，通过查看邮件服务器的用户指南获得协议和端口。'''
```

如果连接协议用的是 TLS：

```
import smtplib

server = smtplib.SMTP('smtp.gmail.com', 587)
# 建立连接并返回连接对象。
```

```
server.starttls()
```

18.1.2 发送纯文本邮件

最简单的是用 sendmail()发送英文邮件：

```
import smtplib

# 指定邮件头：接收方邮件地址、发送方邮件地址、邮件标题。
fromAddr = 'PythonABC@qq.com'                    # 指定发送方邮件地址。
toAddr = 'PythonABC@mail.com'                    # 指定接收方邮件地址。

header = 'To:' + toAddr + '\n' + 'From: ' + fromAddr + '\n' + 'Subject:
appreciate \n\n'
# 标题'Subject:……\n\n'，用了两个\n，否则收到的邮件正文可能会是空白。

msg = '''
The most beautiful things are not associated with money
They are memories and moments
If you don't celebrate those, they can pass you by
'''                  # 指定邮件正文内容，正文字符串里包含换行，所以这里用'''。

msg = header + msg                      # 邮件正文 = 邮件头 + 正文。

username = 'PythonABC@qq.com'
# 登录发送邮件服务器用的用户名（发送邮箱）。
pswd = 'mddyvwnqndwtdcfi'               # 第三方授权码，参见图18.4。
server = smtplib.SMTP_SSL('smtp.qq.com', 465)
''' QQ邮件服务器建立连接的协议用SSL，所以用smtplib.SMTP_SSL(邮件服务器,端口)与发送邮件
服务器建立连接，生成连接对象server。'''
server.login(username, pswd)                    # 登录邮件服务器。
server.sendmail(fromAddr, toAddr, msg)          # 发送邮件。
server.quit()                                   # 断开连接。
```

如果程序执行没有错误提示，但接收邮箱却收不到邮件，可以去发送邮箱查看是否收到邮件系统的"邮件未能发送成功"的提示邮件。有可能是没有开启发送邮件的授权，解决方法参见图 18.1～图 18.4。邮件确定发送了，然而接收邮箱还是找不到，有可能是被接收邮箱当作垃圾邮件直接丢到垃圾箱了。如果出现错误 UnicodeEncodeError: 'ascii' codec can't encode characters in position 56-58: ordinal not in range(128)，则是因为这段代码不支持邮件内容为中文。

发送中文邮件可以从 email.mime.text 引入 MIMEText，把邮件正文（可以有中文）装进去。然后通过设置容器对象的 msg['From']、msg['To']和 msg[' Subject ']指定发送方、接收方和标题。至于跟邮件服务器的连接、登录、发送和断开，以及 smtplib 功能模块的使用则跟前面一样：

```
import smtplib
from email.mime.text import MIMEText
# 用来生成装正文的"小格子"。

message = '''
对酒当歌，人生几何！譬如朝露，去日苦多。
慨当以慷，忧思难忘。何以解忧？唯有杜康。'''            # 邮件正文是中文。
```

```
msg = MIMEText(message)
# 把邮件正文message放进装正文的"小格子"。

msg['From'] = 'PythonABC@qq.com'              # 发送方邮件地址。
msg['To'] = 'PythonABC@mail.com'              # 接收方邮件地址。
msg['Subject'] = '短歌行'                      # 邮件标题。

server = smtplib.SMTP_SSL(host='smtp.qq.com', port=465)
# 跟邮件服务器建立连接。

server.login('PythonABC@qq.com', 'mddyvwnqndwtdcfi')
# 登录邮件服务器，用自己从邮件服务器获得的第三方授权码替换'mddyvwnqndwtdcfi'。

server.send_message(msg)                       # 把邮件发送出去。

server.quit()                                  # 断开连接。
```

18.1.3 发送带附件的邮件

如果发送的邮件不只有正文，还有图片、音频等附件，可以引入 email.mime.multipart 的 MIMEMultipart 生成邮件容器的对象。想象这个容器被分成了一个个"小格子"，要发送的正文内容收进放正文的"小格子"MIMEText 里，图片放进装图片的"小格子"MIMEImage，音频收进装音频的"小格子"MIMEAudio……格子装好后放回容器对象一起发送出去。装文本的"小格子"MIMEText 从 email.mime.text 里引入；装图片的"小格子"MIMEImage 从 email.mime.image 里引入；装音频的"小格子"MIMEAudio 从 email.mime.audio 里引入……下面通过发送一封带图片的邮件来看如何发送有文本和附件的邮件：

```
import smtplib
from email.mime.multipart import MIMEMultipart
from email.mime.image import MIMEImage
# 用来生成装图片的"小格子"。
from email.mime.text import MIMEText          # 用来生成装正文的"小格子"。

myPass = "mddyvwnqndwtdcfi"
# 用邮件服务器实际获取的第三方授权码替换这里。

msg = MIMEMultipart()                          # 创建邮件容器。

#设置邮件头。
msg['Subject'] = "美人如玉"
msg['From'] = "PythonABC@qq.com"
msg['To'] = PythonABC@mail.com

# 邮件正文。
body = "云想衣裳花想容，春风拂槛露华浓\n"
msg.attach(MIMEText(body))
# 邮件正文先放进"小格子"MIMEText(body)，再放进邮件容器msg.attach()。

with open('beauty.jpg', 'rb') as fp:
# 以rb模式打开图片文件，生成文件对象fp。
    img = MIMEImage(fp.read())
```

```
                # 用fp.read()读出图片内容，放进图片"小格子"，生成MIMEImage类对象img。

msg.attach(img)          # 把图片"小格子"放进邮件容器msg。

server = smtplib.SMTP_SSL('smtp.qq.com', 465)      # 连接。
server.login(fromAddr, myPass)                     # 登录。
server.send_message(msg)                           # 发送邮件。
server.quit()                                      # 断开连接。
```

18.2 群发邮件

18.2.1 使用模板生成个性化邮件

群发出去的邮件有点个性化的色彩会显得更有诚意，可以使用模板 Template 个性化称呼，将群发的邮件内容放进模板文件 message.txt：

亲爱的${PERSON_NAME}：

我说你是人间的四月天；笑响点亮了四面风；轻灵在春的光艳中交舞着变。

你是四月早天里的云烟，黄昏吹着风的软，星子在无意中闪，细雨点洒在花前。

那轻，那娉婷，你是，鲜妍百花的冠冕你戴着，你是天真，庄严，你是夜夜的月圆。

雪化后那片鹅黄，你像；新鲜初放芽的绿，你是；柔嫩喜悦，水光浮动着你梦期待中白莲。

你是一树一树的花开，是燕在梁间呢喃，你是爱，是暖，是希望，你是人间的四月天！

仰慕你的 PythonABC

除${PERSON_NAME}所代表的称呼不同外（发给林青霞的邮件的称呼是"亲爱的青霞"，发给张曼玉的是"亲爱的曼玉"），其他部分都一样，所以叫作模板。下面是一个使用模板的简单例子：

```
from string import Template              # 支持使用模板。

s = Template('$who 是天地会的 $what') # 生成模板对象s。
print(s.safe_substitute(who='韦小宝', what='青木堂堂主'))
''' 模板对象的方法函数 safe_substitute() 用实际值替换掉占位的who和what，类似
print('{} 是天地会的 {}'.format('韦小宝', '青木堂堂主'))，这段代码的输出为：韦小宝 是天地会
的 青木堂堂主。'''

print(s.safe_substitute(who='陈近南', what='总舵主'))
# 这段代码的输出为：陈近南 是天地会的 总舵主。
```

18.2.2 群发个性化邮件

首先看将多个邮件地址放在一个列表中的情况。群发邮件时，只需把 msg['To']参数设置成用';'分隔的多个邮件地址，其余部分同前即可实现群发：

群发个性化邮件

```
…
mailto_list =
["Garfield@PythonABC.org ", "Snoopy@PythonABC.org", "HelloKetty@pythonab.org"]
…
msg['To'] = ";".join(mailto_list)
# 用';'将列表内的电子邮件地址连接成字符串。
…
```

接下来把群发邮件的接收者的名字和电子邮箱放在一个文本文件（mycontacts.txt）里，群发邮件时邮件正文里加上称呼。mycontracts.txt 文本内容如下（以下电子邮箱均为虚设的）：

青霞　LinQingXia@PythonABC.org

曼玉　ZhangManYu@PythonABC.org

楚红　ZhongChuHong@PythonABC.org

祖贤　WangZuXian@PythonABC.org

艾嘉　ZhangAiJia@PythonABC.org

群发个性化邮件正文内容，从 message.txt 取出模板，把 mycontacts.txt 里的人名填进模板上 ${PERSON_NAME}所占的位置，再从 mycontacts.txt 里取出邮件地址，一一发送过去：

```python
# ---------------------- 群发个性化邮件 ----------------------

import smtplib
from email.mime.text import MIMEText          # 正文"小格子"。
from string import Template                    # 模板。

MY_ADDRESS = 'PythonABC@qq.com'
MY_PASSWORD = 'mddyvwnqndwtdcfi'

def get_contacts(filename):        # 形参接收方联络人的文本文件。
    names = []                     # 初始化姓名列表。
    emails = []                    # 初始化邮件列表。
        with open(filename, mode='r', encoding='utf-8') as contacts_file:

        for a_contact in contacts_file:
        # 遍历每一行，例如"青霞 LinQingXia@PythonABC.org"，将其读进a_contact。
            names.append(a_contact.split()[0])
            ''' split()生成['青霞',' LinQingXia@PythonABC.org']，索引为0取出'青霞'后添加进names列表。 '''

            emails.append(a_contact.split()[1])
            # 添加青霞的邮件地址。

    return names, emails       # 返回联络人姓名列表和邮件地址列表。

def read_template(filename):# 形参接收模板文件名。
    with open(filename, 'r', encoding='utf-8') as template_file:
        template_file_content = template_file.read()
        # 读出模板文件内容。
    return Template(template_file_content)    # 返回模板对象。

s = smtplib.SMTP_SSL(host='smtp.qq.com', port=465)
# 连接邮件服务器。
s.login(MY_ADDRESS, MY_PASSWORD)          # 登录邮件服务器。

names, emails = get_contacts('mycontacts.txt')
# 得到名字列表和邮箱列表。
message_template = read_template('message.txt') # 得到模板对象。

for name, email in zip(names, emails):
```

```
# zip()将两个列表像拉拉链一样"捆绑"起来，name和email以同样的节奏遍历两个列表。

    message = message_template.safe_substitute(PERSON_NAME=name.title())
    ''' 用name.title()替换模板中PERSON_NAME所占的位置，字符串的方法函数title()对英文
有效，将单词首字母大写，如professor snape'.title()得到'Professor Snape'。'''

    msg = MIMEText(message)              # 生成邮件正文对象。
    msg['From'] = MY_ADDRESS
    msg['To'] = email
    msg['Subject'] = "你是人间的四月天"
    s.send_message(msg)                  # 发送邮件。
    del msg                              # 删除容器。

s.quit()                                 # 断开连接。
```

18.3 发送短信

这里使用 twilio 发送短信。第三方模块 twilio 免费提供有限的短信服务，使用前要先安装。去 twilio 网站（在搜索引擎搜索 twilio free 可以搜到官方网站）注册免费试用账号，然后登录。单击网站首页右上角的"console"按钮进入控制台（dashboard），记下"ACCOUNT SID"和"AUTH TOKEN"的值，如图 18.6 所示。

图 18.6　写代码要用到的账号和令牌

注册成功后会显示一个分配的电话号码，写代码发送短信时用于设置发送方。如果没记下来可以在控制台单击"Phone Numbers"，见图 18.7 框起来的位置。

图 18.7　获得号码

进入"Phone Numbers"页面，单击左边的标签"Get Started"，单击右边载入的页面的按钮

"Get your first Twilio phone number"，见图 18.8 圈起来的位置。

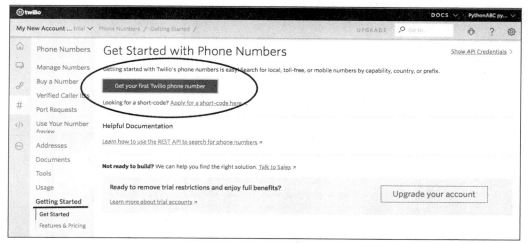

图 18.8　请求获得发送短信的电话号码

如果对分配的号码满意，就单击"Choose this Number"按钮。不满意的话就单击"Cancel"按钮，重新抽取随机号码。选中号码后会出来一个确定页面显示分配的号码，如图 18.9 所示。

图 18.9　获得发送短信的电话号码

已经激活了的号码可以在"Phone Numbers"→"Manage Numbers"→"Active Numbers"中查到，如图 18.10 所示。

图 18.10　查询已激活的号码

最后记得开启接收短信手机所在国家的许可。先去 Programmable SMS 的界面，单击图 18.11

所示界面中圈起来的"Settings"。

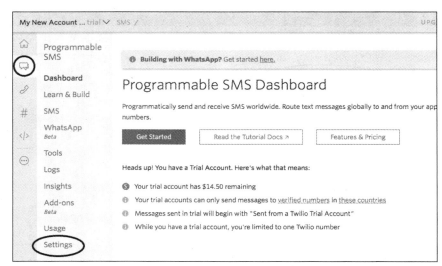

图 18.11　单击"Settings"

选中接收短信的手机号码所在的国家前的复选框，如图 18.12 所示。

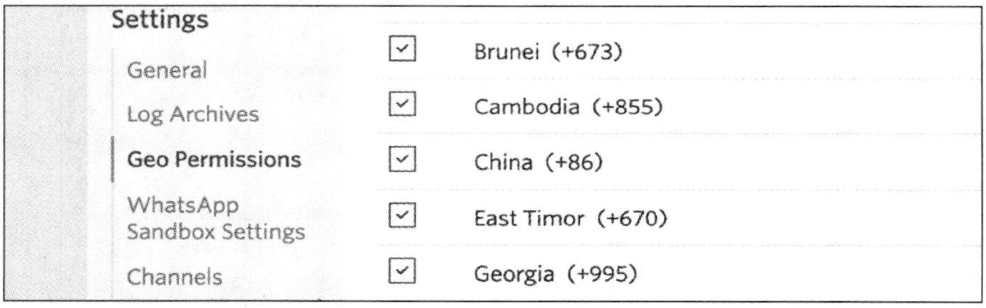

图 18.12　选择号码所在的国家

否则运行发送短信的代码时会出现以下错误：

twilio.base.exceptions.TwilioRestException: HTTP 400 error: Unable to create record: Permission to send an SMS has not been enabled for the region indicated by the 'To' number：对方的手机号。

准备工作结束，现在来写借助 twilio 模块发送短信的代码：

```python
from twilio.rest import Client

# Account Sid和Auth Token从twilio网站上获得。
account_sid = "XXXX"
# 用自己注册时获得的Account Sid替换掉这里的"XXXX"。
auth_token = " XXXX "
# 用自己注册时获得的AutH Token替换掉这里的" XXXX "。


client = Client(account_sid, auth_token) # 生成对象client。


myTwilioNumber = '+1864661****'
# 用分配给自己的twilio number替换掉这里分配的'+1864661****'。
```

```
cellPhone = '+86XXXX'
''' 接收方的手机号码，+86是中国国家区位号。因为是twilio的免费账号，所以这里只能放网站上验
证过的号码（注册账号时填写的号码）。'''

message = client.messages.create(from_=myTwilioNumber, body='昨夜西风凋碧树。独上
高楼，望尽天涯路', to=cellPhone)
    # 指明发送方、接收方和内容，发送短信，生成短信对象message。

print(message.body)          # 通过message的属性可以获知短信的许多信息。
```

18.4　操控微信

发送微信消息这里使用的是第三方模块 itchat，功能实现用到了装饰器，通过装饰符@将函数注册为处理消息的函数。

18.4.1　自动回复

根据收到消息的类型做出相应的回复：

```
import itchat
from itchat.content import *
''' itchat.content包含所有的消息类型参数，这样处理后引用时就不需要写前缀。例如代码中文本
类型不需要写成itchat.content.TEXT，省去前缀直接写TEXT就可以。'''

@itchat.msg_register([TEXT, MAP, CARD, NOTE, SHARING])
def text_reply(msg):      # 形参msg接收发来的消息，消息是字典类型。
    return "【自动回复】我已收到您的消息，多谢"    # 设定自动回复消息。
    ''' 通过装饰符将函数text_reply()注册为处理消息的函数，对收到的文本TEXT、地图MAP、名
片CARD、通知NOTE、分享SHARING做出回应。'''

@itchat.msg_register([PICTURE, RECORDING, ATTACHMENT, VIDEO])
def receiveFile_reply(msg):
    return "【自动回复】我收到了一个{}文件，多谢".format(msg['Type'])
    ''' 对发过来的图片或表情PICTURE、语音RECORDING、附件ATTACHMENT和视频VIDEO做出回
应。'''

itchat.auto_login(True)
    ''' 也可以写成itchat.auto_login(hotReload=True)，扫码登录，参数True的作用是存储登录
信息，这样即使程序关闭，一定时间内重新开启也可以不用重新扫码。只写itchat.auto_login()不具备存
储登录的功能。'''

itchat.run()                      # 等待新消息。
```

函数 text_reply()和 receiveFile_reply()的参数 msg 是字典类型，它的键是 Text，即 msg['Text']。字典的值因消息类型的不同而不同：文本（TEXT）类型对应的是文本内容、地图（MAP）类型对应的是位置文本、名片（CARD）对应的是推荐人字典、通知（NOTE）对应通知文本、分享的文章（SHARE）对应分享名称、好友邀请（FRIENDS）对应添加好友所需参数。当消息类型是图片或表情（PICTURE）、语音（RECORDING）、附件（ATTACHMENT）和视频（VIDEO）类型时，msg['Text']里存放的是用于下载消息内容的方法。如果想在收到附件时自动下载，可以做如下处理：

```
@itchat.msg_register([PICTURE, RECORDING, ATTACHMENT, VIDEO])
```

```
def download_files(msg):
    msg['Text'](msg['FileName'])
''' msg['Text']存放了用于下载消息内容的方法,msg['FileName']是文件名,所以msg['Text']
(msg['FileName'])是把接收到的文件下载下来。'''
```

不是所有微信号都可以支持这段自动回复代码的,扫码登录时会出现"<error><ret>1203
</ret><message>为了你的账号安全,此微信号已不允许登录网页微信……"的错误,这跟微信的
规则设置有关系。

18.4.2　发送消息

用 itchat.send(msg='消息内容', toUserName=None)发送消息,toUserName 用于指定发送对
象。不写这个参数则是发给自己,对于不能发送给自己的微信号,可以用文件传输助手(filehelper)
作为接收方。itchat.send()可以用来发送文本、图片、文件和视频:

```
import itchat

itchat.auto_login(True)                # 扫码登录。

itchat.send('Hello world!', 'filehelper')
# 发送成功返回True,失败返回False。接收方是文件传输助手,也可以写成toUserName=
'filehelper'。

# 确保程序所在目录下存在contact.png、duesRecords.xlsx。

itchat.send('@img@%s' % 'contact.png', 'filehelper')
# @img占位传送的图片,具体图片是contact.png;@s占位接收方,具体是filehelper。

itchat.send('@fil@%s' % 'duesRecords.xlsx', 'filehelper')
# @fil占位传送的文件,具体文件是duesRecords.xlsx;@s占位接收方,具体是filehelper。

itchat.send('@vid@%s' % '/Users/PythonABC/Music/1.mp4', 'filehelper')
''' @vid 占位传送的视频,……/1.mp4会被识别为小视频,只支持MP4格式。@s占位接收方,具体是
filehelper。'''
```

也可以用专门的函数发送附件。

1. 发送文件:itchat.send_file(fileDir, toUserName=None)。

2. 发送图片:itchat.send_img(fileDir, toUserName=None)。

3. 发送视频:itchat.send_video(fileDir, toUserName=None),只支持发送 MP4 格式的视频。
第一个参数 fileDir 是文件路径,如果不存在该文件时将输出无此文件的提示。第二个参数
toUserName 是接收方,如果留空会发送给自己,无法发送给自己的微信号可以发送给 filehelper。

下面看一个使用 send_file()的例子。微信扫码登录,处于自动回复状态。如果接收到"天王盖
地虎"的暗号,就发送文本回应,以及用两种方式发送图片:

```
import itchat
from itchat.content import  TEXT

@itchat.msg_register(TEXT)
def autoSendFile(msg):
    if msg['Text'] == '天王盖地虎':
        itchat.send_file('ha.jpg', msg['FromUserName'])
        # 回送ha.jpg。
```

```
        itchat.send('宝塔镇河妖!', msg['FromUserName'])
        itchat.send('@img@%s' % 'ha.jpg', msg['FromUserName'])
        # 回送ha.jpg。


itchat.auto_login(True)
itchat.run()
```

18.4.3 微信实例：统计微信男女好友的个数

itchat.get_friends(update=True)可以返回完整的好友列表。列表元素是字典类型，第一项是本人的账号信息，其他项是微信好友的账号信息。参数 update=True 可以更新好友列表并返回。下面获取好友列表，根据性别进行分类：

```
# ----------------------- 统计微信好友男女个数 -----------------------

import itchat

itchat.auto_login(True)                    # 扫码登录。


female, male, other = [], [], []
''' 初始化列表，一条语句female, male, other = [], [], []替代了3条语句：female = []、
male = []、other = []。'''

friendList = itchat.get_friends(update=True)[1:]
''' itchat.get_friends()获得微信好友列表，第一个成员（索引为0）是自己，itchat.get_
friends()[1:]是众好友。'''

for friend in friendList:      # 遍历好友列表。
    gender = friend["Sex"]     # 取出微信好友的性别，放进变量gender。
    if gender == 1:            # gender值为1是男性。
        male.append(friend['DisplayName'] or friend['NickName'])
        ''' 将给好友设置的备注名friend['DisplayName']或好友自己起的微信昵称friend
['NickName']添加到男性朋友列表male中，用or连接。'''
    elif gender == 2:          # 将女性朋友添加进列表female。
        female.append(friend['DisplayName']or friend['NickName'])
    else:                      # 将没标注性别的放进other列表。
        other.append(friend['DisplayName']or friend['NickName'])

# 输出每个列表的人数和成员。
print('男性朋友{}位，他们是：{}'.format(len(male), male))
print('女性朋友{}位，她们是：{}'.format(len(female), female))
print('没写性别朋友{}位：{}'.format(len(other), other))
```

18.4.4 微信实例：搜索微信好友

好友的搜索方法为 search_friends(搜索参数匹配)，返回好友的属性字典：

```
itchat.search_friends()
```

通过好友的昵称搜索好友：

```
import itchat
import pprint                 # 为了整齐地输出好友信息，引入pprint模块。


itchat.auto_login(True)
```

```
pprint.pprint(itchat.search_friends(nickName='PythonABC'))
# 搜索昵称是PythonABC的好友，并将其信息输出。
```

如果好友列表里没有昵称是 PythonABC 的好友，会输出一个空列表；如果不止一位好友的昵称是 PythonABC，那么会把所有昵称为 PythonABC 的好友都放进一个列表然后返回这个列表。

好友信息是字典类型，下面列出了几个常用的键：

```
[{ …
  'NickName': 'PythonABC',                    # 昵称。
  …
  'RemarkName': 'PythonABC马甲'               # 备注名。
  …
  'Sex': 0,                                   # 性别。
  …
  'UserName':
  '@94dd130b7ba496d0385309dcf6426fefe5b5672f1912e8bfc1ecffca77933ed8',
                                              # 系统分配的用户名。
  …}]
```

前面统计好友里男性、女性和未指明性别的人数的代码里，用到了'Sex'键。PythonABC 的'Sex'键的值为 0，属于没填写性别的。'Sex'键的值为 1 返回男性，为 2 返回女性。如果要通过给好友备注的名称搜索好友，用备注名'RemarkName'：

```
friend = itchat.search_friends(RemarkName='PythonABC马甲')
```

也可以通过用户名'UserName'查找好友：

```
friend = itchat.search_friends(UserName='@94dd130b7ba496d0385309dcf6426fefe5b
5672f1912e8bfc1ecffca77933ed8')
```

还有一个搜索参数 name，只要昵称 NickName 和备注名 RemarkName 有一个符合要求就可以被搜索到。例如好友 PythonABC 的昵称是'PythonABC'，备注名是'PythonABC 马甲'，搜索好友 PythonABC 时可以用：

```
pprint.pprint(itchat.search_friends(name='PythonABC'))
```

或者：

```
pprint.pprint(itchat.search_friends(name='PythonABC马甲'))。
```

无论哪种搜索参数，对大小写都是敏感的，PythonABC 写成 pythonabc 是搜不到的。另外就是要精确匹配，条件设定写成 PythonABC 是搜不到 PythonABC0 的。

18.4.5 微信实例：发信息给名单上的好友

接下来给出一个名单，若名单里的名字是微信好友就约去撸串，否则提示不在好友列表里：

```
# ----------------按列表里的名字挨个发微信----------------

import itchat
import time

friendList = ['PythonABC', '精灵王瑟兰迪尔']
itchat.auto_login(True)

for nameS in friendList:

    friend = itchat.search_friends(name = nameS )
    # 搜索名字（昵称或备注名）为nameS的好友，放进friend列表。
```

```
if friend:
# 列表不为空则说明有这个好友，为空则说明在微信好友列表里没找到指定名称。
    itchat.send_msg('今晚去不去撸串？', friend[0]['UserName'])
else:            # 若没找到，列表为空。
    print(nameS, '不在你的微信好友列表里')

time.sleep(.5)    # 为了防止被封号，两条信息之间设置0.5秒的时间间隔。
```

结果是好友 PythonABC 收到了"今晚去不去撸串？"的微信消息，本地的 Python 运行窗口弹出"精灵王瑟兰迪尔不在你的微信好友列表里"。

18.5 应用实例：兵分三路

18.5.1 问题描述与分析

在"大丰俱乐部"工作的小拍，负责端茶、倒水、查资料、收快递等杂事。今天"不幸"被抓去当苦力，苦差事是通知上个季度没缴俱乐部会费的人缴费。一大摞记录缴费情况的表格要挨个儿地找，实在是吃力不讨好。不过领导不知道的是其实小拍身怀"绝技"，这回他就要暗暗地放"大招"来解决这个问题。小拍知道这些打印出来的表格是有电子版的（Excel），于是马上去把电子版的 Excel 表格 duesRecords.xlsx 要了过来，如图 18.13 所示。

姓名	电邮	手机号	微信好友昵称	第一季度	第二季度	第三季度	第四季度
李大发	fa@	1234	发哥	已付	已付	已付	已付
成亮	long@	2345	大哥	已付	已付	已付	
刘星驰	chi@	3456	星爷	已付	已付	已付	已付
王朝伟	wei@	4567	影星	已付	已付	已付	
张大友	you@	5678	歌神	已付	已付	已付	已付
刘能	hua@	6789	劳模	已付	已付	已付	
王明	ming@	7890	帅哥	已付	已付	已付	已付

图 18.13 duesRecords.xlsx 内容

仔细阅读表格，发现表格登记的联络方式有电子邮件、手机号和微信昵称。小拍早已利用大丰俱乐部"勤快小跑腿"的名义把各位会员加为他的微信好友。写一段代码，从 Excel 文件中提取出欠费人的名字和对应的电子邮件、手机号和微信昵称，然后一一发送催缴邮件、短信和微信消息岂不是事半功倍？催缴会费通知的内容如下。

题目：请尽快缴会费！

正文：我说那个{某某}啊，{某个季度}的会费你想拖到什么时候呀？赶紧缴费！

落款：大丰俱乐部。

{某某}用欠款人的姓名取代，{某个季度}用 Excel 表格记录的最后一个季度来替代。

18.5.2 邮件、微信和短信通知模块

这里把发送邮件的函数 sendMail()放进 sendMail.py，发送短信的函数 sendMessage()放进 sendMessage.py，发送微信的函数 sendWechat()放进 sendWechat.py。用时在程序首部使用 import sendMail、import sendMessage 和 import sendWechat 即可。记得把存放 sendMail.py、sendMessage.py 和 sendWechat.py 的目录添加进 Python 解释器的搜索路径内，可参见 7.3.2 小节引入自定义模块时提示找不到。简单说来就是在搜索路径添加完毕后，程序首部引入的

sendMessage、sendMail 和 sendWechat 下面的红色波浪线会消失。Windows 添加完毕后红色波浪线可能不会消失，但不影响程序运行。

发送微信消息的 sendWechat.py 如下：

```python
import itchat

def sendMessage(wechatName, msg):

    itchat.auto_login(True)          # 扫码登录。
    friendL = itchat.search_friends(name=wechatName )
    # 搜索昵称或备注名是name的好友，放进friendL列表。
    if friendL:                      # 列表不为空，说明搜索到了。
        itchat.send_msg(msg, friendL[0]['UserName'])
        ''' 发送微信信息给收到的好友。实际上这里不严谨，没考虑好友重名的情况，只发给了搜索
到的名字为wechatName的好友列表的第一个好友。'''
    else:
        print(wechatName, '不在你的微信好友列表里')
```

发送邮件的 sendMail.py 如下：

```python
import smtplib
from email.mime.text import MIMEText

# 发送文本文件，形参接收接收方邮件地址、邮件正文和邮件标题。
def sendMessage(toAddr, body, subject):

    # 连接邮件服务器。
    smtpObj = smtplib.SMTP_SSL('smtp.qq.com', 465)
    # 登录邮件服务器。
    smtpObj.login('PythonABC@qq.com', 'teywhlqilmuvdfjd')
        # 用自己的邮件服务器、端口、个人邮箱和授权码替换掉相应参数。

    msg = MIMEText(body)             # 生成邮件正文容器对象。
    msg['From'] = 'PythonABC@qq.com' # 发送方。
    msg['To'] = toAddr                   # 接收方。
        msg['Subject'] = subject         # 邮件标题。

    sendmailStatus = smtpObj.send_message(msg)
    # 直接发送正文对象，返回发送状态。
    if sendmailStatus != {}:             # 状态不为空说明有错误发生。
        print('There was a problem sending email to {}: {}'.format(toAddr,
sendmailStatus))
        smtpObj.quit()                           # 断开连接。
```

发送短信比较特殊，twilio 免费账号只能给注册的手机发送短信，其他就得付费了。国内提供类似服务的公司也有这样的限制，好在相比微信和邮件，短信只是一种辅助。sendMessage.py 内容如下：

```python
''' 试用twilio免费发送短信的服务发送短信，Account Sid和Auth Token通过在twilio网站上注
册获得。'''
from twilio.rest import Client

def sendMessage(num, body):          # num接收手机号，body接收催缴信息。
```

```
accountSID = "XXXX"
# 用自己注册时获得的Account Sid替换掉这里的"XXXX"。
authToken = "XXXX"
# 用自己注册时获得的AutH Token替换掉这里的"XXXX"。
    myTwilioNumber = 'XXXX'
    # 用分配给自己的twilio number替换掉'XXXX'。
myCellPhone = num                # 接收方的手机号码。
client = Client(accountSID, authToken)       # 生成对象client。
client.messages.create(to=myCellPhone, body= body, from_=myTwilioNumber)
# 指明发送方、接收方和内容，发送短信，生成短信对象message。
```

18.5.3 提取欠费信息"三管齐下"发送通知

这段代码只提取最新季度的欠费，所以用表单对象的 max_column 属性（sheet.max_column）来取得欠费数据。有个潜在的问题：例如数据区最大列是第 8 列，那么 max_column 为 8；如果再加一列（此时 max_column 变为 9），随后又删掉了数据（不删除这一列，保留这列，只把数据删除），那么删除数据后这个 max_column 的值仍然为 9，而程序是依靠最后一列来判断是否处于欠费状态……有兴趣的朋友可以就此自己对程序进行优化。

"三管齐下"发送通知代码如下：

```
# ------------------ 用邮件、微信和短信3种手段通知缴费 ------------------

import openpyxl
import sendMail, sendWechat, sendMessage
import time

# 打开Excel文件，获取数据：欠费人的姓名、邮箱、手机号和微信昵称。

wb = openpyxl.load_workbook('/Users/PythonABC/Documents/duesRecords.xlsx')
# Windows上用：……'C:\\Users\\PythonABC\\Documents\\duesRecords.xlsx'。
sheet = wb['Sheet1']。
lastCol = sheet.max_column              # Excel表格有数据区的最大列。
quarter = sheet.cell(row=1, column=lastCol).value

''' 第一行是表头，可以获得催缴的是哪个季度的会费。遍历Excel数据行获得缴费数据和联络方式，
如果需要缴费就发邮件、微信消息和短信。'''

for r in range(2, sheet.max_row + 1):     # 从第二行开始是缴费数据。
    payment = sheet.cell(row=r, column=lastCol).value
    # 获得缴费状态。
name = sheet.cell(row=r, column=1).value        # 提取名字。
    if name!='' and payment != '已付':
    # 名字不为空且缴费状态不是"已付"。
    email = sheet.cell(row=r, column=2).value
    # 提取电子邮件地址。
    mobilNum = sheet.cell(row=r, column=3).value
    # 提取手机号。
    wechatNickname = sheet.cell(row=r, column=4).value
    # 提取微信昵称。

    body = '''
我说那个{}啊，{}的会费你想拖到什么时候呀？赶紧缴费！
```

```
大丰俱乐部            '''.format(name, quarter)           # 发送的正文。

    if email != '':                              # 邮件地址不为空
        print('正在发送邮件给{}……'.format(name))
        # 提示正在发送邮件。
        subject = '请尽快缴会费!'
        sendMail.sendMessage(email, body, subject)
        # 调用发送邮件模块里的发送文本邮件的函数。

    if mobilNum != '':
        print('正在发送短信给{}……'.format(name))
        # 提示正在发送短信。
        sendMessage.sendMessage(mobilNum, body)
        # 调用发送短信模块里的发送短信函数。

    if wechatNickname != '':
        print('正在发送微信消息给{}……'.format(name))
        # 提示正在发送微信消息。
        sendWechat.sendMessag(wechatNickname, body)
        # 调用发送微信消息模块里的发送微信消息函数。

    time.sleep(.5)
    # 防止因一次发送太多被限流或关"禁闭",所以加了0.5秒的时间间隔。
```

本章小结

发送邮件前要查看邮件服务商的技术文档,按照要求设定发送参数。发短信的第三方模块目前只支持免费向已注册的号码发送短信。为了避免被微信官方限制,用代码发送微信消息时最好设置合理的时间间隔。

习题

随机分配家务活:将家庭成员的电子邮件地址、微信号放进列表或文件,同时将本周的家务活放进列表或文件,随机将这些家务活分配给家庭成员。用邮件和微信通知家人所负责的家务活。可以用文件记录下分配结果,避免这周分配给一个人的家务活跟上周的相同。

随机分配用 random.choice(),假如 chores = ['洗碗','洗地板','洗晒衣服','整理房间'],randomChore = random.choice(chores)为从 chores 列表随机抽取一个元素放进 randomChore。chores.remove(randomChore)则是把随机抽取的元素从列表中去掉。

第 19 章

图形界面自动化

本章将介绍的第三方模块是 PyAutoGUI，这个模块能帮助我们实现图形界面自动化。PyAutoGUI 在 Windows 环境下不需要安装其他支撑模块；在 Mac 环境下需要提前安装第三方模块 pyobjc-framework-Quartz、pyobjc-core 和 pyobjc；在 Linux 环境下需要提前安装第三方模块 python3-xlib、scrot、python3-tk 和 python3=dev。安装完支撑模块后安装 PyAutoGUI，再引入程序就可以使用了。

学习重点

在第三方模块 PyAutoGUI 的帮助下实现图形界面自动化：检测和操控鼠标位置、检测和操控键盘输入、截屏、弹出常用消息框。

操作鼠标和键盘的
众函数

19.1 自动化参数设置

先获取当前屏幕的尺寸：

```
import pyautogui
screenWidth, screenHeight = pyautogui.size() # 获取屏幕的宽和高。
```

还可以判断坐标值(x, y)是否在屏幕内，x 是横坐标、y 是纵坐标：

```
# 若屏幕尺寸是1920像素*1080像素:
print(pyautogui.size())                        # (1920, 1080)。

print(pyautogui.onScreen(0, 0))
# True, (0, 0)坐标在屏幕内。
print(pyautogui.onScreen(0, -1))               # False。
print(pyautogui.onScreen(0, 99999999))         # False。
print(pyautogui.onScreen(1920, 1080))          # False。
print(pyautogui.onScreen(1919, 1079))          # True。
```

程序对鼠标和键盘连续下达控制命令时，前一条命令下达后后一条命令马上跟着下达，这个"马上跟着下达"有时会带来问题。因为前一条命令从下达到执行完需要时间，尤其是涉及网络传输或等待连接外部设备时。后一条命令"马上跟着下达"可能会导致后一条命令不等前一条命令执行完或不等前一条命令出结果就开始执行。例如"打开浏览器""单击浏览器上某个位置的按钮"这两个动作，"打开浏览器"命令下达完毕，浏览器打开需要时间，还没完全打开第二条"单击浏览器上某个位置的按钮"的命令就到了。鼠标指针按照要求移去指定位置单击，可是浏览器还没打开，指定位置没有设定要单击的按钮，程序却不管这么多，依然按照设定去指定位置单击。等浏览器终于完全打开后，单击指定位置的命令却也已经执行完毕了⋯⋯再例如有时下达一系列对鼠标和键盘的操作命令，本来想观察执行顺序，可是因为计算机执行速度太快，所有命令瞬间同时执行完毕，无法看到想看的效果。

为了给上一条发出的命令留出时间执行，为了不"瞬间同时执行完毕"，从而看到一条命令执行完下一条命令接着执行的效果，可以引入 PAUSE 属性放缓发送命令的节奏：

```
pyautogui.PAUSE = 2.5
''' pyautogui命令之间的间隔设置为2.5秒，即执行完一条pyautogui命令后停2.5秒，再发出下一
条。'''
```

还有一个强行中断程序的问题：PyCharm 运行环境下的程序，如果在运行期间要退出执行，可以在 Windows 键盘上按快捷键 Ctrl+C，在 Mac 上按快捷键 Command+F2，或者直接单击工具栏的红色停止按钮。可当鼠标和键盘都被程序控制，通过键盘终止程序的快捷键就不再起作用了，鼠标指针刚"艰难地"对准红色停止按钮，还没来得及单击下去就迅速被程序移走。这时该如何中断程序运行呢？当鼠标不那么听使唤时，让鼠标指针对准红色停止按钮有点难度，但移到屏幕左上角的区域还是不难做到的。如果设置了 fail-safe 模式，只需把鼠标指针移到屏幕的左上角就可以退出程序运行：

```
pyautogui.FAILSAFE = True            # 启动fail-safe模式。
```

如果是在 Mac 上，还需要多做一步。macOS Mojave 加了一道安全防护，即要明确允许 PyCharm 控制计算机。按快捷键 Command+空格键调出搜索栏，输入 setting 调出设置窗口，单击"Security & Privacy"，如图 19.1 所示。

在弹出的图 19.2 所示的设置窗口中选择"Privacy"(隐私)标签，然后单击左下角圈起来的"Click the lock to make changes."，在弹出的窗口中输入 admin 的密码。对设置做修改需要管理员权限。

图 19.1　设置窗口

图 19.2　输入管理员密码

输入密码之后，"Allow the apps below to control your computer."下的图标由虚变实，选中"PyCharm CE"前面的复选框，如图 19.3 所示。

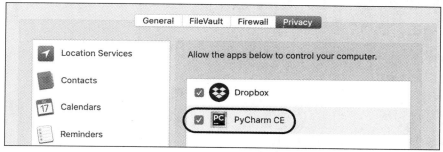

图 19.3　允许 PyCharm 控制计算机

19.2　控制鼠标

先来看屏幕的坐标和变化方向，假设屏幕尺寸是 1920 像素 × 1080 像素，如图 19.4 所示。

图 19.4　屏幕坐标和变化方向

19.2.1　移动、拖动

移动鼠标函数 moveTo(x 坐标，y 坐标，duration=秒数)用于把鼠标移动到指定坐标位置：

```
pyautogui.moveTo(100, 200)
```

```
# 鼠标移至坐标(100, 200)的位置，第一个参数是x坐标，第二个是y坐标。

pyautogui.moveTo(None, 500)
# None参数即保持原坐标不变，所以移动后鼠标的坐标是(100, 500)。
pyautogui.moveTo(600, None)           # 移到坐标(600, 500)的位置。

pyautogui.moveTo(100, 200, 2)
''' 不指定第三个参数的话，鼠标一下子就移到指定位置。2为指定的延时，用2秒的时间移过去。'''
```

鼠标做相对位置移动用函数 moveRel(x 位移，y 位移，duration=秒数)：

```
pyautogui.moveTo(100, 200)            # 鼠标指针移至(100, 200)。
pyautogui.moveRel(0, 50)              # x坐标不变，鼠标指针下移50像素，坐标为(100, 250)。
pyautogui.moveRel(-30, 0)             # y坐标不变，鼠标指针左移30像素。
pyautogui.moveRel(-30, None)          # 鼠标指针再左移30像素。
```

拖动鼠标的两个函数 dragTo()和 dragRel()的参数跟 moveTo()和 moveRel()类似，只不过多了一个 button，指明按住鼠标的那个键是左键、中键还是右键：

```
pyautogui.dragTo(100, 200, button='left')
# 拖动鼠标左键到(100, 200)，瞬间执行完成。

pyautogui.dragTo(300, 400, 2, button='left')
# 用时2秒拖动鼠标左键到(300, 400)。

pyautogui.dragRel(30, 0, 2, button='right')
# 按住鼠标右键向右拖动30像素，用时2秒。
```

19.2.2　单击、滚动

单击鼠标用 click(x=目的地 x 坐标，y=目的地 y 坐标，clicks=点数，interval=间隔，button=左、中、右任意一键)：

```
pyautogui.click()                     # 在当前位置单击鼠标左键。

pyautogui.click(x=100, y=200)
# 鼠标指针移至（100, 200），单击，瞬间发生。
pyautogui.click(button='right')       # 单击鼠标右键。
pyautogui.click(clicks=2)             # 双击鼠标左键。

pyautogui.click(clicks=2, interval=0.25)
# 间隔0.25秒双击鼠标左键。
pyautogui.click(button='right', clicks=3, interval=0.25)
# 间隔0.25秒单击鼠标右键3次。
```

双击鼠标也可以用 doubleClick(x 坐标，y 坐标，间隔，哪个键)，单击鼠标右键可以用 rightClick(x 坐标，y 坐标)。按住鼠标左键用 pyautogui.mouseDown(x=目的地 x 坐标，y=目的地 y 坐标，button='left')，放开用 pyautogui.mouseUp(x=目的地 x 坐标，y=目的地 y 坐标，button='left')。按下 mouseDown()、放开 mouseUp()合起来相当于一个单击 click()。

滚动鼠标中键用 scroll(滚动几下，目的地 x 坐标，目的地 y 坐标)：

```
pyautogui.scroll(10)                  # 向上滚动10下。
pyautogui.scroll(-10)                 # 向下滚动10下。

pyautogui.scroll(10, x=100, y=100)
# 鼠标指针先移至(100, 100)，而后向上滚动10下。
```

Mac 平台上还可以执行鼠标的水平滚动：

```
pyautogui.hscroll(10)                 # 向右滚动10下。
pyautogui.hscroll(-10)                # 向左滚动10下。
```

19.3 控制键盘

19.3.1 输入字符串

控制键盘输入字符串用 typewrite(字符串，延时)：

```
pyautogui.typewrite('Horrible science\n')
# 瞬间输入'Horrible science'。
pyautogui.typewrite('Magic school bus!', interval=0.25)
# 以间隔0.25秒的速度逐字地输入'Magic school bus'。
```

也可以用列表将要输入的字符传给 typewrite()，列表的每个字符或字符串元素只能是键盘的按键名。按键的名称可以通过 pyautogui.KEYBOARD_KEYS 获得：

```
import pprint, pyautogui
pprint.pprint(pyautogui.KEYBOARD_KEYS)
# 将键盘上各键的名字输出。
```

用列表作为参数输出字符串：

```
pyautogui.typewrite(['e','n','t','e','r'])。
```

不可以用：

```
pyautogui.typewrite(['enter'])。
```

因为从 pyautogui.KEYBOARD_KEYS 可知回车键的名字是'enter'，所以这样写等同于按下回车键。当然如果只是想输入字符串'enter'，直接用字符串作参数就可以了：

```
pyautogui.typewrite('enter')
```

但是若想用一条命令先输入'enter'字符串，然后再输入回车键，那只好使用列表作参数：

```
pyautogui.typewrite(['e','n','t','e','r','enter'])
```

现在来看下面这条语句控制键盘做了什么：

```
pyautogui.typewrite(['a', 'b', 'c', 'left', 'backspace', 'enter', 'f1'], interval=secs_between_keys)
```

这条语句是输入字母 a、b、c 后，按向左键，使光标介于 b 和 c 之间。接着按 Backspace 键删除字母 b 后按回车键，最后按 F1 键调出帮助文档。

19.3.2 按键

除了用 typewrite()，按下键盘上的按键也可用 press()。press()可以接收一个键：

```
pyautogui.press('f1')          # 按F1键。
pyautogui.press('left')        # 按向左键。
```

也可以接收多个按键，把多个键放进一个列表传给 press()：

```
pyautogui.press(['enter', 'f1', 'left'])
```

其实 press()这个动作可以分解成两步：按下按键、放开按键。按下按键用 keyDown()，放开用 keyUp()：

```
pyautogui.keyDown('shift')                      # 按下Shift键。
pyautogui.press(['left', 'left', 'left'])       # 按3下向左键。
pyautogui.keyUp('shift')                        # 放开Shift键。
```

若此时前台有文本打开，这段代码就选中了 3 个字符。

pyautogui.hotkey()用来实现快捷键的效果：

```
pyautogui.hotkey('ctrl', 'a')                   # Ctrl+A全选。
pyautogui.hotkey('ctrl', 'c')                   # Ctrl+C复制。
```

```
pyautogui.hotkey('ctrl', 'v')                              # Ctrl+V粘贴。
```

19.4 自动复制和粘贴中文字符

控制鼠标键盘自动
填写表格

控制鼠标键盘输出
中文以及程序调试

　　控制键盘输入中文比较困难，通过控制快捷键（Ctrl+C、Ctrl+V）可以实现部分中文字符的复制和粘贴功能，还可以通过以下方法把中文字符送进剪贴板。

　　1. pyperclip 模块下的 copy()：

```
import pyperclip

pyperclip.copy('四世同堂')
```

　　2. clipboard 模块下的 copy()：

```
import clipboard

clipboard.copy('重整河山待后生')
```

　　3. 通过 subprocess() 把自己输入或文件读出来的中文字符送进剪贴板：

```
subprocess.run('echo 两两相忘 | pbcopy', shell=True)     # 适用于Mac。

subprocess.run('echo 两两相忘 | clip', shell=True)       # 适用于Windows。
```

　　如果按快捷键 Ctrl+V 后却发现粘贴的内容不是中文字符怎么办？这可能是系统编码和字符集设置的问题。Mac 上按快捷键 Command+空格键调出搜索栏，搜索栏内输入 terminal 调出终端窗口。输入命令 locale，查看语言环境设置（决定字符集、货币值格式、时间日期格式……），如图 19.5 所示。

　　LC_CTYPE 是管字符集的，把它的值改成 'UTF-8' 就能支持中文了。

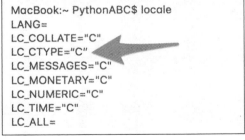

图 19.5　更改前输入 locale 后的显示

　　打开终端窗口，选择"Terminal"菜单 ->"Preferences" -> "Profile" -> "Basic"，"Advanced"标签下有个"International"->"Text encoding"，选择"Unicode(UTF-8)"，将"Set locale environment variables on startup"前的复选框选中上，或取消选中，如图 19.6 所示。

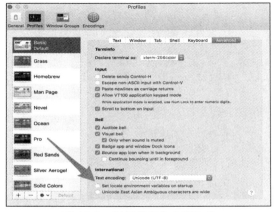

图 19.6　设置编码为 UTF-8

而后关闭终端窗口重新打开，输入 locale，如图 19.7 所示。

还有个办法就是把用户根目录下的.bash_profile的编码全设成 UTF-8。

1. 进入根目录"Finder"->"Go"->"Computer"->"Macintosh HD"->"Users"，双击自己的账号名（例如 PythonABC）。

2. 找到.bash_profile，文件名前面的"."说明这是个隐藏文件。若找不到这个文件，就按快捷键Command+Shift+.让隐藏文件显现。

3. 打开.bash_profile，在文件末尾加入：

```
export LC_ALL=en_US.UTF-8
export LANG=en_US.UTF-8
```

```
MacBook:~ PythonABC$ locale
LANG=
LC_COLLATE="C"
LC_CTYPE="UTF-8"
LC_MESSAGES="C"
LC_MONETARY="C"
LC_NUMERIC="C"
LC_TIME="C"
LC_ALL=
```

图 19.7　更改后的显示

4. 保存关闭，重新打开终端窗口。输入 locale，会发现所有的值被重置为 en_US.UTF-8。这时候再把中文字符用前面提及的几个办法送进剪贴板，再按快捷键 Ctrl+V 出来的就是中文字符了。

如果是 Windows 系统，则进行以下操作。

1. 调出控制面板，选择"时间和语言"中的"区域和语言"。

2. 单击"administrative language setting"，如果是 Windows XP（管理语言设置）的管理标签，选"advanced"。

3. 选择"language for non-Unicode program"（Unicode 程序的语言）。

4. 单击"change system locale"（更改系统区域设置），将"Current system locale"设为中文。

5. 重启计算机。

如果还不能正常显示字符，把"区域和语言"下的"Windows display language"（显示语言）也设成中文。

19.5　消息框

PyAutoGUI 可以帮忙生成简单的消息框。

19.5.1　警告框

请看以下代码：

```
i = 5
textReturn = pyautogui.alert(text='循环变量i等于{}时，分母值为0'.format(i),
title='警告', button='哦，知道了')
```

返回值为按钮上的内容，textReturn 的值为'哦，知道了'。弹出的警告框如图 19.8 所示。

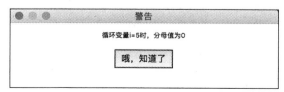

图 19.8　警告框

19.5.2　确认框

```
filename = '人员出入登记.xls'

textReturn = pyautogui.confirm(text=' 你 确 定 要 把 {} 删 除 吗 '.format(filename),
title='', buttons=['确定一定以及肯定', '我再想想'])

print(textReturn)
```

弹出的确认框如图 19.9 所示。

图 19.9　确认框

返回值为单击按钮的内容。

19.5.3　提示输入框

```
name = '斯内普教授'

level = pyautogui.prompt(text='请输入{}的魔法值'.format(name), title='提示',
default='10')

print(level)
```

弹出的提示输入框如图 19.10 所示。

图 19.10　提示输入框

单击"OK"按钮时，返回值为文本框里输入的内容，单击"Cancel"按钮时返回 None。

19.5.4　密码框

```
p = pyautogui.password(text='请输入密码：', title='密码框', default='123', mask='*')

print(p)
```

弹出的密码框如图 19.11 所示。

图 19.11　密码框

单击"OK"按钮时，返回值为密码输入框里输入的密码；如果单击"Cancel"按钮，则返回 None。

19.6　截屏和像素颜色

screenshot()可以截屏、保存截屏图片和截取屏幕指定区域：

```
import pyautogui

im1 = pyautogui.screenshot() # 截屏生成图片对象im1。

im2 = pyautogui.screenshot('/Users/PythonABC/Documents/screen.png')
''' 截屏生成图片对象im2，并将截屏图片保存到目录/Users/PythonABC/Documents/下，命名为
screen.png。 '''

im3 = pyautogui.screenshot(region=(0,0, 300, 400))
# 截取屏幕上左上角坐标(0,0)到右下角坐标(300,400)区域，生成图片对象。
```

pixel()可以获取屏幕上指定位置的像素 RGBA 颜色参数：pyautogui.pixel(100，200)返回坐标 (100，200)的 RGBA 颜色参数，例如(91，56，20，255)。pixelMatchesColor(x，y，颜色参数)可以用来判定屏幕上某处坐标的颜色参数是不是指定的颜色参数：

```
x, y = (100, 200)        # 指定位置坐标。

print(pyautogui.pixelMatchesColor(x, y, (91, 56, 20, 255)))
# 判断指定位置的颜色参数是不是(91, 56, 20, 255)，返回True或False。

print(pyautogui.pixelMatchesColor(x, y, (91, 56, 20, 255), tolerance=10))
# 设置容忍参数tolerance，上下10范围内的值可以容忍。
```

颜色匹配的这个函数可以用于定位。PythonABC 网站上的基础教程视频讲了一个自动填表格的例子，就是先用这个函数来定位"下一页"按钮在屏幕中的位置，而后才移动鼠标指针过去单击的。

19.7　监测鼠标选中的位置和颜色参数

假如要编写一个程序，记录鼠标左键按下时的位置和颜色参数，鼠标右键按下时结束程序运行。那么该如何检测鼠标左键被按下了呢？到搜索引擎中搜索 "python detect mouse click"，找到第三方模块 pynput，查看它的帮助文档，尤其是帮助文档给出的示范代码。这里用的检测鼠标按键是否被按下以及哪个按键被按下的代码，是从帮助文档原封不动地复制过来的。用 pynput 的 mouse 模块检测鼠标是否按下、按下的是哪个键以及获得鼠标选中的位置坐标，再配合 pyautogui 的 pixel()获得选中位置的颜色参数：

```
# -------------------显示鼠标选中的位置和颜色参数-------------------

from pynput import mouse    # 监听鼠标。
import pyautogui            # 获得颜色参数。

# 检测鼠标是否按下以及按下的是哪个键。
def on_click(x, y, button, pressed):

    if button == mouse.Button.right: # 如果按下的是鼠标右键。
```

实时监测鼠标位置

```
            return False                    # 返回False，终止监听线程。
            if pressed:                     # 鼠标键按下去了（不是右键）。
            pixelColor = pyautogui.pixel(int(x), int(y))
            # x、y是当前坐标，pyautogui.pixel(坐标)获得坐标处的颜色参数。
            print('坐标：({},{});  颜色参数：{}'.format(int(x), int(y), pixelColor))
                            # 输出坐标和颜色参数。

    # 监听鼠标键被按下的事件，如果想监听鼠标移动和滚动，请查看pynput技术文档。
    with mouse.Listener(on_click=on_click) as listener:
        listener.join()        # 启动监听线程。
```

本章小结

PyAutoGUI 可以帮助做一些简单的图形界面自动化工作。在本章最后一个例子中，为了实时监测鼠标位置，引入了第三方模块 pynput。

习题

1. 有些软件或网站会检测用户是不是活跃，检测到用户不活跃会在状态上显示离线或提示退出，写一个程序控制鼠标和键盘解决这个问题。

2. 微信对群消息发送管理很严，写程序控制鼠标和键盘，看能不能在群里发送消息（建一个实验用的群）。

第 20 章

OCR 识别图片和 PDF

上的文字

第 9 章介绍的第三方模块 PyPDF2 只能提取 PDF 文件里的英文字符，提取不了中文字符。本章将引入第三方模块 PyOCR 和 pytesseract，把图片上的所有文字识别出来。PDF 文件可以先用第三方模块 Wand 转成图片（参见 17.3.13 小节），而后再进行图片文字识别。Wand、PyOCR 或 pytesseract 是本章要使用的第三方模块：Wand 的内核是图片处理软件包 Imagemagick，PyOCR 和 pytesseract 的内核是光学字符识别（Optical Character Recognition，OCR）软件包。

学习重点

引入第三方模块 PyOCR 或 pytesseract 识别图片上的文字。引入第三方模块 OpenCV 对图片做识别前的预处理，提高识别率。识别 PDF 文件上的文字。

20.1　Tesseract 和 Pillow 需要先安装

OCR 可以把图片上的文字自动识别出来，转换成我们能处理的字符串。这里用 Tesseract 软件包来做 OCR，Tesseract 软件包和识别语言库要提前安装。Tesseract 用命令行识别图片上的文字，不依赖 Python 环境。Tesseract 安装完毕后应该先用 Tesseract 命令识别图片上的文字，以确保 Tesseract 可以正常工作，参见 24.7 节。另外还要安装第三方图片处理模块 Pillow，Pytesseract 和 PyOCR 也需要它的支持。

识别图片和 PDF
上的文字

安装 Tesseract

20.2　Pytesseract 识别图片上的文字

Pytesseract 是 Tesseract 对 Python 的一个接口，裹着 Tesseract 的内核为 Python 程序扩充了 OCR 图片文字识别的功能。Pytesseract 能识别的图片

Pytesseract 识别
图片上的文字

类型（JPEG、PNG、GIF、BMP、TIFF……）比直接用 Tesseract 命令行识别的类型（JPEG、PNG、TIFF 和 Z）更多，而且可以将识别出来的内容保存到字符串或文本文件中，Tesseract 只能保存到文本文件里。在 Python 程序中用 Pytesseract 做图像识别时，先要安装第三方模块 Pytesseract，安装完毕后在程序中引入。除此之外，还要安装和引入 Pillow 模块，用来打开图片文件和生成图片对象：

```
from PIL import Image
import pytesseract
```

如果没有在 Windows 上将 Tesseract 的路径加进搜索路径（PATH）里，可以在程序中特别指定 Tesseract 可执行文件的位置：

```
pytesseract.pytesseract.tesseract_cmd = r'C:\Program Files (x86)\Tesseract-OCR\tesseract'
```

Mac 上若是用 brew 安装的 Tesseract，在终端窗口运行 brew list tesseract 命令，可以得到 Tesseract 的安装信息。在安装完 Tesseract 后，在终端窗口运行 Tesseract 命令行做图片文件识别，确认 Tesseract 可以被找到。

将图片上的文字识别成字符串可以用函数 pytesseract.image_to_string(Image.open('图片所在的路径+文件名'))实现，函数的返回值是识别出来的字符串。Image.open(图片路径+文件名字符串)打开图片文件，生成图片对象。如果要指定识别的语言，必须先将语言包复制到 tessdata 目录下，语言包下载和安装的详细介绍可参考 24.7.3 小节安装中文字库和识别中文：

```
print(pytesseract.image_to_string(Image.open('example.jpg'), lang='chi_sim'))
# 指定图片上要识别的内容是简体中文。
```

如果出现 tessdata 的错误，例如 "Error open data file……"，则需要在函数中明确指出字库文件的位置（以 Windows 为例）：

```
image = Image.open('example.jpg')

tessdata_dir_config = r'--tessdata-dir "C:\Program Files (x86)\Tesseract-OCR\tessdata"'
''' 指明字库文件的位置，可以指定自己字库文件的位置。  r是raw的首字母，表明字符串里的字符是
字符本身，不按特殊字符理解。 '''
```

```
str = pytesseract.image_to_string(image, lang='chi_sim', config=tessdata_dir_
config)
    # 指定识别的语言和字库文件的位置，将识别结果保存到str中。
```

20.3 PyOCR 识别图片上的文字

PyOCR 识别图片
上的文字

PyOCR 是 OCR 在 Python 环境的一个接口。注意这里提到的内核是 OCR，不像 Pytesseract 的内核是 Tesseract，说明 PyOCR 包裹的内核除了可以是 Tesseract，还可以是其他 OCR 工具，例如 Cuneiform 和 Libtesseract。PyOCR 支持所有的图片格式，可以甄别文字方向，可以指定只识别数字（当包裹的内核是 Tesseract 和 Libtesseract 时）……PyOCR 是第三方模块，需要安装和引入，需要 OCR 内核（这里用 Tesseract）和第三方模块 Pillow（打开和生成图片对象供识别）支撑：

```
import sys
import pyocr.builders

tools = pyocr.get_available_tools()  # 获得系统安装的OCR工具列表。
if len(tools) == 0:
# 如果没有安装OCR，则无法进行图片文字识别，输出提示。
    print("没有安装OCR工具")
    sys.exit(1)                         # 退出程序。

tool = tools[0]
# 这里只安装了Tesseract，所以这里tool指向Tesseract。

print("这里使用的OCR工具是{} ".format(tool.get_name()))
# 输出：这里使用的OCR工具是Tesseract。

langs = tool.get_available_languages()
# 获得所有识别语言的语言包，返回列表。

print("支持识别的语言有: {}" .format("、 ".join(langs)))
''' join是字符串对象的方法函数，把列表的元素用"、"连接起来。这里安装了简体、繁体中文和英文
字库，所以输出为"支持识别的语言有：chi_sim、 chi_tra、 eng、 osd"，排列顺序跟系统语言设置有关。
'''

lang = langs[1]              # 索引从0开始，所以1指向的是chi_tra
print("将要识别的语言是: {}".format(lang))
# 输出为"将要识别的语言是：chi_tra"。

from PIL import Image                    # 引入第三方模块Pillow的Image。

# PyOCR识别图片上的文字后，将结果保存到字符串里。
txt = tool.image_to_string(
    Image.open('example_02.png'),    # 打开和生成图片对象。
    lang=lang,                        # 指定要识别的语言。
    builder=pyocr.builders.TextBuilder()
    # 指定生成器，不指定也行，因为默认就是这个生成器。
```

```
)
print(txt)                          # txt是字符串类型。
```

也可以将结果保存到文本文件中：

```
with open("toFile.txt", 'w', encoding='utf-8') as fObject:
# 以'w'模式打开新文件，指定编码是UTF-8，生成文件对象fObject。

    builder.write_file(fObject, txt)
    # 将识别出来的字符串保存到文本文件。
```

如果 PyOCR 内核 OCR 工具用的是 Tesseract，生成器可以指定为识别数字的生成器：

```
lang = langs[2]
'''识别数字时把语言设为英文效果更好,在前面对langs的输出中可知eng是第三个元素,所以索引为2。'''

digits = tool.image_to_string(
    Image.open('digit.jpeg'),
    lang=lang,
        builder=pyocr.builders.DigitBuilder()
        # 生成器指定为识别数字的生成器。
)
print(digits)              # digits是字符串类型。
```

20.4 OpenCV 对图片做识别前的预处理

OpenCV 对图片做
识别前的预处理

Tesseract 从来不是"拿来就用"的，识别效果受很多因素制约，需要特征抽取技术、机器学习技术和深度学习技术加持，基本上文字的背景越单纯越好，像素越高越好。识别前用 OpenCV 预处理图片可以减小背景噪声对文字的干扰，提高图片文字的识别率和正确率。OpenCV 技术比较深奥，随便翻翻技术文档就能看到一堆看不懂的数学公式，好在我们只做最浅层的使用，"拿来用就好"，不需要弄明白那些"可怕"的公式。第三方模块 opencv-python 可以帮助我们在 Python 程序中应用 OpenCV，引入程序时用 import cv2。

20.4.1 打开、显示、保存、关闭图片，等待按键

常用的几个函数如下。

1. cv2.imread(图片文件,颜色模式参数)打开图片文件并生成图片对象，颜色模式参数用 1、0 和-1。1 是以彩色模式（默认）打开，忽略掉透明背景；0 是以灰度模式打开，一般来说，图片以灰度模式打开时文字识别效果好一些，如 cv2.imread('example.png', 0)；-1 是以保持图片原来模式打开。cv2.imread()返回读取的图片对象。

2. cv2.imshow（窗口名称字符串,图片对象）显示图片，图片对象是 cv2.imread()的返回值。窗口的尺寸默认是自适应的 WINDOW_AUTOSIZE，不能自己调大小。若要改成可以自己调节大小，需要用 cv2.namedWindow(窗口名称字符串，cv2.WINDOW_NORMAL)将 WINDOW_AUTOSIZE 改成 WINDOW_NORMAL。

3. cv2.destroyAllWindows()关闭所有窗口，关闭具体某个窗口用 cv2.destroyWindow（窗口名称）。

4. cv2.waitKey(0)等待键盘输入，返回值是按下的键。

5. cv2.imwrite(文件名字符串，图片对象)，将图片对象保存成图片文件。

20.4.2 以灰度模式打开图片

接下来通过一段代码来看这几个函数的用法，分别用灰度模式和彩色模式打开示例图片文件并显示，而后处于等待状态，直到用户按键后才继续后面的操作。将以彩色模式打开的图片转成灰度模式，转换成功后显示，显示图片时等待用户输入的字符。如果输入"s"字符，则将图片保存成文件后关闭，输入其他字符则直接关闭所有窗口后退出：

```python
import cv2

img = cv2.imread('baby.jpeg', 0)        # 以灰度模式打开图片。

cv2.namedWindow('GreyModeOpen', cv2.WINDOW_NORMAL)
''' 将显示的窗口GreyModeOpen尺寸设置成为WINDOW_NORMAL。第一个参数为窗口的名称，第二个参
数调整显示窗口的尺寸。第二个参数默认值是cv2.WINDOW_AUTOSIZE，可以不写。写成cv2. WINDOW_
NORMAL显示小窗口, cv2.WINDOW_AUTOSIZE显示大窗口。'''

cv2.imshow('GreyModeOpen', img)
''' 第一个参数规定用哪个窗口显示图片和窗口的标题是什么。第二个参数规定显示哪张图片。如果把
第一个参数改成'Grey', 图片baby.jpeg还是会显示，会在一个叫作'Grey'的窗口显示，窗口标题是
'Grey', 显示窗口尺寸恢复成默认，不做自动调整。因为前一条命令的cv2.WINDOW_NORMAL是为窗口
GreyModeOpen设定的。GreyModeOpen的窗口也会跟着打开，窗口内容为空，尺寸自行调整。第一个参数若
设成中文，baby.jpeg也会显示，窗口标题显示乱码。另外就是单击运行程序的绿色按钮后，前台程序是
PyCharm(假如开发环境采用的是PyCharm)，显示图片的窗口不会自动移到前台，也就是看不到图片。在Mac
上可以把鼠标指针移到屏幕下方单击dock栏上的Python解释器的图标(火箭造型，运行程序后会一直"上蹿
下跳")，使得显示图片的窗口在前台显示。'''

cv2.waitKey(0)
# 等待按键，注意要显示图片的窗口在前台时按键才有效。

img = cv2.imread('baby.jpeg')            # 用默认的彩色模式打开图片。
cv2.namedWindow('colorModeOpen', cv2.WINDOW_NORMAL)
# 窗口colorModeOpen尺寸调整成小窗口。
cv2.imshow('colorModeOpen',img)
# 显示窗口，要单击窗口，窗口才会到前台。
cv2.waitKey(0)          # 显示图片的窗口在前台时按键才有效果。

greyImg = cv2.cvtColor(img, cv2.COLOR_BGR2GRAY)
# 方法函数cvtColor()将彩色模式转成灰色模式。
cv2.namedWindow('convertGreyMode', cv2.WINDOW_NORMAL)
# 窗口convertGreyMode尺寸自适应。
cv2.imshow('convertGreyMode', greyImg)          # 显示转换后的图片。
k = cv2.waitKey(0)                               # 等待按键，返回值放入k。

if k == ord('s'):     # 如果按的是'S'键，返回字符'S'的Unicode。
    cv2.imwrite('babyGreyImg.png',greyImg)
    # 将转换的灰度模式图片保存成babyGreyImg.png。

cv2.destroyAllWindows()          # 关闭所有打开的窗口。
```

20.4.3　虚化处理和阈值处理去除背景噪声

相对于图片上的文字而言，图片其他部分都是背景，背景的噪声越少，识别效果越好。接下来调用对图片上背景噪声的处理函数预处理图片，一种是虚化处理（blur）函数，另一种是阈值处理（threshold）函数。

1. 虚化处理对椒盐噪声很有效，椒盐噪声是指背景噪声是一个一个的小黑点，好像撒了椒盐似的。虚化是虚化背景，但文字也会被虚化。如果图片上文字比较大且重，但背景布满小黑点（椒盐噪声），则用虚化预处理的效果特别好，大概是文字经得起虚化的缘故。

2. 阈值处理将图像每一个像素点的灰度值与选取的阈值进行比较并做出判断，阈值的选取依赖于具体的问题。最简单的办法就是规定一个像素值，大于这个值是文字，小于这个值是背景。当然效果很一般，所以有很多复杂的变种，有兴趣的朋友可以搜索 OpenCV 的技术文档来研究，这里只调用预处理函数，不去研究实现机理。

3. 可以把虚化处理和阈值处理结合起来用，先虚化再阈值。目标是提高文字识别的正确率，哪种函数或函数组合的预处理效果好，使得文字清晰、背景噪声少，就选用哪种预处理方案。

以下这段代码用 OpenCV 的函数对图片进行预处理，显示一个处理结果后按键盘上任意键切换到下一个处理结果，处理使用的手法名称用作显示结果的窗口标题。哪种方法对背景噪声的预处理效果好，就在图像识别代码前加入哪种预处理方法。代码如下：

```
# ---------------------- 虚化处理和阈值处理去除背景噪声 ----------------------

import cv2

img = cv2.imread('example.png', 0)
# 以灰度模式打开图片并生成图片对象，灰度模式有助于提高识别率。

blurMedian = cv2.medianBlur(img, 3)                    # 中值虚化预处理。

blurGaussian = cv2.GaussianBlur(img,(5,5),0)      # 高斯虚化预处理。

simpleThreshold = cv2.threshold(img, 127, 255, cv2.THRESH_BINARY)[1]
''' 最直接的阈值处理：规定一个阈值127，小于它的是背景，大于它的是文字，cv2.THRESH_BINARY
参数位置还有其他选择。cv2.threshold()返回一个列表，列表的第二个元素是待处理的图片对象，所以用
索引1。 '''

adaptiveThreshold1 = cv2.adaptiveThreshold(img, 255, cv2.ADAPTIVE_THRESH_MEAN
_C, cv2.THRESH_BINARY, 11, 2)
''' 中值自适应阈值处理：cv2.ADAPTIVE_THRESH_MEAN_C，阈值取邻近区域的中值。返回处理后的
图片对象，注意第一个参数图像对象img必须是灰度模式。 '''

adaptiveThreshold2 = cv2.adaptiveThreshold(img, 255, cv2.ADAPTIVE_THRESH_GAUS
SIAN_C, cv2.THRESH_BINARY, 11, 2)
''' 高斯自适应阈值处理:cv2.ADAPTIVE_THRESH_GAUSSIAN_C,阈值是加了权重的邻近区域值的和，
而这个权重的计算使用了高斯窗（Gaussian Window）。 '''

otsuThreshold1 = cv2.threshold(img, 0, 255,
cv2.THRESH_BINARY+cv2.THRESH_OTSU)[1]                  # OTSU二值化处理。
```

```
otsuThreshold2 = cv2.threshold(blurGaussian, 0, 255,
cv2.THRESH_BINARY+cv2.THRESH_OTSU)[1]
''' 先高斯虚化过滤后，再做OTSU二值化处理。也可以先中值虚化后再自适应阈值处理，或先高斯虚化
过滤后再自适应阈值处理，看哪个预处理效果好。'''


titles = ['Original Image', 'Gaussian filtered Image', 'Median blur', 'Global
Thresholding(v=127)', 'Adaptive Mean Thresholding', 'Adaptive Gaussian Thresholding',
"Otsu's Thresholding", "Otsu's Thresholding after Gaussian filter"]
# 把处理手法名称字符串加入列表，作为预处理后显示窗口的窗口标题。

images = [img, blurGaussian, blurMedian, simpleThreshold, adaptiveThreshold1,
adaptiveThreshold2,otsuThreshold1, otsuThreshold2]
# 预处理后的图片对象列表，与titles列表对应。


for title, image  in zip(titles, images):
''' zip()是Python的内置函数，可以像拉链一样把titles和images两个列表连接在一起，使得
title和image步伐一致地从两个列表里取元素。'''


    cv2.imshow(titles, images)
    # 显示预处理后的图片，窗口标题从标题列表中取，预处理后的图片对象从对象列表中取。
    cv2.waitKey(0)
    ''' 等待按键结束本次循环，开始下一次循环。注意对按键有反应必须是窗口在前台的情况下，前
台窗口标题背景为蓝色，后台窗口标题背景为灰色。'''
```

这里用的样本有限，试的两张图片一张是高斯自适应处理的效果好，另一张是 OTSU 二值化处理的效果好。

20.5　先减少背景噪声，再做图片文字识别

为了提高识别率，先用 opencv-python 对扫描的图片做预处理（减少背景噪声），然后调用 Pytesseract 识别图片上的文字，处理步骤如下：将图片的颜色模式转成灰度模式，再用 OTSU 做二值化处理；预处理结果保存成临时图片文件；调用 Pytesseract 识别临时图片上的文字，识别完毕后删掉临时图片。引入 Python 的内置模块 Tkinter 用图形化对话窗口定位要识别文字的图片，内置模块可以直接引入而不必另行安装。这里对 Tkinter 不做过多解释，只借助它的函数打开对话窗口找到文件。另外引入内置模块 os 的函数删除临时文件。

代码如下：

```
# ------------------ OTSU二值化后做图片文字识别 --------------------

from PIL import Image         # Pytesseract在识别图片上的文字时要用。
import pytesseract            # 识别图片上的文字。
import cv2                    # 图片预处理，减少背景噪声。
import os                     # 删除临时文件。
from tkinter import Tk        # 图形化界面。
from tkinter.filedialog import askopenfilename
# 引入定位文件的窗口函数。

Tk().withdraw()               # 不显示根窗口，因为不是要全部图形化界面。
imgName = askopenfilename()
```

```
''' 显示"打开"窗口定位图片文件，程序要识别这张图片上的文字。返回选中的图片文件的路径+文件
名字符串。'''

    # 预处理图片。

    greyImg = cv2.imread(imgName, 0)
    # 预处理第一步：以灰度模式打开图片，生成灰度图片。
    greyImg = cv2.threshold(greyImg, 0, 255,cv2.THRESH_BINARY | cv2.THRESH_OTSU)[1]
    # 预处理第二步：用OTSU二值法，返回的是列表，第二个元素（索引为1）指向被处理的图片。

    filename = "{}.png".format(os.getpid())
    # 用系统进程ID（os.getpid()）生成的文件名。
    cv2.imwrite(filename, greyImg)              # 将预处理图片保存成临时文件。

    # 调用Pytesseract将图片上的文字识别出来。
    txt = pytesseract.image_to_string(Image.open(filename))

    os.remove(filename)                         # 删除临时图片文件。

    with open("toFile.txt", 'w', encoding='utf-8') as fObject:
        fObject.write(txt)                      # 将识别出来的字符串保存到文本文件。
```

提高图片文字的识别率和正确率要考虑的因素很多，跟图片上文字的背景有关系，跟图片分辨率有关系，跟识别用的字库的识别能力也有关系（字库可以训练），总之涉及的技术手段很多。除了减少背景噪声外，还有一些预处理工作我们也可以做，例如把图片上有文字的部分截取下来识别（效果很明显）；把图片上的文字分成一小段一小段识别，甚至分成一个一个字符来识别……有兴趣的读者可以自行研究。

神奇手
ImageMagick1

神奇手
ImageMagick2

神奇手
ImageMagick3

神奇手
ImageMagick4

神奇手
ImageMagick5

20.6　识别 PDF 上的文字

魔法棒 Wand1

魔法棒 Wand2

识别 PDF 上的文字分以下几步进行。

1. 引入 Wand 模块，把 PDF 文件转成图片序列，通过序列的索引获得 PDF 的每一页。

2. 遍历这个图片序列，把序列的每一页变成 Wand 图片对象并转成灰度模式（提高识别度最简单的预处理）。接下来本应添加图片进图片列表 req_image 中，却遇到一个问题：PyOCR 模块中用于图片文字识别的函数形参只接收 Pillow 的 Image 模块打开的图片，即 PIL.Image.open()，不接收 Wand 图片对象。PIL.Image.open()也不接收 Wand 图片对象。可以将 Wand 图片对象保存成图片文件，然后用 PIL.Image.open()打开这个图片文件。但保存和打开图片文件用硬盘做媒介，硬盘读取和写入都很慢，图片文件多时会大幅降低处理速度。

3. 有个快的处理方法：相比内存的操作，先用 Wand 图片对象的 make_blob()函数将每个 Wand

图片对象转成二进制数据流放入列表 req_image 中；接着遍历列表 req_image，用 io.ByteIO()读取二进制数据流，返回可以被 PIL.Image.open()接收的值；然后调用 PyOCR 模块的函数做图片文字转换。

4. 将识别结果放进列表 final_text，用 pprint 模块的 pprint()显示出来。

代码如下：

```
# --------------------- 识别PDF上的中文字符 ---------------------

from wand.image import Image as wandImage      # PDF -> JPEG。
from PIL import Image as pillowIMage            # PyOCR需要。
# 两个功能模块都叫Image，所以各自取了名字以便区分。


import pyocr.builders          # OCR识别。
import io                      # 将Wand处理结果传给Pillow。
import pprint                  # 漂亮地输出。


# PyOCR初始化。

tool = pyocr.get_available_tools()[0]
# 获得OCR内核工具，这里用的是Tesseract。
lang = tool.get_available_languages()[0]
# 获得识别用语言，这里用的是简体中文，参见20.3节PyOCR识别图片上的文字。

req_image = []               # 存放从PDF转换过来的图片二进制数据流。
final_text = []              # 存放识别结果，每个元素是每一页识别出来的文字。

ima_pdf = wandImage(filename='instance.pdf', resolution=300)
# 打开PDF文件，生成Wand图片对象。分辨率设为300像素，设高分辨率有助于提高识别率。
image_jpeg = ima_pdf.convert('jpeg')
# PDF文件转成图片，实际上是个图片序列，序列的长度与PDF的页数相同。

for img in image_jpeg.sequence:        # 遍历图片序列的每页图片。
    img_page = wandImage(image=img)    # 生成Wand图片对象。
        img_page.type = 'grayscale'
    # 转成灰度模式有助于OCR识别文字。
    req_image.append(img_page.make_blob('jpeg'))
    # 转成二进制数据流放进列表。

for img in req_image:                  # 一页一页地进行OCR识别文字。
    text = tool.image_to_string(
        pillowIMage.open(io.BytesIO(img)),
        # io.BytesIO()从内存中读入二进制数据流。
        lang=lang,   # 识别语言。
        builder=pyocr.builders.TextBuilder() # 识别器。
    )

    final_text.append(text)            # 将识别出来的结果添进列表。

pprint.pprint(final_text)              # 显示识别结果。
```

本章小结

无论是 PyOCR 还是 Pytesseract，在这里都是调用内核 Tesseract 识别图片上的文字。OpenCV 的原理和使用方式很复杂，这里是几乎没做个性化调整直接搬过来用的，目的在于了解这样一个帮忙做预处理的模块。

习题

1. 从本书中找几页拍下来，然后写程序识别照片上的字。
2. 找一个内容不多的 PDF 文件，用程序识别文字。
3. 找含有繁体中文的图片或 PDF 文件，写程序识别文字。

第 21 章

面向对象编程，从量变

到质变

用类和对象是为了更好地模拟和描述现实世界。更好地模拟问题，才能更好地设计和实践解决问题的方案。举个例子，在现实世界中一说到狮子，狮子身上的很多标签就会跟着跳出来，猛兽、食肉、群居、生活在非洲大草原……狮子很会吼，狮吼的震慑力很强；狮子当然也得很能跑，不然猎物羚羊跑那么快，跑得慢抓不到猎物可是要饿肚子的；另外狮子是哺乳动物，会抚养自己的幼兽……这些特点和行为是狮子这个群体共有的，一提狮子，这些特点和行为就跟着跃入脑海。类 class 的概念就好比狮子这个类别，不具体到哪一头狮子，而是指抽象的狮子这个群体。狮子的特征（如群居、生活在非洲大草原、食肉等）用狮子的属性 attribute 来表示。而狮子的行为和具备的能力 capability（狮吼、奔跑、捕猎、抚养幼兽）则用狮子的方法函数 method 来表示。

对象是类的实例，由类生成，一出生就具备类所有的属性和行为能力。如果说类是抽象的，那么对象就是具体的；对象要占据内存空间，而类是创建对象的模板，不占内存空间。各个对象拥有的数据互相独立、互不影响，与对象绑定的方法函数可以直接访问对象的数据。《狮子王》里的辛巴和《马达加斯加》里的 Alex 是狮子这个类的两个实例（对象），辛巴和 Alex 不仅具备狮子类的所有特点和能力，还可以拥有自己特有的属性和行为，例如辛巴是王子，生活在非洲大草原，Alex 生活在动物园里（对象的属性可以更改、添加）。

我们一直在使用类和对象，无论是基础部分接触到的数据类型（Python 的数据类型都是对象，都有自己的属性和方法函数），还是在实例部分引入的第三方模块。这些功能模块使用类和对象帮助我们操控 PDF、Word、Excel、图片、CSV、JSON、电子邮件、微信和实现图形界面自动化等，帮助我们编写了很多能解决实际问题的程序。这也体现了面向对象编程的一个好处：把复杂的实现细节和内部的数据流全部封装到类和对象里，只留出用户调用的接口。用户不必了解"黑匣子"类和对象内部的运作机制，只需按照接口要求直接拿来用就可以了。这样既方便了用户使用，又因为屏蔽外界干预而降低了出错的可能性。至于面向对象开发如何缩短代码长度、提高代码使用率、增加代码可读性、缩小代码修改影响范围、把错误影响控制在小范围……让我们在使用过程中慢慢体会吧。

学习重点

从之前的面向过程编程过渡到面向对象编程。

类的定义

21.1 类的属性和对象方法函数

21.1.1 类的首部格式

关键字 class 后面跟着类名，类名通常是以大写字母开头的单词。其后紧跟着括号，括号里放父类；没有父类就放 object 类，它是所有类的父类。括号后别忘记放一个冒号（:）开启程序块。

例如创建一个雇员类：

```
class Employee(object):
```
也可以省略成：
```
class Employee:
```

21.1.2 __init__()初始化类属性

类起到模板的作用，创建时把共有的特征写进类定义中去。__init__()是一个特殊的方法函数，可以在创建实例（或者叫作对象）时对实例进行初始化。init 是 initiate（初始化）的简写，前后各有两条下画线，两条下画线表明是类私有的，只在类内部被访问。__init__()方法函数的第一个参数永远都是 self，意指创建的对象本身：

```
def __init__(self):
```
在__init__()方法函数的内部定义类生成的实例所应该具备的属性。雇员类 Employee 生成的具体雇员实例的属性就是雇员的一些基本信息，例如姓 surname、名 fname、工资 salary、电子邮箱 email。既然这些属性属于对象，那么在类内部引用时就要在前面加上指代对象本身的 self 前缀，即 self.surname、self.fname、self.salary 和 self.email。它们初始化的值由外界的实参通过形参赋进来，所以函数头的形参部分需要添加接收实参的形参：

```
def __init__(self, surname, fname, salary):
```
对属性进行初始化：
```
self.surname = surname
self.fname = fname
self.salary = salary
```
属性和形参的名字不必相同。

21.1.3 能在内部解决就在内部解决

self.email 可以进行数据封装，能在类内部解决就尽量在类内部解决，不用外界输入可降低出错的概率。另外姓名的使用率比较高，所以再添加一个属性 fullname，方便后续使用：

```
class Employee:

    def __init__(self, surname, fname, salary):
    # 形参接收实参后，对属性进行赋值。

        self.fname = fname
        self.surname = surname
        self.salary = salary
        self.fullname = self.fname + ' ' + self.surname
```

```
    ''' 初始化属性时用外面传进来的数据（形参），之后类的内部都尽量使用类自己的数据（数据
封装），例如这里用属性，而不是形参。'''
        self.email = self.fname + '.' + self.surname +        '@PythonABC.org'
```

21.1.4 生成对象时自动调用__init__()

用类 Employee 生成对象时，会自动调用__init__()这个特殊的方法函数。__init__()有 4 个形参，第一个参数 self 比较特殊，调用时不用给实参，所以生成对象时只需要给 3 个实参：

```
# 生成两个对象。
employee1 = Employee('Harry', 'Potter', 4000)
employee2 = Employee('Bilbo', 'Baggins', 6000)
```

21.1.5 定义和在类外调用方法函数

接下来在类里定义一个汇总对象基本信息的方法函数 infoSummary()。对象的方法函数的第一个参数是 self，指代对象自身。引用对象的属性和方法函数，若在类外引用加前缀 employee1、employee2，若在类内引用则加前缀 self：

```
def info_summary(self):

    return '{}, {} \n{}'.format(self.fullname, self.salary, self.email)
```
在类外将汇总信息输出：
```
print(employee1.info_summary())
print(employee2.info_summary())
```
程序运行结果：
```
Harry Potter, 4000
Harry.Potter@PythonABC.org
Bilbo Baggins, 6000
Bilbo.Baggins@PythonABC.org
```

21.1.6 类属性的定义和引用

一般情况下，除了表现特别突出的员工，大多数员工每年涨工资的幅度是固定的，假定某个公司的涨幅为 4%（raiseAmount = 1.04）。公司涨幅是属于公司的，不属于个体员工，延伸到类和对象就是 raiseAmount 是类属性，不是对象属性。类属性在方法函数外定义，在类内引用用 Employee.raiseAmount，而不像对象属性那样用 self.raiseAmount。类外引用视情况可以用 Employee.raiseAmount，也可以以对象属性的形式间接引用，后面会解释。类属性 raiseAmount 在涨工资的方法函数 raise_salary()内会用到：

```
class Employee:

    raiseAmount = 1.04
    …
    def raise_salary(self):

        self.salary = self.salary * Employee.raiseAmount
```
在有些情况下，非得是类属性不可，例如统计雇员数目的属性 employeeNum，初值为 0，放在初始化__init__()中自加 1：

```
class Employee:

    employeeNum = 0              # 类属性。
```

```
        …
    def __init__(self, first, surname, salary):
        …
        Employee.employeeNum += 1
        …
```

每生成一个实例就会调用一次初始化函数__init__()，类属性 employeeNum 也跟着自加 1。生成 employee1 和 employee2 之后，Employee.employeeNum 的值变为 2。

21.1.7 有时对象需要自己特有的属性

员工对象调用方法函数 raise_salary()工资涨 4%，可有一名叫比尔博的员工历经千辛万苦拿回精灵宝钻，4%的涨幅肯定无法匹配如此汗马功劳，怎么说也得 8%（raiseAmount = 1.08）。类和对象的属性都可以在类外添加或修改（有安全隐患）：

```
employee2.raiseAmount = 1.08
```

这样对象 employee2 比尔博就有别于其他雇员对象，有了自己的对象属性 raiseAmount 了。如果在类外使用 print(employee2.raiseAmount)语句，显示的会是 1.08。

21.1.8 类属性、对象属性和对象专有属性之间的关系

那么 print(employee1.raiseAmount)是多少呢？Employee 类里有一个类属性 raiseAmount，因为没有定义对象属性 raiseAmount，所以 employee1 也没有自己的对象属性 raiseAmount。Python 解释器的处理方法是：先找对象 employee1 的属性，找不到会去 employee1 所属的 Employee 类找有无 raiseAmount 类属性，所以 employee1.raiseAmount 的值取 employee1 所属类 Employee 的属性 raiseAmount，为 1.04。

员工比尔博（employee2）的工资增长率现在是 1.08，但涨工资调用方法函数 raise_salary()给他加工资时使用的增长率却是 Employee.raiseAment，即还是 1.04，可见在方法函数 raise_salary()内计算工资时的增长率用类属性是不妥的，应改成对象属性：

```
def raise_salary(self):
    …
    self.salary = self.salary * self.raiseAmount
    # self.raiseAmount定义对象属性。对象自己的属性找不到时才会去找类属性。
```

类属性为类所有，所有实例共享类属性。应尽量避免对象属性和类属性同名，同名的情况下，对象属性会屏蔽掉类属性，有时会产生难以发现的错误。

总结一下，上面一共提到了 3 种属性：类属性（如 employeeNum）；对象属性，所有对象都有的属性（如 frame、surname），一般在方法函数__init__()中定义；某个对象的专有属性（例如 employee2 的专有属性 raiseAmount），生成对象后在类外添加。

21.2 类方法函数和静态方法函数

方法函数和继承

对象的方法函数，是与对象绑定的函数，第一个参数永远是指向自身的 self，调用时不传递该参数。外部代码通过调用对象（或者叫实例）的方法函数来访问和操作数据，而不必了解内部结构和具体的操作细节。这符合面向对象编程的原则：把数据和逻辑封装起来。那么除了对象的方法函数，类里面还有其他类型的函数么？

继续看前面定义的 Employee 类，因为效益好，公司决定将所有员工的工资增长幅度从 4%提高到 6%，可以直接在类外用 Employee.raiseAmount = 1.06 进行调整么？可以，但是不主张。因为

这样做隐患大，可能会输入非法数据，所以最好把对类内数据的操作封装在类内部。

21.2.1 类方法函数

要改变的是类属性 Employee.raiseAmount，用属于整个类的方法函数来修改类属性。类方法函数用装饰器@classmethod 表明身份，装饰器可以让其他函数在不需要做任何代码变动的前提下增加额外功能。类方法函数的第一个形参用指代类本身的 cls（class），函数内部访问类属性 raiseAmount 时用 cls.raiseAmount：

```
…
    @classmethod                              # 装饰器。
    def set_raise_amount(cls, amount):
    # 形参amount接收传进来的工资调整幅度。


    cls.raiseAmount = amount
        # 对类属性raiseAmount进行赋值。如果要做输入检查，在这里做。

…
print(Employee.raiseAmount)               # 输出改变之前的类属性值1.04。
Employee.set_raise_amount(1.06)           # 调用类方法函数设置属性值。
print(Employee.raiseAmount)               # 输出改变之后的类属性值1.06。
```

属于实例的方法函数第一个形参必须为指代实例的 self，属于类的方法函数第一个形参必须为指代类的 cls。

21.2.2 静态方法函数

方法函数除了有对象方法函数和类方法函数这两种类型外，还有一种类型——静态方法函数。静态方法函数跟类有逻辑上的联系，例如在雇员 Employee 这个类里定义一个显示某个日期是星期几的函数 what_day(day)，这个函数跟雇员的工作安排有关系，但是又不属于类和对象。类内部静态函数用装饰器@staticmethod 表明身份，除此之外跟普通函数没区别，不像其他方法函数要求第一个参数必须是 cls 或 self：

```
@staticmethod            # 表明是静态方法函数的装饰器。
def what_day(day):       # 形参接收日期型的实参。


    num = day.weekday()
    ''' 日期型的变量的方法函数weekday()返回星期几。Python所有的数据类型都是对象，都有自
己的属性和方法函数（内置工具包）。'''


    if num == 0:          # 周一。
        print('\n嗨，笑一个，周一一周才一次而已!')
    if num == 1:          # 周二。
        print('\n谢天谢地，周一终于过去了，周二你好!')
    if num == 2:          # 周三。
        print('\n周三是个转折点，苦尽甘要来喽!')
    if num == 3:          # 周四。
        print('\n周四快乐! 小声说一句，周五近在咫尺!')
    if num == 4:          # 周五。
        print('\n周五呀，你跑哪里去啦? 等你等到花儿都谢了!')
    if num == 5:          # 周六。
        print('\n周六适合来点儿奇遇!')
```

```
        if num == 6:              # 周日。
            print('\n在这个美好的星期天……')
```

在类外调用类内的静态函数 what_day() 要在前面加前缀 Employee。实参是 date 类型，所以从 datetime 模块引入 date 和 timedelta，时间段要用到 timedelta：

```
from datetime import date          # 日期类型。
from datetime import timedelta
# 时间段，即多长时间，如5天、23秒。

day = date.today()                 # 日期取今天。
Employee.what_day(day)             # 调用类的静态函数，得到今天星期几。

day = date.today() + timedelta(days = 4) # 4天后的日期。
Employee.what_day(day)
# 调用类的静态函数，得到4天后是星期几。
```

21.2.3 详细了解类的信息

要查看类和对象的属性和方法函数，可以通过 employee1.__dict__、Employee.__dict__、dir(employee1) 和 dir(Employee) 查看简化版。通过 help(Employee) 和 help(employee1) 则可以看到类 Employee 自身以及从父类继承来的属性和方法函数的详细介绍。

print(help(Employee)) 的输出结果：

```
class Employee(builtins.object)
 |  Employee(first, surname, salary)
 |
 |  Methods defined here:            # 对象的方法函数的定义在这里。
 |
 |  __init__(self, first, surname, salary)
 |      Initialize self.  See help(type(self)) for accurate signature.
 |
 |  info_summary(self)
 |
 |  raise_salary(self)
 |  ----------------------------------------------------------------------
 |  Class methods defined here:      # 类的方法函数的定义在这里。
 |
 |  set_raise_amount(amount) from builtins.type
 |  ----------------------------------------------------------------------
 |  Static methods defined here:     # 静态方法函数在这里定义。
 |
 |  what_day(day)
 |  ----------------------------------------------------------------------
 |  Data descriptors defined here:   # 对数据的描述在这里定义。
 |
 |  __dict__
 |      dictionary for instance variables (if defined)
 |
 |  __weakref__
 |      list of weak references to the object (if defined)
 |  ----------------------------------------------------------------------
 |  Data and other attributes defined here: # 类属性在这里定义。
```

```
|
|    employeeNum = 6
|
|    raiseAmount = 1.04
```

21.3　类与对象之继承

类可以"父业子承"，定义一个新类时，可以从某个现有的类继承所有的属性和方法。新类称为子类（subclass），而被继承的类称为基类、父类或超类（base class、super class）。子类自己的属性和方法如果和父类的重名，会覆盖掉父类的属性和方法。

21.3.1　定义子类

假如随着公司规模的扩大，需要对雇员分门别类地进行管理。建一个作家的类：

```
def Employee(object):          # 没有父类就写object。
…

def Writer(Employee):          # Writer是Employee的子类。
    pass
    # Writer自己内容为空，方法和属性都从父类继承。留空会出错，所以写pass。

empWriter1 = Writer('Mark', 'Twain', 8000)
# 实际上是调用了父类Employee的方法函数__init__()初始化对象。

print(empWriter1.info_summary())
# 调用了父类Employee的方法函数info_summary()。
```

类 Writer 内容虽为空，但因为父类是 Employee，所以继承了 Employee 所有的属性和方法。这段代码的输出结果为：

```
Mark Twain, 8000
Mark.Twain@PythonABC.org
```

子类可以有自己的属性和方法函数，例如类 Writer 生成的对象除了有姓名和工资的属性外，还希望加上代表作（masterwork）属性。这个要求 Writer 只靠从父类继承就无法满足了。Writer 需要在自己的初始化函数__init__()内加上属性 masterwork，其他跟父类一样的属性继续调用父类的初始化函数初始化。在子类的方法函数里调用父类方法函数有两种方式：一种是属性前面加前缀 super()；另一种是属性前面加上父类名字前缀。如果不止一个父类，那就只能用第二个办法了。另外 Writer 类的方法函数 info_summary()要稍微变一下，需要增加代表作参数。作家的工资增长幅度 raiseAmount 也要单独做些调整。

作家类多加一个类函数 new_from_string()，使其可以接收字符串"J.R.R-Tolkien-8000-Lord of Rings"作实参生成新对象。办法是先对字符串进行分离，英文名、姓、工资和代表作都用"-"连接，可以调用字符串方法函数 split('-')进行分离。分离出来的 4 个字符串分别放进 fname、surname、salary 和 masterwork，然后返回 Writer 对象，返回时用 return cls(fname, surname, salary, masterwork)，cls 是 class 的简写。改写后的代码如下：

```
class Writer(Employee):        # Writer是Employee的子类。

    raiseAmount = 1.1
    # Writer定义了自己的raiseAmount，屏蔽父类同名属性。
```

```
        def __init__(self, first, surname, salary, masterwork):
        # 初始化方法函数增加一个接收代表作的形参。

            super().__init__(first, surname, salary)
            # 只有一个父类，加super()前缀调用父类的方法函数进行初始化。
        self.masterwork = masterwork
        # 子类自己独有的属性。

        def info_summary(self):
        # 汇总信息输出的方法函数。增加了代表作的输出，屏蔽了父类同名方法函数。

            return '{}, {} \n{}\n{}'.format(self.fullname, self.salary, self.email,
self.masterwork)

        @classmethod
        def new_from_string(cls, empstr):

            fname, surname, salary, masterwork = empstr.split('-')
            # 分离用 "-" 连接的字符串。
            return cls(fname, surname, salary, masterwork)
            # 返回类Writer的对象，类内用cls指代Writer类本身。
```

21.3.2　子类中父类的同名属性和方法函数会被屏蔽

在子类里，无论是属性还是方法函数，只要与父类同名，子类就会屏蔽掉父类的同名属性和方法函数：

```
empWriter1 = Writer('Mark', 'Twain', 8000, 'The adventure of Tom Sawyer')
# 生成Writer类的实例（对象）。
print(empWriter1.info_summary())                    # （1）。
# 输出Writer对象的汇总信息，屏蔽了父类同名方法函数，增加了代表作masterwork。

empStr = 'J.R.R-Tolkien-8000-Lord of Rings'
empWriter2 = Writer.new_from_string(empStr)
# 接收指定格式的字符串。

print(empWriter2.info_summary())                    # （2）。
print(empWriter1.raiseAmount)                       # （3）。
```

语句（1）输出：

```
Mark Twain, 8000
Mark.Twain@PythonABC.org
The adventure of Tom Sawyer
```

语句（2）输出：

```
J.R.R Tolkien, 8000
J.R.R.Tolkien@PythonABC.org
Lord of Rings
```

语句（3）输出 1.1。类 Writer 没有给对象 empWriter1 定义 raiseAmount 属性，Python 解释器找不到对象属性后会尝试着去找 Writer 类有没有类属性 raiseAmount，Writer 定义了类属性 raiseAmount。在 Writer 中，Writer 自己的类属性 raiseAmount 屏蔽了父类 Employee 的同名类属性。

21.3.3　子类新增自己特有的方法函数，重写父类不适用的属性和方法函数

再建一个 Employee 的子类：Leader 类。相比 Employee 类，Writer 类初始化对象时加了一个代表作 masterwork，Leader 类初始化对象时则多加一个向其汇报的下属列表。考虑到生成 Leader 对象时在没有实参传入时也不能报错，因此使用 None 作为下属列表参数的默认值。此外 Leader 对象的信息汇总函数 info_summary()，要把下属的姓名汇总进去。再增加添加下属 add_sub() 和删除下属 remove_sub() 两个方法函数：

```python
class Leader(Employee):

    def __init__(self, fname, surname, salary, subordinates=None):
    # 接收下属列表的参数subordinates默认值为None，被调用时没传入实参就用默认值。

        Employee.__init__(self, fname, surname, salary)  # （1）。

        if subordinates is None:          # 为None时说明没传实参。
            self.subordinates = []        # 没传实参时下属列表设为空。
        else:
            self.subordinates = subordinates

    def add_sub(self, sub):
    # sub接收雇员对象。

        if sub not in self.subordinates:
        # 雇员不在下属列表则添加。

            self.subordinate.append(sub)
            # 列表的方法函数append()。

    def remove_sub(self, sub):

        if sub in self.subordinates:
        # 雇员在下属列表里则删除。

            self.employees.remove(sub)
            # 列表的方法函数remove()。

    def info_summary(self):
    # Leader自己汇总信息的方法函数。

        subNameList = []                  # 下属名字列表初值为空。
        if self.subordinates:             # 如果下属列表不为空。
            for sub in self.subordinates:  # 遍历下属列表。
                subNameList.append(sub.fullname)
                # 添加下属的姓名到姓名列表subNameList。
        return '{}, {} \n{}\n{}'.format(self.fullname, self.salary, self.email, subNameList)
```

前面提过，在子类内部调用父类方法函数有两种方式：一种是方法函数前加上父类前缀 Employee，这种方式要求该方法函数的第一个形参放 self，如语句（1）；另一种是在方法函数前加前缀 super()，这样该方法函数的第一个形参不需要放 self，但这种方法不适用于多个父类的情况。

241

21.3.4　对传入的参数进行检查

类 Leader 对象初始化时用形参 subordinates 接收一个 Employee 对象列表后，赋值给新加的 subordinates 属性。属性 subordinates 按设计应该是个列表，但如果实参传过来的不是列表，而是一个 Employee 对象会出现什么情况？类 Leader 的__init__()虽然可以接收，但后面方法函数的调用却会出错，因为方法函数对下属的添加和删除都是以 subordinates 是列表类型为前提设计的。

如果 subordinates 接收的是一个字符串实参，调用列表方法函数 add_sub()和 remove_sub()时，执行到 self.subordinates.append(sub)或 self.employees.remove(sub)就会报错，因为 append()和 remove()是列表型数据对象才有的方法函数。为了清除这个可能出错的隐患，在给 subordinates 属性赋值时加一个判断：如果传进来的是列表，予以接收；如果传进来的不是列表，是 Employee、Writer 或 Leader 的对象，那么就先转换成列表再予以接收；其他情况统统给出错误提示，不予接收。在实际应用中，对传进来的数据应该做更严格的检查：

```
…
def __init__(self, fname, surname, salary, subordinates=None):

    Employee.__init__(self, fname, surname, salary)
    if subordinates is None:
        self.subordinates = []
    else:
        if isinstance(subordinates, list):
            ''' 判断传进来的实参是否为列表类型。isinstance(对象,类)，判断第一个参数对象是不
是第二个参数类的对象。如果isinstance(subordinates, list)为真，严格说来还应该进一步检查列表
subordinates的每个元素是不是Employee/Writer/Leader对象。'''
            self.subordinates = subordinates
        else:
            if isinstance(subordinates, Employee) or isinstance(subordinates,
Writer) or isinstance(subordinates, Leader):
                # isinstance()判断是不是雇员对象，是雇员对象才接收进来转成列表。
                self.subordinates = [subordinates]
            else:
                print('下属参数只接收雇员对象或雇员对象列表')
                self.subordinates = []
…
```

写完这段代码后可以针对各种输入做测试。

1. 生成类 Leader 的对象时用 "empLeader1 = Leader('Julius','Caesar',20000)"，实参 'Julius'、'Caesar'和 20000 分别传给类 Leader 的初始化函数__init__()的形参 fname、surname 和 salary，没传递实参给下属参数（subordinates）。此时 subordinate 为默认值 None，所以程序中的 "if subordinates is None"为 True，执行赋值语句 "self.subordinates= []"。生成 Leader 对象后，执行 "print(empLeader1.info_summary())"，输出结果为：

```
Julius Caesar, 20000
Julius.Caesar@PythonABC.org
[]
```

2. 生成类 Leader 的对象时用 "empLeader1 = Leader('Julius','Caesar',20000, [employee1, employee2])"，实参'Julius'、'Caesar'、20000 和[employee1, employee2]分别赋给形参 fname、surname、salary 和 subordinates。生成 Leader 对象后,执行"print(empLeader1.info_summary())"，

输出结果为：

```
Julius Caesar, 20000
Julius.Caesar@PythonABC.org
['Harry Potter','Bilbo Baggins']
```

3. 生成类 Leader 的对象时用 "empLeader1 = Leader('Julius','Caesar',20000,'tom')"，传给形参 subordinate 的实参是字符串'tom'。"isinstance(subordinates,list)" 判断出 subordinates 不是列表 List 类型，"isinstance(subordinates,Employee) or isinstance(subordinates,Writer) or isinstance(subordinates,Leader)" 判断出 subordinates 不是 Employee、Writer 和 Leader 类型，所以执行了 "print('下属参数只接收雇员对象或雇员对象列表')" 和 "self.subordinates = []"。生成 Leader 对象后，执行 "print(empLeader1.info_summary())"，输出结果为：

```
Julius Caesar, 20000
Julius.Caesar@PythonABC.org
[]
```

4. 生成类 Leader 的对象时用 "empLeader1 = Leader('Julius', 'Caesar',20000,empWriter1)"，传给形参 subordinate 的实参是 Writer 类的对象。"isinstance(subordinates,Writer)" 为真，所以执行了 "self.subordinates = [subordinates]"。生成 Leader 对象后，执行 "print(empLeader1.info_summary())"，输出结果为：

```
Julius Caesar, 20000
Julius.Caesar@PythonABC.org
['Mark Twain']
```

21.3.5　测试类的方法函数和判断关系

测试 Leader 的方法函数 add_sub()，empLeader1 目前的下属列表为['Mark Twain']：

```
empLeader1.add_sub(employee1)
print(empLeader1.info_summary())
```
输出结果：

```
Julius Caesar, 20000
Julius.Caesar@PythonABC.org
['Mark Twain', 'Harry Potter']
```
紧接着测试 Leader 的方法函数 remove_sub ()：

```
empLeader1.remove_sub(employee1)
print(empLeader1.info_summary())
```
输出结果：

```
Julius Caesar, 20000
Julius.Caesar@PythonABC.org
['Mark Twain']
```
isinstance(对象，类)判断对象是不是类的实例：

```
print(isinstance(empWriter1, Employee))        # 输出结果：True。
print(isinstance(empWriter1, Writer))          # 输出结果：True。
print(isinstance(empWriter1, Leader))          # 输出结果：False。
```
issubclass(子类，父类)判断是不是父类与子类的关系：

```
print(issubclass(Writer, Employee))            # 输出结果：True。
print(issubclass(Writer, Leader))              # 输出结果：False。
```
hasattr(类或对象，属性名字符串)判断类或对象是不是具有某个属性：

```
print(hasattr(empLeader1, 'subordinates'))     # 输出结果：True。
print(hasattr(empWriter1, 'subordinates'))     # 输出结果：False。
```

```
print(hasattr(Employee, 'employeeNum'))          # 输出结果：True。
```

总结：子类可以把父类的所有功能继承，直接拿过来用，不必从零做起；子类可以新增自己特有的方法函数，也可以把父类不适用于自己的属性和方法函数覆盖重写。

21.4　类的属性不简单

类的属性不简单

以目前对类 Employee、Writer 和 Leader 的定义，通过它们生成的对象在类外对属性进行修改是被允许的。这就带来了两个问题：一个是修改属性后其他用到这个属性的部分能自动更新么？另一个是在类外任意修改属性不怕输入进来的是"非法数据"么？对第一个问题的回答是"不能！"，对第二个问题的回答是"怕！"。

21.4.1　修改属性不能引发同步更新

先来看第一个问题。在类外对 Employee 生成对象的属性进行修改，为了看着方便，把前面对类 Employee 的定义搬过来：

```
class Employee:
…

    def __init__(self, surname, fname, salary):
        self.fname = fname
        self.surname = surname
        self.salary = salary
        self.fullname = self.fname + ' ' + self.surname
        self.email = self.fname + '.' + self.surname + '@PythonABC.org'

    def info_summary(self):
        return '{}, {} \n{}'.format(self.fullname, self.salary, self.email)
…
```

在类外生成对象，并输出汇总信息：

```
employee2 = Employee('Bilbo', 'Baggins', 6000)
print(employee2.info_summary)
```

输出结果：

```
Bilbo Baggins, 6000
Bilbo.Baggins@PythonABC.org
```

此时如果在类外通过对象对属性值进行修改，然后输出：

```
employee2.fname = 'Frodo'
print(employee2.fname)
```

输出结果：

```
Frodo
```

说明对属性的修改成功了。

而调用对象的方法函数 info_summary()汇总输出：

```
print(employee2.info_summary)
```

信息汇总的输出却依然是：

```
Bilbo Baggins, 6000
Bilbo.Baggins@PythonABC.org
```

也就是说，对象属性 fname 的更新虽然成功，但在它基础上生成的 fullname 和 email 属性并没有跟着进行更新。原因在于这两个属性是在初始化对象__init__()时被赋值的，fname 的更新不能调动对 fullname 和 email 的更新，所以它们仍然保持着初始化时的值。

21.4.2　用装饰器@property 实现属性同步更新

那么该怎样让这两个属性也跟着更新呢？首先去掉初始化函数中对它们的操作，然后把对它们的读取封装成函数，这样每次引用它们都得调用函数，也就是每次调用都会对其值进行刷新，从而达到使其"与时俱进"的目的。这种处理虽然解决了更新问题，但因为是以方法函数的形式存在的，所以引用时不得不在原来的形式的基础上加()，即由原来的.fullname 和.email 变成.fullname()和.email()。这样用起来很别扭，牵扯范围也大，类内外凡是用到这个属性的位置都要找出来加()修改。如果在函数前加装饰器@property，就可以在引用时去掉()。装饰器@property 告诉 Python 解释器："虽然我是函数，但我更是属性，调用时可以省掉那对括号()。"代码如下：

```
…
    @property
    def fullname(self):
        return self.fname + ' ' + self.surname

    @property
    def email(self):
        return self.fname + '.' + self.surname + '@PythonABC.org'
…
```

此时如果修改对象 employee2 的属性 fname 值：

```
employee2.fname = 'Frodo'
print(employee2.info_summary)
```

可以看到输出结果：

```
Frodo Potter, 4000
Frodo.Potter@PythonABC.org
```

与属性 fname 相关的属性 fullname 和 email 的内容做到了"与时俱进"。

21.4.3　赋值很烦恼

属性 fname 可以重新赋值，那属性 fullname 是不是也可以呢？如果让 employee2.fullname = 'Thranduil Elvenking'会怎样呢？答案是会出现 AttributeError: can't set attribute（属性不能设置）错误。这个问题先放一边，看下一个问题。

对属性 fname 赋值没问题，那么尝试赋一个 88，即 employee2.fname = 88 也可以吗？结果是运行 print(employee2.fullname)时会出现错误"……line XX, in fullname　　return self.fname + ' ' + self.surname　　TypeError: unsupported operand type(s) for +: 'int' and 'str'"。因为 fullname 是将 fname 与 surname 用"+"连起来，"+"可以连接两个字符，也可以使两个数值相加，却不能连接数字和字符串。这也回答了这一节开始时提出的第二个问题，如果不加过滤地任意修改属性值，极可能会导致输入"非法数据"。

21.4.4　类私有变量

为了阻止外界随意修改属性值，在属性前加两条下画线将其变为私有属性藏在类里面，外界访问不了自然也就无法乱改。类内的变量前加两条下画线__表明这是类私有变量，如__fname。类私有变量只在类内部使用，在类外无论是用.fname 还是用.__fname 都访问不了。

如果只加一条下画线，表明这是半私有变量，如_fname。半私有变量就好比房门不上锁挂一个"私人住宅勿进入"的牌子，虽然声明不许进，但推门也就进去了。在类外可以访问半私有变量._fname，而不会像直接访问全私有变量（__fname）那样报错。当然属性变量变私有是为了控制访问，而不是为了不让访问。

请看下面的代码：

```
    …
    def __init__(self, fname, surname, salary):
        self.__fname = fname
        self.__surname = surname
        self.__salary = salary
        Employee.employeeNum += 1

    @property
    def fname(self):
        return self.__fname

    @property
    def surname(self):
        return self.__surname

    @property
    def salary(self):
        return self.__salary
    …
print(employ1.infoSummary)
```

在初始化函数__init__()里，self.fname 变成了私有变量 self.__fname。在类外访问.fname 时实际上是调用了@property 装饰的 fname()函数，从而间接地实现了对私有变量.__fname 值的访问。从代码的运行结果可以看出这样处理后读取属性值没有问题，不仅在类外可以正常访问，在类内部对属性的访问也都用.fname。每次访问属性 fname，都是悄悄地调用 fname 的属性函数，有些属性（例如 fullname）更是借机悄悄地刷新。

21.4.5 装饰器@属性名.setter 有效控制属性赋值

访问属性值的问题解决了，那么如何有效控制属性值的改变呢？用装饰器@属性名.setter 加上属性同名函数。例如为了给 fname 属性赋值，函数头这样写：

```
@fname.setter
def fname(self, value):
```

第一个参数为 self，第二个参数接收实参，是赋给属性的值。

为了防止赋给属性的值是"非法数据"，在赋值函数内对输入数据的"合法性"进行检查。假设用形参 value 接收外界要赋的值，isinstance(value, str)可以判断 value 是不是字符串，字符串类的实例是具体的字符串：

```
@fname.setter
def fname(self, value):                 # 处理改变fname属性值的请求。
    if isinstance(value, str):          # 只接受字符串类型的赋值。
        self.__fname = value
    else:
        print('名必须是字符串')
```

这种检查在 21.3.4 小节对传入的参数进行检查中有提及。

增加一个使得 fullname 属性直接接收字符串的方法函数，允许用空格分隔名和姓的字符串赋给

fullname 修改雇员的姓名。通过字符串方法函数 split()将名和姓分开后，分别赋给属性 fname 和 surname：

```
@fullname.setter
    def fullname(self, value):
    # 处理改变fullname属性值的请求。
    if isinstance(value, str):              # 只接受字符串类型的赋值。

        self.fname, self.surname = value.split()
# 这句应该放在try…except之间，处理字符串里没有空格或不止一个空格的意外情况。

    else:
        print('姓名必须是空格分隔的两个字符串')
```

除了在@property 和@属性名.setter 装饰的属性读取和赋值函数内使用全私有变量（例如 __fname）外，类其他部分对属性的引用都去掉了两条下画线（直接使用 fname）。这样做不只是为了容易输入，更是为了实现读写属性值都调用专门的读写函数、降低错误发生概率，还可以对输入值的合法性做必要检查。

21.4.6　给形参设置默认值可减少出错

如果初始化__init__()时给参数设置初值，生成对象时只给部分实参或干脆不给实参就会使用默认值，而不会报错：

```
def __init__(self, fname='Unknown', surname = 'Unknown', salary=0):
```

21.4.7　代码变动处汇总

```
class Employee(object):
…
    def __init__(self, fname='Unknown', surname'Unknown', salary=0):

        self.__fname = fname
        self.__surname = surname
        self.__salary = salary
        Employee.employeeNum += 1


    @property
    def fname(self):                        # 处理读取fname属性值的请求。
        return self.__fname

    @fname.setter
    def fname(self, value):                 # 处理改变fname属性值的请求。
        if isinstance(value, str):          # 只接受字符串类型的赋值。
            self.__fname = value
        else:
            print('名必须是字符串')

    @property
    def surname(self):                      # 处理读取surname属性值的请求。
        return self.__surname

    @surname.setter
```

```
        def surname(self, value):              # 处理改变surname属性值的请求。
            if isinstance(value, str):          # 只接受字符串类型的赋值。
                self.__surname = value
            else:
                print('姓必须是字符串')


        @property
        def salary(self):                       # 处理读取salary属性值的请求。
            return self.__salary

        @salary.setter
        def salary(self, amount):               # 处理改变salary属性值的请求。

            if isinstance(amount, int) or isinstance(amount, float):
                self.__salary = amount          # 只接受整型和浮点型数据的赋值。
            else:
                print('工资必须是整数或浮点数')


        @property
        def fullname(self):                     # 处理读取fullname属性值的请求。
            return self.fname + ' ' + self.surname

        @fullname.setter
        def fullname(self, value):              # 处理改变fullname属性值的请求。
            if isinstance(value, str):          # 只接受字符串类型的赋值。
                self.fname, self.surname = value.split()
            else:
                print('姓名必须是空格分隔的两个字符串')


        @property
        def email(self):                        # 处理读取email属性值的请求。
            return self.fname + '.' + self.surname + '@PythonABC.org'

        @email.setter
        def email(self, value):                 # 处理改变email属性值的请求。
            print('邮件地址不接受赋值，会自动生成')
...

class Writer(Employee):

    def __init__(self, fname='Unknown', surname='Unknown', salary=0,
masterwork='Unkonwn'):

        super().__init__(fname, surname, salary)
        self.__masterwork = masterwork


    @property
    def masterwork(self):                       # 处理读取masterwork属性值的请求。
        return self.__masterwork

    @masterwork.setter
```

```
      def masterwork(self, value):       # 处理改变masterwork属性值的请求。
          if isinstance(value, str):     # 只接受字符串类型的赋值。
              self.__masterwork = value
          else:
              print('代表作必须是字符串')
...


class Leader(Employee):

    def __init__(self, fname='Unknown', surname='Unknown', salary=0,
subordinates=None):

        Employee.__init__(self, fname, surname, salary)
        self.__subordinates = subordinates

    @property
    def subordinates(self):  # 处理读取subordinates属性值的请求。
        return self.__subordinates

    @subordinates.setter
        def subordinates(self, value):
        # 处理改变subordinates属性值的请求。
        if value is None:
            self.__subordinates = []
        else:
            if isinstance(value, list):
            ''' 接受列表类型的赋值，实际上还应该进一步确认列表元素都是Employee类、
Writer类或Leader类对象。'''
                self.__subordinates = value

            else:
                if isinstance(value, Employee) or isinstance(value, Writer) or
isinstance(value, Leader):
                    self.subordinates = [value]
                    # 接收Employee类或子类对象，转成列表后进行赋值。
                else:
                    print('下属参数只接收雇员对象或雇员对象列表')
                    self.__subordinates = []
...


employee2.fname = 'Frodo'
print(employee2.info_summary())
```

程序运行结果：

```
Frodo Baggins, 6000
Frodo.Baggins@PythonABC.org


employee1.surname = 88
```

程序运行结果：

```
姓必须是字符串
```

```
employee1.email = '123@PythonABC.org'
```
程序运行结果：

邮件地址不接受赋值，会自动生成

```
empWriter1.fullname = 'Charles Dickens'
empWriter1.masterwork = 'Oliver Twist'
print(empWriter1.info_summary())
```
程序运行结果：
```
Charles Dickens, 8000
Charles.Dickens@PythonABC.org
Oliver Twist
```

```
employee3 = Employee('Tom')
print(employee3.info_summary())
```
程序运行结果：
```
Tom Unknown, 0
Tom.Unknown@PythonABC.org
```

21.4.8 获取、设置判断类和对象属性值的函数

先来看 3 个内置函数。内置函数是 Python 自带的、可以直接拿来用的函数。首先是 getattr(类或对象，属性或方法函数，默认值)，获得类和对象的属性或方法函数，没有属性或方法函数时输出设定的默认值：

```
print(getattr(employee1, 'masterwork', '只有作家才有代表作'))

# 对象employee1没有名为masterwork的属性或方法函数，故输出：只有作家才有代表作。

print(getattr(Employee, 'masterwork', '只有作家才有代表作'))
# 类Employee没有名为masterwork的属性或方法函数，故输出：只有作家才有代表作。

print(getattr(empWriter1, 'masterwork', '只提供了作家的代表作'))
''' 对象empWriter1有属性masterwork，所以会将empWriter.masterwork的值The adventure
of Tom Sawyer输出。'''

print(getattr(Writer, 'masterwork', '只提供了作家的代表作'))
# 类Writer生成的对象有属性masterwork，输出：<property object at 0x105d30b38>。

print(getattr(empWriter1, 'employeeNum', '无法提供雇员个数'))
# 对象empWriter1所属的类有类属性employeeNum，输出：5。

print(getattr(empWriter1, 'info_summary', '没有info_summary属性或方法函数'))
''' 对象empWriter1有方法函数info_summary()，输出：<bound method Writer.info_
summary of <__main__.Writer object at 0x109b23470>>。'''

print(getattr(empWriter1, 'info_summary', '没有info_summary属性或方法函数
')).__name__
''' 把getattr()返回的方法函数对象（<bound method Writer.info_summary…>）的函数名
info_summary输出，用__name__可以提取出类或对象的名字。'''
```
接下来是设置属性值的 setattr(对象)：
```
setattr(employee1, 'fname', 'Frodo')
```

```
# 设置属性employee1.fname，效果同employee1.fname = 'Frodo'。

setattr(employee1, 'fname', 88)
# 输入的属性值非法，按照fname赋值函数的设定返回"名必须是字符串"的提示。

setattr(Employee, 'raiseAmount', 1.05)
# 将类属性值改为1.05。

setattr(employee1, 'nickname', 'newAddAttribute')
# 给employee1增加了一个自己独有的属性nickname，值设为'newAddAttribute'。
```

判断类和对象是否有某个属性或方法函数：

```
print(hasattr(empLeader1, 'subordinates'))
# 返回True，因为对象empLeader1确实有属性subordinates。

print(hasattr(empWriter1, 'subordinates'))
# 返回False。

print(hasattr(employee1, 'add_sub'))
# 返回False，因为employee1没有方法函数add_sub()。

print(hasattr(empLeader1, 'add_sub'))
# 返回True。
```

21.5 类与对象之多态

多态和特殊方
法函数

多态是指同一操作作用于不同对象，可以有不同的解释，生成不一样的结果。

21.5.1 继承过来的多态

现在看继承过来的多态，类 Employee、类 Writer 和类 Leader 用前面的定义。在类 Employee 里加一个调整类属性 raiseAmount 的普通函数 set_raiseAmount()：

```
class Employee(object):
…
def set_raiseAmount(obj, value):
# 两个形参，第一个接收类或对象，第二个接收数值。没有对接收的实参的"合法性"进行检查。

    if hasattr(obj, 'raiseAmount'):
    # 判断类obj是否有名为raiseAmount的属性。

        obj.raiseAmount = value
        # 调整obj类属性raiseAmount的值。

        print('调整后{}类的增长率变为{}'.format(obj.__name__, obj.raiseAmount))
        # 输出调整后的结果，obj.__name__可以把类的名字提出来。

    else:
        print('没有增长系数可控调整')

…
```

```
set_raiseAmount(Employee, 1.05)              # (1)。
set_raiseAmount(Writer, 1.08)                # (2)。
set_raiseAmount(Leader, 1.2)                 # (3)。
```

从（1）～（3）对 set_raiseAmount()的调用可以看到多态性，第一个参数不仅可以是 Employee 类，还可以是 Writer 和 Leader 类。而 Leader 类自己甚至都没有属性 raiseAmount，它的 raiseAmount 类是从父类 Employee 继承过来的，Employee 类和它的子类都可以用 set_raiseAmount()这个函数设置属性。

21.5.2　Python 的多态可以无关继承

静态语言的变量必须先定义再使用。Python 是动态语言，变量无须定义就可以赋值。变量的类型在赋值时由所赋的值决定，值变了变量类型也跟着改变。继承对静态语言的多态来说是必需的，而对 Python 这样的动态语言，多态则无须建立在继承的基础上。例如加一个与 Employee 及其子类无关的鸭子类，再加一个输出对象信息的普通函数：

```
class Employee(object): …
class Writer(Employee): …
class Leader(Employee): …
class Duck(object):                    # 定义一个鸭子类。
    def info_summary(self):            # 信息汇总，也可以设置成静态方法函数。
        return '门前大桥下游过一群鸭，快来快来数一数，二四六七八'
…

def output(obj):
    if hasattr(obj, 'infoSummary'):
    # 判断对象obj是否有名为infoSummary的属性或方法函数。

        print(type(obj).__name__, obj.infoSummary())
        # type(obj)获得对象所属的类，.__name__提取出类的名字。

    else:
        print('无可奉告)
…

output(employee1)              #(1)。
output(empWriter1)             #(2)。
output(empLeader1)             #(3)。

mcdonaldDuck = Duck()
output(mcdonaldDuck)           #(4)。
output(3.1415926)              #(5)。
```

（1）～（3）跟前面一样，是在继承基础上的多态。有趣的是（4），Duck 类与 Employee 类及其子类无任何关联，但它的对象 mcdonaldDuck 却也可以作为 output()的实参，因为它也有 info_summary()方法函数。

（4）输出：

门前大桥下游过一群鸭，快来快来数一数，二四六七八

（5）输出：

无可奉告。

因为 3.1415926 是 float 类的一个对象，没有名为 info_summary 的属性或方法函数，所以就按

照 output() 的设定输出"无可奉告"。

Python 多态使用的是鸭子理论，即如果走起路来像鸭子一样地一摇一摆，叫起来"嘎嘎嘎"，那我们就认为它是一只鸭子。从 output() 这个函数的角度看就是：我不管你是什么类或是什么类的对象，只要你有个名为 info_summary() 的方法函数，就输出汇总信息；没有就输出"无可奉告"。

21.6　特殊方法函数

其实我们一直在跟特殊方法函数打交道，除了生成对象时悄悄地调用了 __init__()，还有做 3+4、'鸟宿池边树'、'+'僧敲月下门'、print('海上明月共潮生') 或 len('对酒当歌，人生几何') 这些操作时，也在不知不觉地调用了 __add__()、__str__()、__len__() 这些特殊方法函数。特殊方法函数又叫魔力方法函数（magic method），名字是固定的，格式也是固定的。函数名前后都要添加两条下画线，例如我们熟悉的对象初始化函数 __init__()，读成 dunder init dunder，所以这种方法函数也叫作 dunder method。这一节将介绍几个常用的特殊方法函数。

21.6.1　定义 print(对象) 的输出

先试试直接输出对象 empLeader1：

```
print(empLeader1)
```
得到的结果是：<__main__.Leader object at 0x10a7896a0>。这不是一个很友好的输出。

在 Leader 类内部定义一个 __repr__() 方法函数，可以定义 print(Leader 类对象) 的输出内容，repr 是 represent 的前 4 个字母，前后分别有两条下画线：

```
…
class Leader(Employee):
…

def __repr__(self):
    return '使用魔力方法函数__repr__(): {}'.format(self.fullname)
…

print(empLeader1)
# 相当于: print(empLeader1.__repr__())。
```
这段代码的输出结果是：使用魔力方法函数__repr__: Julius Caesar。

__str__() 也可以用来定义 print() 的输出内容，如果把它加入上面的代码段里：

```
class Leader(Employee):
…
    def __repr__(self):
        return '使用魔力方法函数__repr__(): {}'.format(self.fullname)

    def __str__(self):
        return '使用魔力方法函数__str__: {}'.format(self.fullname)
…
print(empLeader1)
# 相当于print(empLeader1.__str__())。
```
这段代码的输出结果是：使用魔力方法函数__str__: Julius Caesar。可见同时存在 __str__() 和 __repr__() 时，print() 执行时悄悄调用的是 __str__()，而不是 __repr__()。

为什么不干脆用__str__()替代__repr__()，而要两者并存呢？因为两者的"目标客户"不同。__str__()的目标客户是用户，__repr__()的目标客户则是开发者。在接下来的例子里，定义一个日期变量 a 和一个字符串变量 b，然后调用__str__()和__repr__()，对比运行结果：

```
from datetime import date

a = date.today()          # a是日期对象，赋值为今天的日期。
b = str(a)                # 将a转成字符串后赋给b，b是字符串类型的一个对象。

print(a.__str__())        # 输出：2019-01-01。
print(b.__str__())        # 输出：2019-01-01。
```

调用日期对象 a 和字符串对象 b 的__str__()输出结果是一样的，只看输出结果是看不出 a 和 b 其实是不同类的对象的。

调用 a 和 b 的__repr__()：

```
print(a.__repr__())       # 输出'2019-01-01'，可以看出是字符串类型。
print(b.__repr__())
# 输出datetime.date(2018, 9, 17)，可以看出是日期类型。
```

可以看出 a 和 b 是不同类的对象，所以说__repr__()的输出结果是给开发者看的。

直接输出 a 和 b：

```
print(a)                  # 输出：2019-01-01。
print(b)                  # 输出：2019-01-01。

# 这两条语句同print(a.__str__())和print(b.__str__())。
```

21.6.2　定义 len(对象)

len('对酒当歌，人生几何')等同于'对酒当歌，人生几何'.__len__()。在类 Leader 里也定义一个__len__()方法函数，len(Leader 对象)返回 Leader 对象下属的个数：

```
…
class Leader(Employee)
…
    def __len__(self):
        if self.subordinates is None:   # 下属列表为None，则返回0。
            return 0
        else:                            # 否则返回列表长度。
            return len(self.subordinates)
…

print(empLeader1.__len__())
# 返回对象empLeader1下属的个数，假如是3。
print(len(empLeader1))
# 也是返回对象empLeader1下属的个数，也是3。

print(len('blue moon'))        # 字符串长度，输出9。
print('blue moon'.__len__())   # 也是字符串长度，输出也是9。
```

21.6.3　定义相加

对于平时使用的"+"，无论是数字相加的"+"还是字符串连接的"+"，实际上都调用了__add__()。例如 1+2，相当于 int.__add__(1,2)；'glory'+'dream'相当于 str.__add__('glory','dream')。在 Writer

类里加一个方法函数__add__()，使得两个 Writer 类对象可以直接相加，相加后返回两个对象的代表作：

```
…

    class Writer(Employee):
    …

        def __add__(self, otherWriter):
        # 形参otherWriter接收另一个对象。

            if isinstance(otherWriter, Writer):
            # 判断另一个对象是不是属于Writer类，如果是，返回两个Writer类对象的代表作。
                return '{} 和 {}'.format(self.masterwork,
                        otherWriter.masterwork)
            else:    # 如果不是，返回只有两个Writer类对象才能相加的提示。
                return '两个Writer类的对象才可以相加'
    …
    print(empWriter2 + empWriter1)
    # "+"两边的对象都是Writer类，故输出两个对象的代表作：Lord of Rings 和 The adventure
of Tom Sawyer。

    print(empWriter2 + empLeader1)
    # empLeader1不是Writer类的对象，故输出：两个Writer类的对象才可以相加。
```

跟魔力方法函数__add__()类似的还有如下函数：__eq__()，是否相等；__ne__()，是否不相等；__lt__()，小于；__gt__()，大于；__le__()，小于等于；__ge__()，大于等于；__sub__()，相减；__mul__()，相乘；__div__()，除法；__mod__()，取模。

21.6.4　__slot__限制添加属性

__slot__不是方法函数，而是一个特殊变量，用于限制类属性的添加。用 Employee 类作例子，目前是可以在类外给生成的对象直接添加一个属于自己的属性的，例如给 employee1 对象添加一个 nickname 的属性，employee1.nickname = 'Pikachu' 或者 setattr(employee1, 'nickname', 'Pikachu')都可以实现。输出 dir(employee1)、employee1.__dict__或 help(employee1)的内容，可以看到 nickname 作为属性位列其中。如果不允许在类外给对象添加属性，可以通过__slot__变量限定，例如规定 Employee 类除了__init__()内定义的几个属性外，不允许在类外添加其他属性：

```
class Employee(object):
    __slot__ = ('__fname', '__surname', '__salary')
    # 元组里放着允许添加的属性。
…
employ1.nickname = 'Pikachu'
''' 运行出错，错误提示是AttributeError: 'Employee' object has no attribute 'nickname',
提示没有属性nickname。'''

print(employ1.fullname)
# 正常输出，在类内部定义的已有属性的基础上生成的属性不受影响。
```

即使是在__init__()方法函数内部定义的属性也受__slot__的限制：

```
class Employee(object):
    __slot__ = ('__fname', '__surname')  # 去掉了__salary属性。
…
```

这样设定了__slot__后，print(employ1.salary)运行会出错，错误提示为 AttributeError: 'Employee' object has no attribute '_Employee__salary'，提示没有属性 salary。除非把允许添加的属性（如'__salary'和'nickname'）加入__slot__变量内：

```
class Employee(object):
    __slot__ = ('__fname', '__surname','nickname','__salary')
…

print(employee1.salary)        # 运行正常。

setattr('employ1','nickname','Pikachu')
print(employee1.nickname)      # 运行正常。
```

添加'salary'会出错：

```
class Employee(object):
    __slot__ = ('__fname', '__surname','salary')
…
```

运行直接出错，错误提示为 ValueError: 'salary' in __slots__ conflicts with class variable，提示 salary 与类已有变量冲突。'__salary'不在__slot__元组里，虽然属性 salary 不能被应用，但在类里是被定义过的，所以在__slot__里加'salary'的尝试会失败。

21.7　类和对象基础知识代码汇总

```
class Employee(object):

    __slots__ = ('__fname', '__surname', '__salary', 'nickname')
    employeeNum = 0
    raiseAmount = 1.04

    def __init__(self, fname='Unknown', surname='Unknown', salary=0):
        self.fname = fname
        self.surname = surname
        self.salary = salary
        Employee.employeeNum += 1

    @property
    def fname(self):
        return self.__fname

    @fname.setter
    def fname(self, value):
        if isinstance(value, str):
            self.__fname = value
        else:
            print('名必须是字符串')

    @property
    def surname(self):
        return self.__surname

    @surname.setter
```

```
    def surname(self, value):
        if isinstance(value, str):
            self.__surname = value
        else:
            print('姓必须是字符串')

    @property
    def salary(self):
        return self.__salary

    @salary.setter
    def salary(self, amount):
        if isinstance(amount, int) or isinstance(amount, float):
            self.__salary = amount
        else:
            print('工资必须是整数或浮点数')

    @property
    def fullname(self):
        return self.fname + ' ' + self.surname

    @fullname.setter
    def fullname(self, value):
        if isinstance(value, str):
            self.fname, self.surname = value.split()
        else:
            print('姓名必须是空格分隔的两个字符串')

    @property
    def email(self):
        return self.fname + '.' + self.surname + '@PythonABC.org'

    @email.setter
    def email(self, value):
        print('邮件地址不接受赋值，会自动生成')

    def info_summary(self):
        return '{}, {} \n{}\n'.format(self.fullname, self.salary, self.email)

    def raise_salary(self):
        self.salary = self.salary * self.raiseAmount

    @classmethod
    def set_raise_amount(cls, amount):
        cls.raiseAmount = amount

    @staticmethod
    def what_day(day):
        num = day.weekday()
        if num == 0:
            print('\n嗨，笑一个，周一一周才一次而已！')
```

```
            if num == 1:
                print('\n谢天谢地，周一终于过去了，周二你好！')
            if num == 2:
                print('\n周三是个转折点，苦尽甘要来喽！')
            if num == 3:
                print('\n周四快乐！小声说一句，周五近在咫尺！')
            if num == 4:
                print('\n周五呀，你跑哪里去啦？等你等到花儿都谢了！')
            if num == 5:
                print('\n周六适合来点儿奇遇！')
            if num == 6:
                print('\n在这个美好的星期天……')


    class Writer(Employee):

        raiseAmount = 1.1

        def __init__(self, fname, surname, salary, masterwork):
            super().__init__(fname, surname, salary)
            self.masterwork = masterwork

        def __add__(self, otherWriter):
            if isinstance(otherWriter, Writer):
                return '{} 和 {}'.format(self.masterwork, otherWriter.masterwork)
            else:
                return '两个Writer类的对象才可以相加'

        @property
        def masterwork(self):
            return self.__masterwork

        @masterwork.setter
        def masterwork(self, value='Unknown'):
            if isinstance(value, str):
                self.__masterwork = value
            else:
                print('代表作必须是字符串')

        def info_summary(self):
            return '{}, {} \n{}\n{}'.format(self.fullname, self.salary, self.email,
    self.masterwork)

        @classmethod
        def new_from_string(cls, empstr):
            fname, surname, salary, masterwork = empstr.split('-')
            return cls(fname, surname, salary, masterwork)

    class Leader(Employee):

        def __init__(self, fname, surname, salary, subordinates=None):
            Employee.__init__(self, fname, surname, salary)
```

```
            self.subordinates = subordinates

        @property
        def subordinates(self):
            return self.__subordinates

        @subordinates.setter
        def subordinates(self, value):
            if value is None:
                self.__subordinates = []
            else:
                if isinstance(value, list):
                    self.__subordinates = value
                else:
                    if isinstance(value, Employee) or isinstance(value, Writer) or
isinstance(value, Leader):
                        self.__subordinates = [value]
                    else:
                        print('下属参数只接收雇员对象或雇员对象列表')
                        self.__subordinates = []

    def __repr__(self):
        return '使用魔力方法函数__repr__: {}'.format(self.fullname)

    def __str__(self):
        return '使用魔力方法函数__str__: {}'.format(self.fullname)

    def __len__(self):
        if self.subordinates is None:
            return 0
        else:
            return len(self.subordinates)

    def add_sub(self, sub):
        if sub not in self.subordinates:
            self.subordinates.append(sub)

    def remove_sub(self, sub):
        if sub in self.subordinates:
            self.subordinates.remove(sub)

    def info_summary(self):
        subNameList = []
        if self.subordinates:
            for sub in self.subordinates:
                subNameList.append(sub.fullname)
        return '{}, {} \n{}\n{}'.format(self.fullname, self.salary, self.email,
subNameList)

class Duck(object):
    def info_summary(self):
```

```
            return '门前大桥下游过一群鸭，快来快来数一数，二四六七八'

    def set_raiseAmount(obj, value):
        if hasattr(obj, 'raiseAmount'):
            obj.raiseAmount = value
            print('调整后{}类的增长率变为{}'.format(obj.__name__, obj.raiseAmount))
        else:
            print('没有增长系数可控调整')

    def output(obj):
        if hasattr(obj, 'info_summary'):
            print(type(obj).__name__, obj.info_summary())
        else:
            print('无可奉告')


    employee1 = Employee('Harry', 'Potter', 4000)
    employee2 = Employee('Bilbo', 'Baggins', 6000)

    empWriter1 = Writer('Mark', 'Twain', 8000, 'The adventure of Tom Sawyer')

    empStr = 'J.R.R-Tolkien-8000-Lord of Rings'
    empWriter2 = Writer.new_from_string(empStr)

    empLeader1 = Leader('Julius', 'Caesar', 20000)
```

21.8　类和对象应用实例：月圆之夜，紫禁之巅

类和对象应用实例：
月圆之夜，紫禁之巅

　　爱读武侠小说的朋友肯定记得古龙陆小凤系列里的西门吹雪和叶孤城在紫禁之巅那场巅峰对决，还有金庸的《射雕英雄传》和《神雕侠侣》里北丐洪七公和西毒欧阳锋从年轻打到老，缠斗了一辈子，最后在华山之巅比武到气绝，相拥大笑而亡的情节。就用类和对象来模拟绝世高手的巅峰对决吧，既可以向经典致敬，又可以在实际应用中体会面向对象的程序开发。

　　既然是武林高手的巅峰对决，那么就从"武林高手"和"巅峰对决"这两个关键字入手。建立两个类（或者说建立两个模板）：武林高手类 Warriors 和巅峰对决类 Battles。有了模板，就可以照着模板生成实例。"月圆之夜，紫禁之巅"这场对决可以表述成：叶孤城和西门吹雪是武林高手类生成的两个实例（对象），而紫禁之巅则是巅峰对决类的一个发生在紫禁城的、在叶孤城和西门吹雪两个剑客之间展开的一个实例。

21.8.1　武林高手类的分析

　　先来看武林高手这个类，可以从武林高手的特征和行为能力两个角度来分析。

　　特征（属性）包括姓名、武功水平、最大攻击力、最大防守力。武功高强、压箱底的绝招所产生的杀伤力和最有效抵挡的力道这些都是描述性的词语，必须量化才能用计算语言表达出来。用能量值来表示武功水平，武功越高能量值越大；压箱底的绝招产生的杀伤力用最大攻击力的数值表达；最有效抵挡的力道用最大防守力的数值表达。

　　行为能力（方法函数）无非就是进攻和防守。进攻时，双方交手每次出手攻击的力道不是恒定

的，跟策略、状态、形势都有关系。为了简化问题，我们让每次出手力度随机产生，进攻值=最大攻击力×（0 到 1 之间随机产生的数值）。为了减少互殴的回合，加大每次出手力度，随机数加 0.5：进攻值=最大攻击力×（0 到 1 之间随机产生的数值+0.5）。某次进攻值可能会超过最大攻击力，用超常发挥可以解释。防守时同进攻，防守值=最大防守力×（0 到 1 之间随机产生的数值+0.5）。

21.8.2　巅峰对决类的分析

属性：地点、对决双方（高手 1、高手 2）。

方法函数包括比武开始和实现"过招"。比武开始 launchAttack()，两位高手开始过招。实际情况千变万化。可能是一个佛山无影脚连环踢，对方连连后退毫无还手之力；也可能是一方开始攻势凌厉，却后劲不足，另一方以守为攻，后面却越战越勇……确定不可能发生的情况是：我打你一下，你挡一下，然后我停住等你来打我……这样一来一往轮流攻防。但是，为了操作简便，也只能按轮流攻防来处理。所以这么设定： 过招的"来"（画面：西门吹雪攻，叶孤城守）；过招的"回"（画面：叶孤城攻，西门吹雪守）……不停地"来""回"，直到一方战败。

实现"过招"fight(进攻方，防守方)：fight() 应该是个静态方法函数，它跟巅峰对决类有逻辑上的关系，但"过招"既不属于整个类又不专属于具体对象。过招拆成可表达的动作如下。

1. 进攻方.进攻()。

2. 防守方.防守()。

3. 计算对防守方的伤害值（进攻方的攻击力-防守方的防守力）。

4. 计算防守方的功力（能量值）还剩下多少。

5. 汇报战况（谁向谁进攻，攻击力多少，被攻击方能量值还剩多少）。

6. 如果防守方战斗力下降到 0 或 0 以下，宣布败北（Game Over），否则继续战斗。

两个类建好后，接下来的事情就好办了，来看叶孤城和西门吹雪在月圆之夜于紫禁之巅的这场精彩对决。

21.8.3　类生成对象模拟不同地点和对手的比武

紫禁之巅那场比武先生成两个武林高手类的对象 snow 和 city。

snow：姓名为西门吹雪、能量值为 50、最大攻击力为 20、最大防守力为 10，即 snow = Warriors('西门吹雪', 50, 20, 10)。

city：姓名为叶孤城、能量值为 50、最大攻击力为 20、最大防守力为 10，即 city = Warriors('叶孤城', 50, 20, 10)。

再生成一个"比武"的实例，即紫禁之巅 forbiddenCity = Battles('紫禁城', snow, city)，然后战斗开始 forbiddenCity.launchAttack()。

北丐洪七公和西毒欧阳锋那场华山之巅的对决也是先生成武林高手类的对象 north 和 west：

```
north = Warriors('洪七公', 100, 40, 15)
west= Warriors('欧阳锋', 100, 40, 15)
```

再生成华山之巅的"比武"的实例，即华山之巅 mountainTop = Battles('华山', north, west)，然后战斗开始 mountainTop.launchAttack()。

21.8.4　代码实现

```
# ---------------------------- 巅峰对决 ----------------------------

import random          # 需要random.random()产生0～1的随机数。
```

```
import math        # 需要math.ceil()将小数取整。

class Warriors:  # 武林高手类。

    def __init__(self, name='武术爱好者', energyValue=0, attkMax=0, defendMax=0):
                    # 初始化函数的形参设置了默认值。

        self.name = name                    # 请高手报上姓名。
        self.energyValue = energyValue        # 武功高低（能量值）。
        self.defendMax = defendMax
        # 为了化解对方绝招所能耗费的最大内力（最大防守值）。
        self.attkMax =attkMax              # 最杀招攻击力（最大攻击力）。

    def attack(self):          # 出招。

        attkAmt = self.attkMax * (random.random() + 0.5)
        ''' 计算产生的破坏力，0~1的随机数乘以最大攻击力。为了加大每次的攻击力（不然一次
战斗要打很久），随机数加了个0.5，理论上是用0.5~1.5内的随机数与最大攻
击力相乘，可解释成超常发挥。'''
        return attkAmt          # 返回量化了的攻击力，为float类型。

    def defend(self):          # 防守。

        blockAmt = self.defendMax * (random.random() + 0.5)
        # 计算防守力，方法同攻击力的计算方法 。
        return blockAmt         # 返回量化了的防守力，为float类型。

class Battles:                      # 巅峰对决类。

    def __init__(self, location='', warrior1=None, warrior2=None):

        self.location = location     # 决斗发生地点。
        self.warrior1 = warrior1     # 参与决斗的一方。
        self.warrior2 = warrior2     # 参与决斗的另一方。
        print('\n\n{}  :   {} vs {}'.format(self.location, self.warrior1.name,
self.warrior2.name))# 输出决斗双方和地点。

    def launchAttack(self):       # 决斗开始。

        while True:
            ''' 将大战的形式设定为：我打你一下，然后不动手等着你打我一下；你打来时我会防守，你
打完这一下后才轮到我打第二下……如此循环，直到一方战败。

            # 高手1攻击，高手2防守：
            if self.fight(self.warrior1, self.warrior2):
                print('比武结束')
                # 高手2战败，退出循环，宣布比武结束。
                break

            # 高手1攻击，高手2防守：
            if self.fight(self.warrior2, self.warrior1):
```

```
                print('比武结束')
        # 高手1战败，退出循环，宣布比武结束。
                break

    @staticmethod                          # 装饰器标识静态方法函数。
        def fight(attacker, defender):
        # 慢镜头看每一招，用代码描述发生了什么。

        attacker.attack()                  # 攻击方进攻，返回攻击力。
        defender.defend()                  # 防守方防守，返回防守力。
        defend2warriorB = math.ceil(attacker.attack() -
                        defender.defend())
        ''' 计算对防守方的伤害值，攻击力-防守力。为了看着方便，调用math.ceil()把实数转成
整数，如4.7转成5，4.2也转成5。'''


        defender.energyValue = defender.energyValue - defend2warriorB
        # 计算防守方还剩下几分功力（能量值）。

        print('\n{} 对 {} 发起攻击，伤害值为{}  '.format(
            attacker.name, defender.name, defend2warriorB))
        print('{} 功力降为 {} '.format(attacker.name,
            defender.energyValue))
        # 公布这次攻击的详细情况：进攻方、防守方、伤害值、防守方还剩下的能量值。

        if defender.energyValue < 0: # 如果防守方能量值小于0。
            print('\n{} 战败，{} 登顶武林至尊'.format(defender.name, attacker.name))
                # 宣布比赛结果。
            return True
                # 胜负已分，退出fight()的while循环。
        else:
            return False
                # 防守方能量值没有降为0，还可再战，战斗继续。

snow = Warriors('西门吹雪', 50, 20, 10)
# 生成西门吹雪实例，武功高强（能量值50），最大攻击力20，最大防守力10。
city= Warriors('叶孤城', 50, 20, 10)
# 生成叶孤城实例，武功与西门吹雪势均力敌（能量值50），最大攻击力20，最大防守力10。

forbiddenCity = Battles('紫禁之巅', snow, city)
# 生成决战类的实例：紫禁之巅决战。决战地点：紫禁城。决战双方：叶孤城、西门吹雪。
forbiddenCity.launchAttack()        # 战斗开始。

north = Warriors('洪七公', 100, 40, 15)
# 生成北丐洪七公实例，一代宗师（能量值100），最大攻击力40，最大防守力15。
west= Warriors('欧阳锋', 100, 40, 15)
# 生成西毒欧阳锋实例，第一大反派（能量值100），最大攻击力40，最大防守力15。

mountainTop = Battles('华山之巅', north, west)
# 生成决战类的实例：华山之巅决战。决战地点：华山之巅。决战双方：洪七公、欧阳锋。
mountainTop.launchAttack()
# 战斗开始。
```

运行结果如图 21.1 所示。

```
紫禁之巅: 西门吹雪 vs 叶孤城

西门吹雪 对 叶孤城 发起攻击，伤害值为2
西门吹雪 功力降为 48

叶孤城 对 西门吹雪 发起攻击，伤害值为9
叶孤城 功力降为 41

西门吹雪 对 叶孤城 发起攻击，伤害值为12
西门吹雪 功力降为 36

叶孤城 对 西门吹雪 发起攻击，伤害值为6
叶孤城 功力降为 35

西门吹雪 对 叶孤城 发起攻击，伤害值为7
西门吹雪 功力降为 29

叶孤城 对 西门吹雪 发起攻击，伤害值为19
叶孤城 功力降为 16

西门吹雪 对 叶孤城 发起攻击，伤害值为22
西门吹雪 功力降为 7

叶孤城 对 西门吹雪 发起攻击，伤害值为12
叶孤城 功力降为 4

西门吹雪 对 叶孤城 发起攻击，伤害值为20
西门吹雪 功力降为 -13

叶孤城 战败， 西门吹雪 登顶武林至尊
比武结束

华山之巅: 洪七公 vs 欧阳锋

洪七公 对 欧阳锋 发起攻击，伤害值为33
洪七公 功力降为 67

欧阳锋 对 洪七公 发起攻击，伤害值为45
欧阳锋 功力降为 55

洪七公 对 欧阳锋 发起攻击，伤害值为28
洪七公 功力降为 39

欧阳锋 对 洪七公 发起攻击，伤害值为16
欧阳锋 功力降为 39

洪七公 对 欧阳锋 发起攻击，伤害值为26
洪七公 功力降为 13

欧阳锋 对 洪七公 发起攻击，伤害值为29
欧阳锋 功力降为 10

洪七公 对 欧阳锋 发起攻击，伤害值为45
洪七公 功力降为 -32

欧阳锋 战败， 洪七公 登顶武林至尊
比武结束
```

图 21.1 巅峰决战程序运行结果

代码中属性的设置和提取没有用装饰器@property 和@属性名.setter 处理，有兴趣的朋友可以自行完善。

本章小结

我们在前面引入第三方模块解决实际问题，实际上就是在使用别人做好封装好的类和对象。在有了应用的前提下，本章深入类和对象内部，系统地阐述了类和对象的属性、方法函数、继承和多态等知识。

习题

1. 写一个球体类，类里包括以下方法函数。

__init__(self，radius)：	创建一个给定半径的球体。
getRadius(self)：	返回球体的半径。
surfaceArea(self)：	返回球体的表面积。
volume(self)：	返回球体的体积。

用这个类求出给定半径的球体体积和表面积。

2. 设计一个学生类，要求具有以下功能。

注册时添加学生对象，登记个人信息、专业等。

离校时标记离校。

记录每个学期考试成绩，一个学期有 3 门课程成绩不及格就发送短信、微信消息或邮件给学生本人。

查询并显示分数。

记录获奖、处分和参加的社团。

第 22 章

将.py 文件转成可执行文件

引入第三方模块 pyinstaller 可以将.py 源程序转成可执行文件。pyinstaller 把 Python 解释器和程序运行需要的模块打包在一起，使用户不需要安装 Python 和其他模块就可以运行打包好的程序。pyinstaller 支持 Windows、Mac 和 Linux，但不支持跨平台。在 Windows 上用 pyinstaller 打包好的可执行文件只能运行在 Windows 上，在 Mac 上打包好的可执行文件只能运行在 Mac 上，而且在 32 位计算机上打包好的文件不能在 64 位计算机上运行。简单说来就是哪个平台上打包的只能在哪个平台上用。这里我们只介绍 pyinstaller 比较粗浅和常用的部分，更详尽的用法参见 pyinstaller 的技术文档。

学习重点

在第三方模块 pyinstaller 的帮助下，把 Python 代码程序转成可执行文件。

22.1　pyinstaller 的安装和用途

pyinstaller 是普通的第三方模块，可以在 PyCharm 里图形化安装，也可以在命令窗口用 pip install pyinstaller 安装。安装完毕可以执行 pyinstaller -v 命令查看版本和检验是否安装成功。执行 pip install --upgrade pyinstaller 可升级新版本。

 pyinstaller1　　 pyinstaller2　　 pyinstaller3

pyinstaller 打包 .py 代码时会去分析代码都引入了哪些模块、使用了哪些依附文件，打包时会把这些支撑文件、代码文件以及 Python 解释器都打包进来。把打包好的单一文件夹或者单一可执行文件直接发给用户，用户只需用鼠标双击可执行文件或在命令窗口正确路径下输入可执行文件的文件名就可以执行，不必安装 Python 解释器，更不必安装相关的支撑模块和文件。

22.2　使用 pyinstaller 生成可执行文件

以 14.5 节查询和预测国内城市天气和 PM 值的程序为例，代码保存为 weatherPM.py，有一个查询城市代码的支持文件 city.json。用 pyinstaller 将 weatherPM.py 生成可执行文件。

22.2.1　打包成一个可执行文件夹

1. 将命令窗口或终端窗口调出来。

2. 在命令窗口或终端窗口中输入 pyinstaller 时，可以明确指出 weatherPM.py 的路径。

Mac：pyinstaller /Users/PythonABC/Documents/python/weatherPM.py。

Windows：pyinstaller "C:\Documents and Settings\python\weatherPM.py"。

3. 也可以先进入 weatherPM.py 所在的文件夹再输入命令，直接输入 pyinstaller weatherPM.py 或者 pyinstaller -D weatherPM.py 可打包成文件夹。打包时的输出内容如图 22.1 所示。

```
PythonABC:python PythonABC$ pyinstaller weatherPM.py
99 INFO: PyInstaller: 3.4
99 INFO: Python: 3.7.0
113 INFO: Platform: Darwin-17.7.0-x86_64-i386-64bit
113 INFO: wrote /Users/PythonABC/Documents/python/weatherPM.spec
116 INFO: UPX is not available.
117 INFO: Extending PYTHONPATH with paths
['/Users/PythonABC/Documents/python,
 '/Users/PythonABC/Documents/python']
117 INFO: checking Analysis
128 INFO: checking PYZ
132 INFO: checking PKG
133 INFO: Building because toc changed
133 INFO: Building PKG (CArchive) PKG-00.pkg
147 INFO: Building PKG (CArchive) PKG-00.pkg completed successfully.
148 INFO: Bootloader /Library/Frameworks/Python.framework/Versions/3.7/lib/python3.7/site-packages/PyInstaller/
bootloader/Darwin-64bit/run
148 INFO: checking EXE
149 INFO: Building because name changed
149 INFO: Building EXE from EXE-00.toc
150 INFO: Appending archive to EXE /Users/PythonABC/Documents/python/build/weatherPM/weatherPM
152 INFO: Fixing EXE for code signing /Users/PythonABC/Documents/python/build/weatherPM/weatherPM
158 INFO: Building EXE from EXE-00.toc completed successfully.
159 INFO: checking COLLECT
160 INFO: Building COLLECT COLLECT-00.toc
726 INFO: Building COLLECT COLLECT-00.toc completed successfully.
```

图 22.1　打包 weatherPM.py 时的输出内容

22.2.2　打包后发生了什么

　　pyinstaller 打包后会在 weatherPM.py 所在文件夹下生成一个 weatherPM.spec 文件。之前没有 build 和 dist 这两个文件夹的就再建立两个文件夹 build 和 dist，已经有了这两个文件夹就使用已经建好的文件夹。

　　weatherPM.spec 是打包的参数设定文件，必要时可以修改。build 文件夹存放打包过程中产生的日志和一些工作文件。dist 是英文 distribute 的前 4 个字母，意指里面的内容是可以分发给用户使用的。dist 文件夹里面是打包好了的可执行文件。

　　如果先后用 pyinstaller 对 weatherPM.py 和 locatIP.py 进行打包，则 dist 文件夹里会有 weatherPM 和 locateIP 两个可执行文件夹。可执行文件 weatherPM（Mac）或 weatherPM.exe（Windows）在 dist 下的 weatherPM 文件夹可以找到，双击运行。发送给用户时要把整个 weatherPM 文件夹发给用户。升级代码时，如果引入的第三方模块和依附文件都不变，则只需把升级后的代码重新生成的可执行文件 weatherPM（Mac）或 weatherPM.exe（Windows）发送给用户即可，weatherPM 文件夹下的其他文件不必重新发送。

22.2.3　打包成一个可执行文件

　　除了将.py 文件打包成可执行文件夹，pyinstaller 还可以将.py 文件打包成一个可执行文件。不加参数或加参数-D 生成可执行文件夹，加参数-F 或参数--onefile 是将.py 文件打包成 dist 文件夹下的一个可执行文件，如 pyinstaller -F weatherPM.py 或者 pyinstaller --onefile weatherPM.py。

　　打包完毕后查看 dist 文件夹，没有 weatherPM 文件夹，取而代之的是一个可执行文件 weatherPM（Mac）或 weatherPM.exe（Windows），直接运行这个可执行文件或者把这个可执行文件发送给用户就可以了。

　　这种打包方式的优点是用户不用打开文件夹面对一大堆看不懂的文件，然后在一大堆文件里翻找 weatherPM 可执行文件。缺点是像 readme 这种使用指导文件要分开发送，且这种模式要比捆绑成文件夹的模式慢一些。用 pyinstaller 将.py 文件打包成一个可执行文件前最好确保程序打包成一个文件夹的情况下运行无误，相较而言，打包成文件夹的模式更容易诊断出错误。

22.3　代码中用到的数据文件路径可能需要特别处理

　　对于.py 文件里引用的功能模块，pyinstaller 一般能帮忙分析出来，并打包进可执行文件夹，但代码中引用的数据文件需要特别处理一下。

22.3.1　数据文件运行时找不到

　　weatherPM.py 里需要访问 city.json 文件，获取城市 ID。在程序中对 city.json 引用的语句如下：

```
…
city_list_location = '/Users/PythonABC/Documents/python/city.json'
…
def get_city_ID(city_name):
    with open(city_list_location, encoding='utf-8') as city_file:
…
```

打包时得把 city.json 打包进来，将数据文件打包进来用参数--add-data。假设 city.json 已经提前复制到代码所在文件夹下，那么参数--add-data 的作用就是把 city.json 复制一份到指定目标文件夹下。命令如下（后面会详细解释）：

```
pyinstaller --add-data './city.json:.' weatherPM.py
```

打包成功，运行也没问题，就是没有通用性不能发给其他用户使用。如果发给其他用户使用，其他用户自己的计算机上必须有一个/Users/PythonABC/Documents/python/city.json，否则运行发过来的可执行文件 weatherPM（Mac）或 weatherPM.exe（Windows）就会出现错误：FileNotFoundError：[Errno 2] No such file or directory：'/Users/PythonABC/Documents/python/city.json'。

这是因为在 weatherPM.py 里打开 city.json 文件读取数据时用的是绝对路径，显然"必须在另一台计算机上也存在这个路径这个文件"的条件很苛刻。

如果把程序中的绝对路径改成相对路径：

```
…
city_list_location = './city.json'
```

也不可以。原因在于用 pyinstaller 打包时，"."解释成代码所在的当前路径，city.json 就在这个目录下。打包成功后 city.json 虽然被复制到可执行文件 weatherPM（Mac）或 weatherPM.exe（Windows）所在的文件夹，但运行 weatherPM 或 weatherPM.exe 时程序却不认为当前路径是自己所在的文件夹。用相对路径这种写法打包完，直接在本机上运行可执行文件都会出现找不到 city.json 文件的错误：FileNotFoundError：[Errno 2] No such file or directory：'./city.json'。

22.3.2　代码中用到的数据文件的路径改成不用"."的相对路径

在代码里把 city.json 的路径改成不用"."的相对路径可以解决这个问题。

1. 引入 sys 模块，sys.argv[0]是正在运行的代码文件的绝对路径+文件名。

2. 引入第三方模块 pathlib，用 sys.argv[0]生成路径对象 Path(sys.argv[0])。

3. 用路径对象的属性 parent，得到正在运行的代码文件所在的绝对路径 Path(sys.argv[0]).parent。为什么要用.parent？是因为 sys.argv[0]得到的是可执行文件的绝对路径，city.json 此时跟可执行文件在同一个文件夹下，Path(sys.argv[0]).parent 指向的就是这个文件夹。

4. 使路径对象指向 city.json，Path(sys.argv[0]).parent.joinpath('city.json')。

修改 weatherPM.py 里关于 city.json 位置的语句 city_list_location = './city.json'：

```
…
import sys
from pathlib import Path

…

city_list_location = Path(sys.argv[0]).parent.joinpath('city.json')
# 这句原来是city_list_location = './city.json'。
```

22.3.3　打包数据文件时指明当前和打包后的存放位置

pyinstaller 用参数--add-data 打包 weatherPM.py 时不仅要指定 city.json 当前的存放位置，还要指定打包后 city.json 的存放位置，源存放位置和目标存放位置用冒号分隔。city.json 打包前跟 weatherPM.py 放在一起，路径就是当前文件夹下的 city.json。在 weatherPM 的打包命令里，指明 city.json 的源存放位置可以用 city.json 的绝对路径；也可以先进入 weatherPM.py 和 city.json 所在路径，然后用./city.json。打包后的文件夹是可执行文件夹，即 dist 文件夹下的 weatherPM 文件夹，带--add-data 参数的 pyinstaller 命令把 city.json 复制到 weatherPM 文件夹下。在打包命令中，目标文件夹的位置用 "." 来指代 weatherPM 文件夹。

打开命令窗口，先进入 weatherPM.py 所在的文件夹，而后执行：

```
pyinstaller --add-data './city.json:.' weatherPM.py。
```

参数 --add-data 后跟的字符串 './city.json:.' 用 ":" 分隔，":" 前放带路径的数据文件 city.json。因为之前已经进入 weatherPM.py 文件夹下了，所以用 './city.json'。":" 后的目标文件夹的位置用 "."，这个 "." 指的是打包时生成的 dist 下的文件夹 weatherPM。文件夹 weatherPM 里存放可执行文件 weatherPM（Mac）或 weatherPM.exe（Windows）以及运行时所需的辅助文件。打包完成后，city.json 也会被自动复制一份到这个 weatherPM 文件夹下。

运行 weatherPM 文件夹下的可执行文件 weatherPM（Mac）或 weatherPM.exe（Windows）时，代码里的修改部分 Path(sys.argv[0]).parent 指的就是可执行文件所在的路径，此时 city.json 就在这个路径里。所以从 city_list_location = Path(sys.argv[0]).parent.joinpath('city.json') 的这个 city_list_location 可以找到 city.json 文件，不会再出现找不到文件的错误。

22.3.4　打包成一个可执行文件要手动复制数据文件

如果不打包成一个可执行文件夹，而是要打包成一个可执行文件，则执行命令：pyinstaller -F weatherPM.py。

这种情况下参数 --add-data 是没有办法把 city.json 打包进可执行文件的，只能手动复制。在 dist 文件夹下生成可执行文件 weatherPM（Mac）或 weatherPM.exe（Windows）后，再手动复制一份 city.json 到 dist 文件夹下。

22.4　引发错误的单引号

在终端或命令窗口输入 pyinstaller 打包命令：pyinstaller --add-data './city.json:.' weatherPM.py。

最初如果不是手动输入而是从别处复制到命令窗口，可能会一直出现错误：

```
Unable to find "/…/'./city.json" when adding binary and data files.
```

这是因为命令里的一个字符界限符单引号被输入法自动校正成中文输入法下的单引号了，命令的正确写法应该是：

```
pyinstaller --add-data './city.json:. ' weatherPM.py
```

粗略看没区别，仔细看会发现字符串 './city.json:.' 的右边界符单引号 ' 与正确命令中的 ' 略有不同。' 不被解释器识别，将其在终端或命令窗口上删除，再手动输入，就可以解决这个问题了。

22.5　pyinstaller 常用命令

pyinstaller locateIP.py：打包成 dist 文件夹下面的一个文件夹 locateIP，locateIP（Mac）或 locateIP.exe 可执行文件在文件夹 locateIP 里。

pyinstaller -D locateIP.py：同命令 pyinstaller locateIP.py。

pyinstaller -F locateIP.py：打包成 dist 文件夹下面的一个可执行文件，可执行文件的名字是 locateIP（Mac）或 loacteIP.exe（Windows），写成 pyinstaller --onefile weatherPM.py 也可以。

pyinstaller -n ipLocate locateIP.py：指定打包的文件夹的名字，这条命令执行后 dist 文件夹下打包好的文件夹名称不再是 locateIP，而是变成 ipLocate。

pyinstaller -F -n ipLocate locateIP.py：指定可执行文件的名字，这条命令执行后 locateIP 打包好的可执行文件不再是 locateIP 或 locateIP.exe，而是 ipLocate（Mac）或 ipLocate.exe（Windows）。

pyinstaller -D --distpath ./newDist locateIP.py：用指定了路径、自己命名的文件夹（这里是用./newDist）替换掉默认状态下的 dist 文件夹。

pyinstaller --workpath ./workDir locateIp.py：用指定了路径、自己命名的文件夹（这里是用./workDir）替换掉默认状态下的 build 文件夹。

pyinstaller --specpath ./specification locateIP.py：默认 locateIP.spec 是在当前目录下生成的，现在指定生成到目录./specification 下。

pyinstaller -h：调出帮助文件。

pyinstaller -v：查看版本。

本章小结

本章用 pyinstaller 把 Python 程序打包成可执行文件或可执行文件夹，代码中用到的数据文件可能需要特别处理。

习题

从前面章节中选几个例子用 pyinstaller 转成可执行文件。

第 23 章

下载视频并将其转成音频

视频播放和制作越来越普及，学会使用视频下载和处理工具无疑会给我们带来很多便利。本章简单介绍第三方模块 moviepy，详细介绍 youtube-dl 这个工具以命令行方式和第三方模块方式使用的方法。

学习重点

在 youtube-dl、FFmpeg 和 moviepy 的帮助下，下载视频并将视频转成音频。

23.1 借助 moviepy 模块将视频批量转成音频

视频制作和处理

利用第三方模块 moviepy 可以进行简单的视频编辑（例如剪切、链接、插入标题）、视频合成、视频处理，以及添加视频效果。moviepy 的安装和使用十分简单，而且大部分常见的视频格式它也支持，甚至包括 GIF 动态图片，这里只用到它的一个小功能：将视频转成音频。

步骤有 3 个，一是安装第三方模块 moviepy（参见 1.6 节引入外援），把 moviepy 相应的功能模块引入程序：

```
from moviepy.editor import *
```

二是生成视频对象：

```
video = VideoFileClip(视频的路径字符串+文件名)
```

三是使用视频对象的方法函数将音频提取出来后写入音频文件：

```
video.audio.write_audiofile(生成的音频文件路径字符串+文件名)
```

把视频文件批量转成音频文件需要用到管理文件和文件夹的第三方模块 pathlib，生成指向存放视频文件夹的路径对象。再使用 for 循环遍历每一个视频文件，逐一转换成音频文件：

```
# 将MP4视频批量转换成MP3音频。

from pathlib import Path          # 管理文件和文件夹的第三方模块。
from moviepy.editor import *      # 视频处理模块。

p = Path('/Users/PythonABC/Documents/乡风市声')
# p指向存放MP4视频的文件夹。

q = p.joinpath('mp3')
q.mkdir(mode=0o777, exist_ok=True)
''' 在存放MP4视频的文件夹下建立一个叫作MP3的文件夹，赋予全部权限（mode=0o777），即使MP3
文件夹已经存在也不报错（exist_ok=True）。'''

for i in p.glob('*'):
# 遍历p所指向的文件夹下的每个视频。
    audioName = i.stem + '.mp3'
    # 音频文件名存放在变量audioName中，i.stem得到文件i的扩展名。
    audioFile = q.joinpath(audioName)
    # audioFile指向未来生成的音频文件。
    if i.suffix in ['.mp4','mov','webm','flv','avi'] and not audioFile.exists():
    # 如果i指向的是列表内格式的视频并且它的MP3音频文件在MP3文件夹里不存在。
        video = VideoFileClip(str(i))
        ''' 生成视频对象，参数是视频文件的路径字符串+文件名，直接放路径对象i会报错，要转
成路径字符串放进去。'''
        video.audio.write_audiofile(audioFile)
        ''' 将视频中的音频取出，保存成文件。若是在Windows上，参数放文件对象audioFile会
出错，需要用str(audioFile)转成字符串。'''
```

23.2 用 youtube-dl 命令下载视频和播放列表

youtube-dl 这个工具可以帮我们从视频网站上下载视频，支持它下载视频的网站列表可以参见

youtube-dl 的技术文档。youtube-dl 官方技术文档在搜索引擎中输入关键字 youtube-dl 可以找到。youtube-dl 既可以用命令形式在终端或命令窗口上使用，也可以作为第三方模块引入 Python 程序中使用。这一节用 youtube-dl 命令下载视频，后面几节在程序中使用 youtube-dl 模块下载视频。

23.2.1　安装 youtube-dl

基于 Windows 平台访问 youtube-dl 官方网站，下载.exe 安装文件，下载后双击文件进行安装。Python 安装不是必需的，因为 Python 已经嵌入安装文件，但 Microsoft Visual C++ 2010 Service Pack 1 Redistributable Package (x86)必须提前安装。

基于 Mac 平台安装则可以使用 Homebrew，Homebrew 的安装详见 24.5 小节。安装 youtube-dl 的命令：

```
brew install youtube-dl
```

笔者曾用 pip3 install youtube-dl 成功安装 youtube-dl，这样安装后将其作为第三方模块在 Python 程序中使用没有问题，但在 terminal 终端使用 youtube-dl 命令却出现了无法识别的错误，用命令行 which youtube-dl 也确实查不到这条命令。

23.2.2　升级 youtube-dl

youtube-dl 需要经常下载最新版本进行升级。如果用 youtube-dl 下载视频不成功，就可以尝试升级 youtube-dl。Mac 平台上的升级命令如下：

```
sudo -H pip3 install --upgrade youtube-dl
```

或者：

```
sudo -H pip3 install -U youtube-dl
```

youtube-dl 这个工具比较特殊，需要经常更新及关注官方发布的最新信息。

23.2.3　使用 youtube-dl 命令下载视频

打开支持 youtube-dl 下载的视频网站，找到想下载的视频，复制视频链接或视频播放列表的链接。在 Mac 平台的终端窗口或 Windows 平台的命令窗口进入要存放视频的目标文件夹，然后使用以下命令下载视频文件：

```
youtube-dl    视频链接或视频播放列表链接
```

23.2.4　youtube-dl 常用命令和参数

升级 youtube-dl 版本：

```
sudo -H pip3 install -U youtube-dl
```

下载视频不成功时，可试着升级 youtube-dl。

查看 youtube-dl 详细信息：

```
pip3 show youtube-dl command
```

查看帮助文件：

```
youtube-dl -h
```

或者：

```
youtube-dl -help
```

下载单个视频：

```
youtube-dl 视频链接
```

或者：

```
youtube-dl -f 'best' 视频链接
```

下载整个播放列表：

```
youtube-dl 播放列表链接
```

或者：

```
youtube-dl -f 'best' 播放列表链接
```

指定从播放列表第几个视频开始下载：

```
youtube-dl -f 'best' --playlist-start NUMBER 播放列表链接
```

指定下载到播放列表里的第几个视频：

```
youtube-dl -f 'best' --playlist-end NUMBER 播放列表链接
```

从播放列表中下载第 7 个到第 12 个视频：

```
youtube-dl -f 'best' -c --playlist-items 7-12 播放列表链接
```

或者：

```
youtube-dl -f 'best' -c --playlist-start 7 --playlist-end 12 播放列表链接
```

下载指定的不连续的视频（例如 2～3、5、8～10 和 18）：

```
youtube-dl -f 'best' -c --playlist-items 2-3,5,8-10,18 播放列表链接
```

通过代理和端口下载爱奇艺视频：

```
youtube-dl --proxy 代理IP:代理端口 '爱奇艺上视频的链接地址'
```

卸载 youtube-dl：

```
pip uninstall youtube-dl
```

查看 youtube-dl 版本：

```
youtube-dl --version
```

23.3　借助 youtube-dl 模块下载视频并设置 format 参数

在 Python 程序中使用 youtube-dl 跟使用其他第三方模块没有什么不同，都是先安装再引入。用模块 youtube-dl 的类 YoutubeDL 生成下载对象：

```
ydl = youtube_dl.YoutubeDL(ydl_opts)
```

参数 ydl_opts 用于设置下载选项，下载选项很重要，决定着下载行为。youtube-dl 的功能很强大，支持这些功能的参数众多，在程序中通过下载选项（这里是 ydl_opts）来设置这些参数。下载选项 ydl_opts 是字典类型，下载参数是 ydl_opts 的键。

参数 outtmpl 设定下载视频文件名和存放位置，它是输出模板（out template）的简写：

```
ydl_opts = {
            'outtmpl': 路径字符串+'%(title)s.%(ext)s',
    # 定义输出模板，指定输出的文件夹和保存的文件名。title：视频文件的标题。ext：文件扩展名。
                  }
```

下载对象 ydl 生成完毕后，调用它的方法函数 ydl.download([视频链接])可以下载视频，代码如下：

```
# 指定视频链接，用youtube-dl下载视频。
import youtube_dl          # 引入第三方模块youtube-dl。


destPath = '/Users/shiying/tmp/'
# 存放音频文件的目标位置字符串。


# 下载视频的链接。
videoPage = 'https://www.bilibili.com/video/BV1vW411X7nj'
```

```
# ydl_opts很重要，是个字典，所有参数都在这里设置。
ydl_opts = {
        'outtmpl': destPath+'%(title)s.%(ext)s',
        # 定义输出模板：指定输出的文件夹+保存的文件名。title：视频的标题。ext：扩展名。
        }
ydl = youtube_dl.YoutubeDL(ydl_opts)            # 生成下载对象。
ydl.download([videoPage])
# 下载视频，参数是列表，列表的每个元素是视频的链接。
```

如果视频已经下载过了（下载文件目标文件夹里已经有下载文件了），则不会启动下载进程，并给出文件已经下载的提示。

如果视频网站（例如爱奇艺）还提供相应视频的音频文件，可以通过设置下载选项的 format 参数直接下载音频文件（下载文件的路径字符串放在 destPath）：

```
ydl_opts = {
        'outtmpl': destPath+'%(title)s.%(ext)s',
        'format': 'bestaudio',         # 选择品质最好的音频下载。
        }
```

参数 format 也可指定下载品质最好的视频：

```
'format': 'bestvideo'
```

或者：

```
'format': 'best'
```

参数 format 设为'best'，系统会下载品质最好的视频，但即使不设置也会下载品质最好的，只是输出小有差别。format 设置成'best'的一个好处是输出简洁一些，并且速度快一点。还可以做进一步筛选：

```
ydl_opts = {
        'outtmpl': destPath+'%(title)s.%(ext)s',
        'format': 'bestaudio[ext=m4a]',
        # [ext=m4a]筛选扩展名是.m4a的音频，如果没有会报错。
        }
```

也可指定下载格式：

```
ydl_opts = {
        'outtmpl': destPath+'%(title)s.%(ext)s',
        'format': 'mp4,
        # 指定下载MP4格式的视频，如果没有这种格式则报错。
        }
```

或者：

```
ydl_opts = {
        'outtmpl': destPath+'%(title)s.%(ext)s',
        'format': 'mp4/webm',
        # 有MP4下载MP4格式，没有MP4格式下载WebM格式，两种格式都没有则报错。
        }
```

可以通过参数 listformats 查看网站上这个视频有哪些格式可供选择：

```
import youtube_dl

# 下载视频的链接。
videoPage = 'https://www.bilibili.com/video/BV1vW411X7nj'
ydl_opts = {
        'listformats': True,
```

```
                   # 列出网站提供了哪些视频格式。
          }
ydl = youtube_dl.YoutubeDL(ydl_opts)
ydl.download([videoPage])
```

输出片段如图 23.1 所示。

```
[info] Available formats for FLhzB_DJQb4:
format code  extension  resolution note
139          m4a        audio only DASH audio   50k , m4a_dash container, mp4a.40.5@ 48k (22050Hz)
251          webm       audio only DASH audio  110k , webm_dash container, opus @160k (48000Hz)
140          m4a        audio only DASH audio  129k , m4a_dash container, mp4a.40.2@128k (44100Hz)
278          webm       256x144     DASH video  95k , webm_dash container, vp9, 30fps, video only
```

图 23.1　设置参数 listformats 输出网站提供的各种格式和品质的视频

此时不下载，只列出视频网站提供的关于这个视频的各种格式和品质的可选项。如果要特别指定下载某一个格式码和格式的视频或音频，例如要下载格式码为 251、格式为 WebM 的视频文件，则：

```
'format': '251/webm'
```

23.4　在代码中用 youtube-dl 下载播放列表和获取视频信息

下载播放列表里的视频必须要获得播放列表的链接。如果要下载整个播放列表，那么就传入整个播放列表的链接，例如调用下载函数 ydl.download ([播放列表的链接])。也可以传入播放列表中的一个视频的链接，默认情况下会下载整个播放列表，之后把这个视频再下载一遍。除非特别设置参数 noplaylist：

```
ydl_opts = {
        'outtmpl': destPath+'%(title)s.%(ext)s',
'noplaylist': True
        ''' ydl.download([视频链接])的视频链接从播放列表中的视频链接获取，默认会下载整
个播放列表，noplaylist为True时不下载列表，只下载指定视频。'''
        }
```

参数 playliststart 可以设定从播放列表的第几个视频开始下载：

```
ydl_opts = {
        …
        'playliststart': 46,
    # 从列表中第46个视频开始下载。
        …
        }
```

参数 playlistend 可以设定下载到播放列表的第几个视频：

```
        'playlistend': 18
        # 下载列表中的第1个到第18个视频。
```

参数 playlist_items 设定播放列表内的精准下载：

```
        'playlist_items': '3-6',
        # 下载播放列表的第3个到第6个视频。
```

或者：

```
        'playlist_items': '3,6',
        # 下载播放列表的第3个和第6个视频。
```

或者：

```
        'playlist_items': '3-6,12',
        # 下载播放列表的第3个到第6个视频，以及第12个视频。
```

参数 playlistreverse 指定逆序（从后往前）下载，参数 playlistrandom 指定按随机顺序下载。也可以通过参数 matchtitle 下载指定标题的视频：

```
ydl_opts = {
        'outtmpl': destPath+'%(title)s.%(ext)s',
        'noplaylist': True,
        # 如果不设置参数noplaylist为True，则在下载整个播放列表后再下载指定标题的视频。
        'matchtitle': '78 Excel单元格公式计算'
        # 下载播放列表中标题为'78 Excel单元格公式计算'的视频。

        }
```

下载视频的对象 ydl 除了有下载视频的方法函数 download()，还有一个方法函数 extract_info() 可以获取下载视频或播放列表的信息。如果只想获得所下载的视频或播放列表的信息，而不下载视频，可以用下面的代码：

```
# 下载对象的方法函数extract_info()返回一个字典放进result。
result = ydl.extract_info(
        videoPage,              # 视频链接。
        download=False,         # 不下载，只抽取信息。
        )
```

如果既要获取视频信息又要下载视频，那么就把参数 download=False 去掉：

```
result = ydl.extract_info(videoPage)    # 获取信息并且下载，返回一个字典。
```

通过是否有关键字 entries，我们可以判断出 result 里存放的是播放列表还是单个视频的信息：

```
if 'entries' in result:
    …
```

如果是单个视频，那么 result 这个字典里就是这个视频的信息，通过关键字 title 可获得视频的标题，ext 可获得视频的扩展名；如果是播放列表，那么 result 这个字典获得的是播放列表的信息，通过关键字 entries 获得视频序列，配合索引可以访问到每个视频的信息。下面的代码根据下载的是单个视频还是多个视频输出不同结果：

```
import youtube_dl
import pprint

destPath = '/Users/PythonABC/Documents/tmp/'
# 音频文件存放的目标位置字符串。

# 播放列表的链接。
videoPage =
'https://www.youtube.com/playlist?list=PLhbhqgpAIh2mJr01xkPJeZplfPDUgnbCz'

'''  如果链接是YouTube上播放列表中的某一个视频链接，例如videoPage = 'https://www.youtube.com/
watch?v=llypXlgzgUc&list=PLhbhqgpAIh2mJr01xkPJeZplfPDUgnbCz&index=78&t=0s'，则会下
载播放列表中的视频和这里指定的视频（放在最后）。如果是bilibili上播放列表中的某个视频链接，则只下
载这个视频。'''

ydl_opts = {
        'outtmpl': destPath+'%(title)s.%(ext)s',
        # 'quiet': True,                         # 这个参数为真则不输出提示信息。
        'playlist_items': '3,6',                 # 指定播放列表的第3个和第6个视频。
```

```
                }
ydl = youtube_dl.YoutubeDL(ydl_opts)
result = ydl.extract_info(              # result存放获取的信息。
            videoPage,                  # 视频链接或播放列表链接。
            download=False,             # 不下载，只抽取信息。
            )
if 'entries' in result:                 # 为真则说明是播放列表或一系列视频。
    downloadVideos = result['entries']  # downloadVideos获得视频列表。
    print('提取了如下视频信息：')
    for video in downloadVideos:        # 循环变量video遍历视频列表。
        print('==================================================')
        print("标题：{}\n扩展名：{}\nid：{}\n网址：{}".format(
    video['title'], video['ext'], video['id'], video['webpage_url']))
        # 输出指定视频信息。

else:                       # 否则是一个视频。
    downloadVideo = result
    print('==================================================')
    print('一枝独秀：{}.{}'.format(downloadVideo['title'], downloadVideo['ext']))
# 输出这个视频的视频信息。
```

变量 videoPage 接收的是一个播放列表的链接或播放列表中某几个视频的链接时，运行结果如图 23.2 所示。

```
[youtube:playlist] PLhbhqgpAIh2mJr01xkPJeZplfPDUgnbCz: Downloading webpage
[download] Downloading playlist: PythonABC
[youtube:playlist] playlist PythonABC: Downloading 2 videos
[download] Downloading video 1 of 2
[youtube] 8F-ReHcdKcI: Downloading webpage
[youtube] 8F-ReHcdKcI: Downloading MPD manifest
[download] Downloading video 2 of 2
[youtube] Pj8ftd9qozc: Downloading webpage
[youtube] Pj8ftd9qozc: Downloading MPD manifest
[download] Finished downloading playlist: PythonABC
提取了如下视频信息：
==================================================
标题：3 虽然我用来切西瓜，但Python其实是把屠龙刀
扩展名：mp4
id: 8F-ReHcdKcI
网址：https://www.youtube.com/watch?v=8F-ReHcdKcI
==================================================
标题：6 我们在Pycharm上的第一个Python程序
扩展名：webm
id: Pj8ftd9qozc
网址：https://www.youtube.com/watch?v=Pj8ftd9qozc

Process finished with exit code 0
```

图 23.2　下载播放列表里的第 3 个和第 6 个视频

在 ydl_opts 中，如果设定参数 quiet 为 True，则运行结果如图 23.3 所示。

```
提取了如下视频信息：
==================================================
标题：3 虽然我用来切西瓜，但Python其实是把屠龙刀
扩展名：mp4
id: 8F-ReHcdKcI
网址：https://www.youtube.com/watch?v=8F-ReHcdKcI
==================================================
标题：6 我们在Pycharm上的第一个Python程序
扩展名：webm
id: Pj8ftd9qozc
网址：https://www.youtube.com/watch?v=Pj8ftd9qozc

Process finished with exit code 0
```

图 23.3　quite 为 True 则不输出下载的提示信息

变量 videoPage 接收的是一个视频链接时，运行结果如图 23.4 所示。

```
=================================================================
一枝独秀：21节选1 合并多个pdf文件.mp4

Process finished with exit code 0
```

图 23.4　下载一个视频的输出结果

23.5　youtube-dl 模块配合 FFmpeg 下载和转换视频

youtube-dl 参数配合 FFmpeg 可以自动完成视频向音频的转换，实现这个操作的首要任务是安装 FFmpeg。Mac 上安装 FFmpeg 得用安装工具 brew，参见 24.5 节在 Mac 上安装工具 homebrew，简单说来内容如下。

（1）搜索 homebrew 找到它的主页。

（2）复制主页上的安装命令，打开 Mac 的终端窗口，粘贴复制的安装命令，按 Enter 键开始安装。

（3）安装完毕后，在终端窗口输入如下命令安装 FFmpeg：

```
brew install ffmpeg
```

Windows 用户安装 FFmpeg 的步骤如下。

（1）访问 FFmpeg 网站的下载页面，根据自己的操作系统选择下载安装文件。安装文件是个压缩文件，如果没有解压软件，可以下载和安装免费的压缩管理软件 7-zip。

（2）在 C 盘根目录下建立 ffmpeg 文件夹，将 ffmpeg 安装文件解压到文件夹 ffmpeg 下。

（3）单击打开 Windows 左下角的"开始"菜单，用鼠标右键单击"计算机"，在右键菜单中选择"属性"。在弹出的系统窗口中，单击"高级系统设置"链接。单击系统属性窗口底端的"环境变量"按钮，在"用户变量"区域选择"PATH"条目，单击"编辑"按钮。

（4）在"变量值"栏，在其原始内容后添加路径 C:\ffmpeg\bin。如果将 ffmpeg 文件夹复制到了其他路径，那么需要添加其他路径。单击"确定"按钮保存更改。如果在这个窗口输入的内容有误，那么有可能会造成 Windows 无法正常启动。如果在"用户变量"区域下没有"PATH"条目，单击"新建"按钮创建。在"变量名"栏输入 PATH。注意不要删除 PATH 中已有的内容。

（5）打开命令窗口，输入命令 ffmpeg –version。如果命令窗口返回 FFmpeg 的版本信息，说明安装成功。如果收到 libstdc++ –6 is missing 错误消息，那么可能需要安装 Microsoft Visual C++ Redistributable Package，该软件包可以在微软官方网站免费获取。

FFmpeg 安装完毕后就可以跟 youtube-dl 下载选项里的 postprocessors 参数配合使用了。下载完毕后，对 postprocessors 这个参数的设定做如下处理：

```
ydl_opts = {
    …
    'postprocessors': [
    {
    'key': 'FFmpegExtractAudio',        # 指定用FFmpeg从视频中提取音频。
'preferredcodec': 'mp3',               # 指定音频格式。
    },
    ],
    'keepvideo': True,    ''' 默认视频转换成音频后删掉视频文件，设置为True后不删除视频，
测试时反复运行，视频不必每次都下载。'''
```

```
            …
        }
```

用 FFmpeg 将视频的音频抽取出来，转成指定格式（MP3）的音频文件，完整代码如下：

```
# 给出视频链接，用youtube-dl下载视频，在FFmpeg帮助下将视频转换成MP3音频。
import youtube_dl

# 音频文件存放的目标位置字符串。
audioFile = '/Users/shiying/Documents/PythonABC_Book/bookProg/demo/tmp/'

# 下载视频的链接。
videoPage = 'https://www.bilibili.com/video/BV1vW411X7nj'

# 设置下载选项。
ydl_opts = {
        'outtmpl': audioFile+'%(title)s.%(ext)s',      # 定义输出模板。
      'format': 'best',                                # 下载品质最好的视频。
      'postprocessors': [
              {'key': 'FFmpegExtractAudio',
              # 指定用FFmpeg从视频中提取音频。
              'preferredcodec': 'mp3',# 指定目标音频格式。
              },
                  ],
        }
ydl = youtube_dl.YoutubeDL(ydl_opts)          # 生成下载对象。
ydl.download([videoPage])                      # 下载视频。
```

23.6　youtube-dl 模块的 progress_hooks 参数

下面来看 progress_hooks 这个参数，传给这个参数的值是个函数列表：

```
ydl_opts = {
        …
        'progress_hooks': [my_hook],
        # my_hook()是钩子函数，传入函数的是一个视频信息的字典。

            …
        }
```

函数 my_hook()作为钩子函数，启动下载进程时被调用。下载进程启动后可以有 3 个状态：正在下载"downloading"、出错"error"、下载完毕"finished"。定义的钩子函数可以根据下载状态输出相应信息，例如 my_hook()规定如果下载成功，则显示视频信息：

```
import youtube_dl

# 定义视频下载后的存放位置和视频链接。
destPath = '/Users/PythonABC/Documents/tmp/'
# 存放音频文件的目标位置字符串。
videoPage = 'https://www.youtube.com/watch?v=FLhzB_DJQb4'

# 定义钩子函数。
def my_hook(d):
    if d['status'] == 'finished':              # 如果视频下载完毕。
        print('\n下载完毕后再输出视频信息: ')
```

```
        for key, value in d.items():
            print("{}: {}".format(key, value))
# 定义下载选项。
ydl_opts = {
        'outtmpl': destPath+'%(title)s.%(ext)s',
        'format': 'best',
        'progress_hooks': [my_hook], # my_hook()是钩子函数。
        }
ydl = youtube_dl.YoutubeDL(ydl_opts)        # 生成下载对象。
ydl.download([videoPage])                    # 下载视频。
```

视频下载成功的提示后面还会出现图 23.5 所示的信息。

```
[download] 100% of 31.97MiB

下载完毕后再输出视频信息:
filename: /Users/shiying/Documents/PythonABC_Book/bookProg/demo/tmp/21节选3 打开加密过的pdf文件.mp4
status: finished
total_bytes: 33523209
_total_bytes_str: 31.97MiB
```

图 23.5　下载完毕后输出钩子函数 my_hook()里指定的信息

因为下载进程中钩子函数不断被调用，视频下载成功满足 if 语句设定的条件，按照设定输出视频信息字典的键和值。

生成下载对象 ydl 后，调用 ydl 的方法函数 extract_info()抽取信息，将参数 download 设为 False：

```
result = ydl.extract_info(
        videoPage,
        download=False,     # 不下载，只抽取信息。
    )
```

因为只提取视频信息而不下载视频，所以如果前面的代码改为：

```
…
def my_hook(d):
    if d['status'] == 'finished':          # 如果视频下载完成。
        print('\n下载完毕后再输出视频信息: ')
        for key, value in d.items():
            print("{}: {}".format(key, value))
ydl_opts = {                    # 定义下载选项。
        'outtmpl': destPath+'%(title)s.%(ext)s',
        'format': 'best',
        'progress_hooks': [my_hook],        # my_hook()是钩子函数。
        }
ydl = youtube_dl.YoutubeDL(ydl_opts)        # 生成下载对象。
result = ydl.extract_info( videoPage,        # 视频链接。
                download=False,     # 不下载，只抽取信息。
                )
if 'entries' in result:
    downloadVideos = result['entries']
    for video in downloadVideos:
        print("标题: {}\n ".format(video['title']))
else:
    downloadVideo = result
    print('一枝独秀: {}'.format(downloadVideo['title']))
```

运行结果如图 23.6 所示。

```
[youtube] FLhzB_DJQb4: Downloading webpage
[youtube] FLhzB_DJQb4: Downloading MPD manifest
一枝独秀: 21节选3 打开加密过的pdf文件

Process finished with exit code 0
```

图 23.6　下载进程没启动，参数'progress_hooks'指定的钩子函数没被调用

因为下载进程根本没有被启动，跟下载进程关联的钩子函数 my_hook() 自然没有机会被调用。

本章小结

本章讲解了如何将视频批量转换成音频、使用 youtube-dl 命令下载视频、在程序中引入第三方模块 youtube-dl 下载和转换音频。

习题

1. 分别用 youtube-dl 命令行和在程序中引入第三方模块 youtube-dl 的方式到 B 站上下载几个视频。

2. 编写程序到 B 站下载视频，下载的同时直接转成 MP3 格式的音频。

第 24 章

最后出场并不表示不重要

本章内容虽然比较零散，但却是人们最经常查看和使用的部分。本章将介绍一些初学者写 Python 程序时常犯的错误，解释 Python 学习中让人困惑的知识点，给出输入和调试程序时经常会用到的快捷键，介绍 3 个非常好用的工具：Homebrew、ImageMagick 和 Tesseract。

学习重点

新手需要了解的常见错误、if __name__ == __main__和让人糊涂的赋值；记住常用的快捷键；学会使用工具 Homebrew（Mac）、ImageMagick、Tesseract。

24.1　新手入门常见错误

本节将列出一些初学者常犯的错误供参考。

新手入门常见
错误 1

24.1.1　第一只拦路虎

对于第一次接触 Python 并用 PyCharm 作为开发平台的人，遇到的第一个问题可能是程序写完后，找不到"传说"中的绿色运行按钮。再仔细看看，自己的代码好像也不像别人那样花花绿绿。此时，如果是在 Mac 上就选择"PyCharm"菜单的"Preferences"；在 Windows 上就从菜单"File"中选择"Settings"。弹出窗口左栏中的项目名称旁边有个三角按钮，单击展开内容，选择"Project Interpreter"，查看右栏的项目解释器（Project Interpreter），如果是空白，就从下拉框里选择 Python 3.X 版本。

24.1.2　丢三落四

新手入门常见
错误 2

1. 忘记在 if、elif、else、for、while、class、def 声明末尾添加 "："，如：

```
if spam == 42
    print('Forget colon')
```

42 后会有一个小小的红色波浪线，提示此处有语法错误。执意运行会出现错误提示 SyntaxError : invalid syntax，改正办法就是在 42 的后面加上 "："。

2. 条件表达式中判断是否相等使用赋值号 "="，而不是 "=="，否则会出现 SyntaxError：invalid syntax 的错误。

3. 忘记在字符串首尾加引号，如：

```
print('Hello)
```

错误提示为 SyntaxError: EOL while scanning string literal。

又例如：

```
myName = 'Thranduil'
print('I am ' + myName + Elf's king')
```

错误提示为 SyntaxError: invalid syntax，改成：

```
print('I am ' + myName + 'Elf's king')
```

此时还是出错，错误提示为 SyntaxError: invalid syntax。因为字符串里的'算特殊字符，需要做特殊处理，所以在前面加一个转义字符\：

```
print('I am' + myName + 'Elf\'s king')
```

或者换掉字符串的界定符：

```
print('I am' + myName + "Elf's king")
```

4. 在 for 循环语句使用 range()时忘记调用 len()，如：

```
list1 = ['cat', 'dog', 'mouse']
for i in range(list1):
    print(i, list1[i])
```

错误提示是 TypeError: 'list' object cannot be interpreted as an integer，因为 range()要求的参数是整数，这里却给了一个 list 类型的实参。这段代码有两个更正办法，一个是满足 range() 参数要求传入整数：

```
for i in range(len(list1)):
    print(i, list1[i])
```

另一个是 for 循环直接用列表，用列表的方法函数 index()把指定索引的值输出：

```
for item in list1:
    print(list1.index(item), item)
```

5. 忘记将方法函数的第一个参数设置为 self，如：

```
class Performer(object):
    def myDeclaration():
        print('其实我是一名演员')
a = Performer()
a.myDeclaration()
```

错误提示为 TypeError: myDeclaration() takes 0 positional arguments but 1 was given。

类里的方法函数有 3 类：对象的方法函数、类的方法函数和静态函数。后两类有装饰器 @classmethod 和@staticmethod 开头，没有装饰器的那就是对象的方法函数了。对象的方法函数第一个形参必须为 self，调用时不用给 self 传入实参。所以即使 a.myDeclaration()没给实参，myDeclaration()也应该有个形参 self 与之对应，如果没有就会出现形参与实参不匹配的错误。

6. 调用模块内的函数时不在前面加模块前缀，如：

```
import math
print(ceil(4.5))
```

错误提示为 NameError: name 'ceil' is not defined，只要在 ceil 前加模块前缀 math.ceil(4.5) 就可以了。又如：

```
import time
print(time())
```

错误提示为 TypeError: 'module' object is not callable，因为刚好要调用的函数跟模块同名，所以会出现这个错误提示，提醒模块是不能调用的。用 time.time()可以更正。

有一种办法可以省却每次调用都要添加模块前缀的麻烦，就是把"import 第三方模块"的格式换成"from 第三方模块 import *"，这种方法的缺点是对引入的函数来自哪个模块不能一目了然，也可能出现不同模块的函数同名冲突的情况，影响代码的稳定性。

24.1.3 无中生有

1. 使用不存在的字典键，如：

```
dict1 = {'cat':'黑猫警长', 'dog':'卡尔', 'mouse':'米老鼠'}
print('我的宠物斑马叫 ' + dict1['zebra'])
```

错误提示为 KeyError: 'zebra'。因为字典 dict1 里根本没有'zebra'这个键。改正办法是增加'zebra'键，或者换成已有键。

2. Python 中不存在 ++自增和--自减操作，如：

```
m = 1
m++
```

错误提示是 SyntaxError: invalid syntax，把 m++改成 m += 1 即可。

24.1.4 强人所难

1. 尝试修改字符串的值：

```
str = '春风又到江南岸'
str[3] = '绿'
print(str)
```

运行这段代码会出现错误提示：TypeError: 'str' object does not support item assignment。

因为 str 是字符串，字符串是一种不可变的数据类型，元组（tuple）也是不可变数据类型，给字符串或元组赋值相当于给一个常数赋值。可用下列语句替换掉字符串里的"到"：

```
str = str[:3] + '绿' + str[4:]
```

str 内容现在被修改为"春风又绿江南岸"。

2. 尝试连接非字符串值与字符串：

```
numEggs = 12
print('I have ' + numEggs + 'eggs.')
```

得到的错误提示是 TypeError: must be str, not int。"+"可以连接两个字符串，可以相加两个数值，但是不能连接数值和字符串。可以用占位符解决：

```
print('I have {} eggs.'.format(numEggs))
```

也可以用逗号分隔数值和字符串：

```
print('I have ', numEggs, ' eggs')
```

3. 对新变量中使用增值操作符"+="。eggs 在程序中的第一次亮相是出现在 eggs += 42 中，运行的错误提示为 NameError: name 'eggs' is not defined。因为 eggs+=42 等同于 eggs = eggs + 42，eggs 需要指定一个有效的初始值。

4. 尝试使用 range() 创建整数列表：

```
s = range(10)
s[4] = -1
```

错误提示为 TypeError: 'range' object does not support item assignment。本来是希望得到一个有序的整数列表，range() 看上去是生成此列表的不错方式。可是 range() 返回的是 range 对象，不是想要的列表，想变成列表需要多一个列表转换的操作，即把 s = range(10) 替换成：

```
s = list(range(10))
```

5. 在局部变量与全局变量重名的情况下，在定义局部变量的函数中没有给局部变量赋值就试图去读取局部变量的值。下面这段代码没问题：

```
someVar = 42
def myFunction():
    print(someVar)
myFunction()
```

someVar 是全局变量，作用域涵盖了整个 myFunction()，即在 myfunction() 函数内访问 someVar 没有问题。下面的代码也没问题：

```
someVar = 42
def myFunction():
    someVar = 40
    print(someVar)
myFunction()
```

函数 myFunction() 内定义了与全局变量同名的局部变量 someVar，函数内局部变量屏蔽了全局变量。但下面的代码有问题：

```
someVar = 42
def myFunction():
    print(someVar)
    someVar = 100
myFunction()
```

错误提示为 UnboundLocalError: local variable 'someVar' referenced before assignment。函数 myFuction() 内对局部变量值的读取在给它赋值之前，myFunction() 函数是局部变量 someVar 的作用域，在这个区域内全局变量 someVar 被屏蔽，更详细的介绍可参见 5.4 节变量作用域和不确定个数形参。

6. 引用对象没有的属性或方法函数：

```
myList = ['bacon', 'apple', 'strawberry', 'durian', 'cherry']
myList.order()
```

错误提示为 AttributeError: 'list' object has no attribute 'order'。列表没有方法函数 order()，排序应该用 myList.sort()。

24.1.5　无心之失

1. 使用 Python 关键字作为变量名：

```
class = 3
SyntaxError: invalid syntax
```

class 是 Python 关键字，定义类时使用，不能用作变量名。Python 不能用关键字作变量名、函数名。Python 3 的关键字有：跟条件判断有关的 if、elif、else、True、False、and、or、not、is、None；处理意外的 try、except、finally、raise、assert；函数和类定义用得比较多的 pass、def、class、global、nonlocal、lambda、return；循环用的 for、in、while、yield(生成器)、break、continue；引入模块用到的 from、import；不太好分类的 as、del、with 等。

2. 所在文件夹下有跟引入模块名字相同的代码文件。假设有段代码应用 logging 模块启动日志：

```
import logging
    logging.basicConfig(level=logging.DEBUG, format='%(asctime)s - %(levelname)s
- %(message)s')

    …
```

运行时却出现 AttributeError: module 'logging' has no attribute 'basicConfig'的错误，错误行指向 logging.basicConfig 这一行。错误原因可能是代码文件所在的文件夹下有个名为 logging.py 的代码文件，并且当前目录已经加入 Python 解释器的搜索路径内。解决办法就是改掉当前文件夹下 logging.py 的名字。

3. Python 用缩进来标识程序块，没有程序块起始和结束的标志。同一缩进层次的连续代码被视作一个程序块。Python 规定缩进是 4 个空格，错误地使用缩进会引发错误：

```
print('Hello')
    print('Howdy')
```

出现缩进错误 IndentationError: unexpected indent，提示在不该缩进的位置缩进了。又如下面的代码：

```
if spam == 42:
    print('Hello!')        # 缩进用4个空格。
    print('Howdy!')        # 用Tab键添加的缩进。
```

第一个 print 语句后会有个小红色波浪线，第二个 print 前有个不同颜色的小块，运行则会出现 IndentationError: unindent does not match any outer indentation level 的错误。原因就是缩进方法不统一，有的用 4 个空格，有的用 Tab 键。解决办法就是在 PyCharm 的"Edit"菜单下选择"convert indents"，再选择"To Spaces"，将缩进方式统一成 4 个空格。再看以下代码：

```
if spam == 42:
print('Hello!')
print('Howdy!')
```

错误提示是 IndentationError: expected an indented block，跟在 if 语句后面的语句该有的缩进没有，加上缩进就可以了。

缩进增加只用在以":"结束的语句之后，程序块结束后的语句要恢复到原来的缩进。

24.1.6　粗心大意

1. 变量或者函数名拼写错误：

```
    guest = 'Al'
    print('Name of guest is ' + gues)
# NameError: name 'gues' is not defined, 变量名拼写错误。


    s = ruond(4.2)
# NameError: name 'ruond' is not defined,本意是要应用内置的四舍五入函数round(4.2)。


    s = Round(4.2)
# NameError: name 'Round' is not defined, Python对大小写敏感。


    str1 = "Convert me to LOWERCASE"
    str1 = str1.lowerr()
''' AttributeError: 'str' object has no attribute 'lowerr', 错误提示是字符串对象
没有lowerr这个属性或方法函数，改成str = str.lower()即可。'''
```

2. Python 的字符串、元组和列表的索引都是从 0 开始的，注意引用时不要超过最大索引：

```
    list2 = ['cat', 'dog', 'mouse']
    print(list2[3])
# IndexError: list index out of range, list2的最大索引为2。
```

3. Python 程序用到的符号（单引号、双引号、括号……）要在英文输入法下输入，如果在中文输入法下输入，虽然看起来一样，但程序运行却会报错。这种错误在字符串里有中文字符、输入法不得不切来切去时很容易发生。print（'爱睡懒觉的猫'）看起来没有问题，忽略语法检查通不过的红色波浪线强行运行时会出现 SyntaxError: invalid character in identifier 的错误。原因就是用了中文输入法下的括号，换成英文输入法下的括号，print('爱睡懒觉的猫')就恢复正常了。

4. 函数形参与实参个数不符：

```
def addValue(x):
    sum = 0
    sum += x
    return sum
x, y = 3, 4
addValue(x, y)
```

错误提示为 TypeError: addValue() takes 1 positional argument but 2 were given，意思是函数 addValue()只有一个形参，现在却给了两个实参，实参与形参个数不符。

5. 该安装的没安装，该引入的没引入。

如果没有引入 time 模块，在代码中使用 time.time()，就会出现错误提示 NameError: name 'time' is not defined。time 这种 Python 自带的模块不必安装，直接在程序首部用 import time 引入即可。

若引入的是第三方模块，则在引入前需要先安装，否则会出现 ModuleNotFoundError: No module named 'PyAutoGUI'的错误（PyAutoGUI 是试图导入的第三方模块）的错误。若引用自写的.py 文件里的函数或数据，需要把.py 文件所在目录加进 Python 解释器搜索路径中，参见 7.3.2 小节中设置 Python 解释器搜索路径的内容。

代码写出来没有语法错误才是万里长征的第一步，语法错误容易解决，而逻辑错误难查找。第三方模块帮我们实现了很多功能，而且无须操心复杂的实现细节，"直接拿来用"就可以了。不好的

地方是一旦出了问题会很被动，技术细节都被封装起来，加大了查找定位错误所在的困难。排错时要善用互联网资源，一般使用的排错方法是：将错误提示直接复制到搜索引擎，从而找到很多有助于纠错的宝贵信息。

24.2　为什么要用 if __name__ == __main__:?

我们在很多示例程序中都能看到主函数的内容被放在条件表达式 if __name__ == __main__: 内，例如接下来的 balladWithIF.py：

```
# ----------------------- balladWithIF.py -----------------------

def farmerAndDragon():
    print("老龙恼怒闹老农，老农恼怒闹老龙。农怒龙恼农更怒，龙恼农怒龙怕农")


def skyAndWater():
    print("天连水，水连天，水天一色望无边。蓝蓝的天似绿水，绿绿的水如蓝天。到底是天连水，
还是水连天？")


if __name__ == '__main__':
    farmerAndDragon()
    skyAndWater()
```

而我们到目前为止一直是像 balladWithoutIF.py 这样直接写主函数：

```
# ----------------------- balladWithoutIF.py -----------------------

def melon():
    print("金瓜瓜，银瓜瓜，瓜棚上面结满瓜")


def tower():
    print("白石塔，白石搭。白石搭白塔，白塔白石搭")


melon()
tower()
```

为什么要加上 if __name__ == __main__: 这个条件呢？

分别运行程序 balladWithIF.py 和程序 balladWithoutIF.py，balladWithIF.py 的运行结果为：

老龙恼怒闹老农，老农恼怒闹老龙。农怒龙恼农更怒，龙恼农怒龙怕农

天连水，水连天，水天一色望无边。蓝蓝的天似绿水，绿绿的水如蓝天。到底是天连水，还是水连天？

balladWithoutIF.py 的运行结果是：

金瓜瓜，银瓜瓜，瓜棚上面结满瓜

白石塔，白石搭。白石搭白塔，白塔白石搭

貌似没什么区别呀！那加这个条件判断不是多此一举么？

不是多此一举，没区别是因为它们都是单独运行的。当自己程序定义的函数被其他程序调用时就能看出区别来了。例如有一个叫作 tongueTwister.py 的程序就在程序内分别调用了 balladWithIF.py 和 balladWithoutIF.py 里定义的函数。当然调用前需要把这两个程序引入 tongueTwister.py，并确保把 balladWithIF.py 和 balladWithoutIF.py 所在的路径放在 Python 解释器的搜索路径内（参见 7.3 节定义变量文件和设置 Python 解释器的搜索路径）：

```
# ------------------------ tougueTwister.py ------------------------

import balladWithIF
import balladWithoutIF

print("绕口令: ")
balladWithIF.farmerAndDragon()
balladWithIF.skyAndWater()
balladWithoutIF.melon()
balladWithoutIF.tower()
```

单击运行 tongueTwister.py 的按钮后，可以看到运行结果为：

金瓜瓜，银瓜瓜，瓜棚上面结满瓜

白石塔，白石搭。白石搭白塔，白塔白石搭

绕口令：

老龙恼怒闹老农，老农恼怒闹老龙。农怒龙恼农更怒，龙恼农怒龙怕农

天连水，水连天，水天一色望无边。蓝蓝的天似绿水，绿绿的水如蓝天。到底是天连水，还是水连天？

金瓜瓜，银瓜瓜，瓜棚上面结满瓜

白石塔，白石搭。白石搭白塔，白塔白石搭

跟预想的不一样，预想的结果应该是：

绕口令：

老龙恼怒闹老农，老农恼怒闹老龙。农怒龙恼农更怒，龙恼农怒龙怕农

天连水，水连天，水天一色望无边。蓝蓝的天似绿水，绿绿的水如蓝天。到底是天连水，还是水连天？

金瓜瓜，银瓜瓜，瓜棚上面结满瓜

白石塔，白石搭。白石搭白塔，白塔白石搭

"绕口令：……"前面那两行是哪里冒出来的？

实际上 Python 解释器一"看"到 import balladWithIF 马上就去调用 balladWithIF.py 的主函数，显然条件判断（if __name__ == '__main__':）没有被满足，于是什么也没做就去解释下一条语句 import balladWithoutIF 了。接着调用 balladWithoutIF 的主函数：

```
melon()
tower()
```

balladWithoutIF 的主函数完全没有"设防"，于是马上执行这两句。这就是为什么运行结果里"绕口令：……"之前会有：

金瓜瓜，银瓜瓜，瓜棚上面结满瓜

白石塔，白石搭。白石搭白塔，白塔白石搭

因为它们是 balladWithoutIF 主函数内的那两条语句的运行结果。由此可见，加 if __name__ == '__main__':条件判断是个好习惯，以便在这个程序内定义的函数被其他程序引用。

那么__name__是什么？看"外表"（name 前后都有两条下画线）是私有变量，确实是。如果在本程序内（例如 balladWithoutIF.py）加一句：

```
print(__name__)
```

这句对应的运行结果会是__main__。如果在本程序内引用其他程序的__name__，则值是其他程序的名称。例如在 tongueTwister.py 内加一条：

```
print(balladWithoutIF.__main__)
```

这条语句对应的运行结果是 balladWithoutIF.py 的名字 balladWithoutIF。这也是为什么在 tongueTwister.py 里，Python 解释器解释到 import balladWithIF 时调用 balladWithIF.py 中的语句：

```
if __name__ == '__main__':
    farmerAndDragon()
    skyAndWater()
```

在 tongueTwister.py 里，balladWithIF.py 的__name__是'balladWithIF'，显然与'__main__' 不相等，不满足 if 语句成立的条件，所以 Python 解释器只好什么也没做就越过去解释 import balladWithIF 后面的语句。

24.3 有时候赋值不是你想象那样

Python 接受一些省事的赋值手法，例如：

```
x = 3; y = 4        # 一行进行了两个赋值。
x,y = y,x
''' 执行后x的值为4，y的值为3，x,y = y,x一行就对调了x和y的值，等于替代了3条语句：
temp=x; x=y; y=temp. '''
```

可见 Python 对偷懒的赋值手法相当宽容。Python 也接受连续赋值，例如：

```
x = y ='cheer'      # 赋值后，x和y的值都为字符串'cheer'.
x = 5               # 改变了x的值。
print(x,y)          # 运行结果显示x的值为5，y的值仍为'cheer'.
```

来猜猜下面的这段程序运行结果是什么：

```
x=y=[]
x.append(3)
print(x,y)
```

按照上一段程序的运行逻辑，x 添加了一个元素，应该变成[3]，而 y 则继续保持空列表[]的状态。然而这段程序的运行结果是 x 和 y 的值都变成了[3]。x=3; y=3 与 x=y=3 一样，赋数值和字符串确实没区别。但当数值是数列、集合、字典或其他更复杂的数据类型时就有区别了，x=[]; y=[] 与 x=y=[]是不同的。

Python 变量赋值前无须指定数据类型，它的数据类型跟着所赋的值走，赋的值是列表变量就是列表类型，所以 x 和 y 是列表类型。如果说x=3 好像把 3 放进一个标记着 x 的"箱子"里，那么x=[]或 x=[1,2,3]的 x 则只是一个位置索引。位置索引指明有个位置放了一排"箱子"或将会放一排"箱子"。x=[]; y=[]的 x 和 y 是两个位置索引，指向不同的位置，只不过恰好这两个位置都没放"箱子"。x=[]; y=[]之后的 x.append(3)在位置索引 x 指向的那个位置放了一个装着 3 的"箱子"，而这个行为跟 y 指向的那个位置没关系，因为 x 和 y 指向内存不同的位置单元。x=y=[]的 x 和 y 是同一个位置索引的不同叫法，实际上它们指向的位置是相同的。x=y=[]之后的 x.append(3)在 x 指向的那个位置放了一个装着 3 的"箱子"。x 和 y 指向同一个位置，所以位置索引 y 指向的位置也多了一个装着 3 的"箱子"。

我们认真看一看同一基础类型的变量的互相赋值。先来看字符串类型（数值类型结果相同）：

```
nStr = 'cheer'
mStr = nStr             # 字符串变量mStr接受同为字符串变量的nStr的赋值。
print(mStr, nStr)       # 运行结果：cheer cheer。
mStr = 'happy'
```

```
print(mStr, nStr)          # 运行结果：happy cheer。
```

互相赋值使得 mStr 和 nStr 两个变量短暂地拥有相同的值，之后各自独立。而对于列表、集合、字典类型的变量，情况就不同了，一旦互相赋值就无法分开：

```
nList = [1, 3, 6, 9, 12]
mList = nList              # 列表变量互相赋值。
mList.append(15)           # 列表mlist添加一个新元素。
print(mList)
# 显示列表mList的内容为[1, 3, 6, 9, 12, 15]，符合预期。
print(nList)
# 显示nList的内容也是[1, 3, 6, 9, 12, 15]，因为mList和nList指向同一个位置单元。

nSet = {1, 3, 6, 9, 12}
mSet = nSet                # 集合变量互相赋值。
mSet.add(15)               # 加一个元素到集合mSet。
print(nSet)                # 输出{1, 3, 6, 9, 12, 15}。
print(mSet)                # 也输出{1, 3, 6, 9, 12, 15}。

nDic = {'红楼梦':'曹雪芹', '西游记':'吴承恩', '三国演义':'罗贯中'}
mDic = nDic                # 字典变量互相赋值。
mDic.update({'水浒传':'施耐庵'})          # 加一个元素到字典变量。
print(mDic)
# 输出{'红楼梦': '曹雪芹', '西游记': '吴承恩', '三国演义': '罗贯中', '水浒传': '施耐
庵'}。
print(nDic)
# 也输出{'红楼梦': '曹雪芹', '西游记': '吴承恩', '三国演义': '罗贯中', '水浒传': '施
耐庵'}。
```

原因在于无论是列表变量、集合变量，还是字典变量，里面存放的并不是数据，而是指向数据单元的地址。mList = nList、mSet = nSet、mDic = nDic 这些行为是在变量间分享地址，使得两个变量存放同样的地址，像指针一样指向同样的数据单元。之后改变数据单元里的数据并没有改变两个变量指向同样数据单元的事实。用 print()输出这些变量的内容，更准确的说法应该是输出变量所指向的数据，既然指向的是同样的数据单元，自然输出内容也相同。

那么这 3 个类型的变量该怎样互相赋值呢？将 mList = nList 替换成 mList = list(nList)；mSet = nSet 替换成 mSet = set(nSet)；mDic = nDic 替换成 mDic = dict(nDic)。

这样处理后，这 3 对变量就可以互相不受影响，各自"精彩"了。

24.4　常用快捷键

可用的快捷键在 PyCharm 的菜单中都可以找到，表 24.1 所示为一些比较常用的快捷键。

表 24.1　Mac、Windows 上常用快捷键对照表

功　　能	Mac	Windows
新建程序	Ctrl + N	Alt + Insert
运行当前的程序	Shift + F10	Shift + F10
运行正在编辑的程序	Ctrl + Shift + F10	Ctrl + Shift + F10
选择运行哪一个已经打开的程序	Option + Shift + F10	Alt + Shift + F10

续表

功　　能	Mac	Windows
复制一行到剪贴板	Command + C	Ctrl + C
复制一行到下一行	Command + D	Ctrl + D
多行注释	Command + /	Ctrl + /
中断程序运行	Command + F2	Ctrl + F2
柱状区域选择（column selection）	Shift + Command + 8	Alt + Shift + Insert
全选	Command + A	Ctrl + A
撤销	Command + Z	Ctrl + Z
调出 PyCharm 的环境设置界面	preferences：Command + ,	settings：Ctrl + Alt + s

在 Mac 上获得文件或文件夹的路径的快捷键：Option + Command + C。

在 Mac 上显示隐藏文件的快捷键：Command + Shift + .。

24.5　在 Mac 上安装工具 Homebrew

Homebrew 是一个安装工具，有些在 Mac 应用商店不能直接安装的应用可以通过 Homebrew 安装。Homebrew 不是 Mac 自带的，需要先手动安装。

24.5.1　在终端窗口输入安装 Homebrew 的命令

在搜索引擎上搜 install homebrew，找到 Homebrew 的主页，主页上写着安装 Homebrew 的方法，把安装命令粘贴到终端窗口，按回车键后按照提示输入 admin 的密码，系统会自动下载和安装 Homebrew，图 24.1 所示为 Homebrew 安装截图。

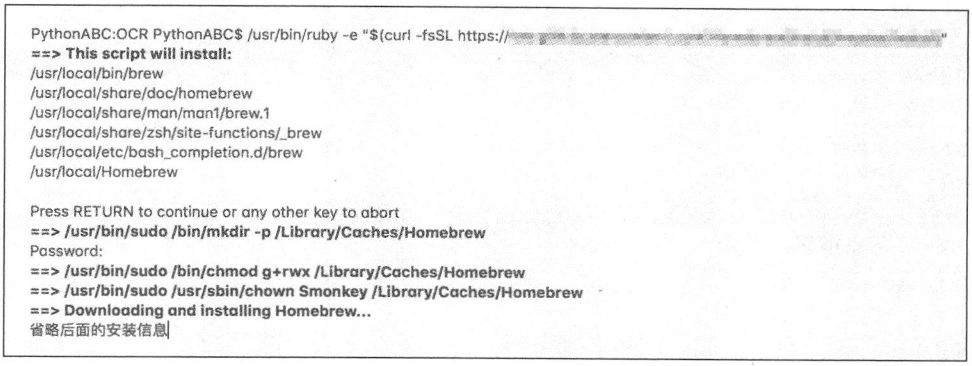

```
PythonABC:OCR PythonABC$ /usr/bin/ruby -e "$(curl -fsSL https://...)"
==> This script will install:
/usr/local/bin/brew
/usr/local/share/doc/homebrew
/usr/local/share/man/man1/brew.1
/usr/local/share/zsh/site-functions/_brew
/usr/local/etc/bash_completion.d/brew
/usr/local/Homebrew

Press RETURN to continue or any other key to abort
==> /usr/bin/sudo /bin/mkdir -p /Library/Caches/Homebrew
Password:
==> /usr/bin/sudo /bin/chmod g+rwx /Library/Caches/Homebrew
==> /usr/bin/sudo /usr/sbin/chown Smonkey /Library/Caches/Homebrew
==> Downloading and installing Homebrew...
省略后面的安装信息
```

图 24.1　Homebrew 安装截图

24.5.2　提示安装 command line developer tools

因为环境不相同，有时候安装 Homebrew 很顺利，有时候可能安装开始后不久就弹出提示需要安装 command line developer tools 的界面，如图 24.2 所示。

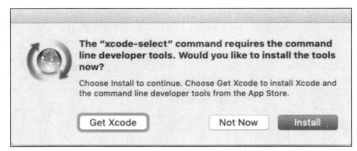

图 24.2　提示需要安装 command line developer tools

此时单击"Not Now"按钮，终端窗口会出现错误提示：

```
xcode-select: note: install requested for command line developer tools
Failed during: /Users/bin/sudo /Users/bin/xcode-select --switch /Library/Deve
loper/CommandLineTools。
```

既然提示缺少 Command Line Tools 需要安装 Xcode-select，就去苹果官方开发者网站下载这个工具，这个网站需要开发者账号和密码（免费注册）。打开网站可以看到几个 Command Line Tools (MacOS x.x.x) for XCode N 文件。单击 Mac 桌面左上角的苹果标志，在弹出的菜单中选择"About This Mac"，可以查看到自己用的 macOS 版本号是什么，然后回网站选择合适的安装包后下载并双击安装。Command Line Tools 安装完毕后再去 Homebrew 主页把 Homebrew 安装命令复制到终端窗口继续安装。有些计算机在图 24.2 所示的界面弹出时单击"Get Xcode"按钮，调出 App Store 下载 Xcode 后问题就解决了。

24.5.3　Homebrew 常用命令汇总

用 brew 安装 XXX：
```
brew install XXX
```
更新 brew 自身：
```
brew update
```
用 brew 更新所有的安装包：
```
brew upgrade
```
用 brew 更新特定安装包：
```
brew upgrade XXX
```
用 brew 清除所有旧版本：
```
brew clearup
```
用 brew 清除指定旧版本：
```
brew cleanup XXX
```
用 brew 重新安装 XXX：
```
brew reinstall XXX
```
用 brew 卸载 XXX，这是破坏性较强的一条命令：
```
brew uninstall XXX
```

24.6　ImageMagick

ImageMagick 是一款能够创建、编辑、合成、转换图像的命令行工具，非常好用。它支持的格式超过 200 种，包括常见的 PNG、JPEG、GIF、TIFF、PostScript、PDF 等。功能包括调整、翻转、镜像、旋转、扭曲、修剪和变换图像，调整图像颜色，应用各种特殊效果，绘制文本、线条、多边形、椭圆和贝塞尔曲线等。这里介绍几个简单、基本的操作，目的是让大家对这个工具的强大和便捷有个直观的认识。

24.6.1 安装 ImageMagick

在 Mac 上的 ImageMagick 安装方法就是在终端窗口上执行命令：

```
brew install imagemagick
```

在 Windows 上则是首先到 ImageMagick 官方网站下载页面，下载合适版本的 .exe 安装程序，然后双击安装。成功安装后就可以在命令窗口用命令对图片做各种处理。Windows 上除了图片路径写法不同外，还需要把 Mac 命令里的单引号换成双引号，转义字符 \ 换成 ^。在搜索引擎中搜 imagemagick usage under Windows 可以搜到更详细的资料。

24.6.2 了解图片信息

获得图片 starsky.jpg 的信息可以用命令：

```
identify /Users/PythonABC/Documents/imageMagick/starsky.jpg
```

为了省去每次输入路径的麻烦，在终端窗口输入命令进入图片所在的文件夹：

```
cd /Users/PythonABC/Documents/imageMagick/
```

Mac 上选中文件夹并按快捷键 Option+Command+C 可以获得文件夹路径；Windows 上用鼠标右键单击文件夹，选择"属性"可以获得文件夹路径。后面命令行上的操作都默认当前路径是图片所在的文件夹。

获取图片信息的命令为 identify starsky.jpg，会输出图片文件的格式、分辨率、大小、色彩空间等信息。

转换图片的格式用命令 magick boat.jpg boat.png。

24.6.3 调整图片尺寸

假设有一个宽 480 像素、高 600 像素的图片 wizard.jpg，执行命令：

```
magick wizard.png -resize '200%' bigWiz.png
```

图片的宽和高都变为原来的 2 倍。执行以下命令：

```
magick wizard.png -resize '200x50%' longShortWiz.png
```

图片的宽为原来的 2 倍、高为原来的 1/2，也可以写成 200%x50 或 200%x50%。注意 200x50 的 x 是键盘上的"x"字符键，输入字符"*"会报错！

执行命令：

```
magick wizard.png -resize '100x200' notThinWiz.png
```

图片不断缩小到能放进一个 100 像素 × 200 像素的矩形，图片宽高比例不变。

执行命令：

```
magick wizard.png -resize '100x200^' biggerNotThinWiz.png
```

图片不断缩小，直到宽和高中有一个跟 100 像素 × 200 像素矩形的边相同，图片宽高比例也不变。

执行命令：

```
magick wizard.jpg -resize '100x200!' dochThinWiz.png
```

不顾原图片比例，直接将图片的尺寸调整为 100 像素 × 200 像素。

执行命令：

```
magick wizard.jpg -resize '100' wiz1.png
```

宽调整为 100 像素，高按原来图片宽高比例跟着调整。

执行命令：

```
magick wizard.jpg -resize 'x200' wiz2.png
```

高调整为 200 像素，宽按原来图片宽高比例跟着调整。

执行命令：

```
magick wizard.jpg -resize '150x100>' thumbnail.jpg
```

宽大于 150 像素或高大于 100 像素的图片缩小成 150 像素 × ?或? × 100 像素(按比例取最大值)，小于该值的图片不做处理。

执行命令：

```
magick wizard.jpg -resize '100x200<' wiz4.png
```

只有宽、高小于 150 像素 × 100 像素的图片才增大至该尺寸 (按比例取最小值)，大于该值的图片不做处理。

执行命令：

```
magick wizard.jpg -resize "200>" shrinkedNature.png
```

宽若大于 200 像素，按比例调整到 200 像素。

执行命令：

```
magick wizard.jpg -resize "x200>" shrinkedNature.png
```

高若大于 200 像素，按比例调整到 200 像素。

执行命令：

```
magick wizard.jpg -resize '1000@' wiz10000.png
```

按比例调整图片至面积最接近 1000 像素。

24.6.4 降低图片质量

执行命令：

```
magick tea.jpg -quality 75 output_tea.jpg
```

将图片质量降为原来的 75%，取值范围为 1 (最低的图像质量和最高压缩率) ~ 100 (最高的图像质量和最低压缩率)，默认值根据输出格式有 75、92、100，适用于 JPEG、MIFF 和 PNG 格式。

执行命令：

```
magick wizard.jpg -resize 150x100 -quality 70 -strip thumbnail.jpg
```

生成缩略图。-resize 定义输出的缩略图尺寸；-quality 70 表示降低缩略图的质量到原来的 70%；-strip 让缩略图移除图片内嵌的所有文件配置、注释等信息，以减小文件的体积。

24.6.5 加边框

执行命令：

```
magick swan.jpg -bordercolor 'rgb(238, 18, 137)' -border 10 swan_outline1.png
```

给图片 swan.jpg 加了一个厚度为 10 像素的粉色边框后，如图 24.3 所示，另起名字 swan_outline1.png 保存下来。-bordercolor 指定边框颜色，有几种颜色模式，rgb(红色参数,绿色参数,蓝色参数)是其中的一种模式，颜色参数范围为 0 ~ 255。可以去 colorhexa 这种网站上查这些颜色参数。

图 24.3　加了粉色边框的图片

执行命令：

```
magick swan.jpg -bordercolor 'rgb(0,0,100%)' -border 10 swan_outline2.png
```

给图片加了一个蓝色的框，(0,0,255)也可以写成(0,0,100%)。

执行命令：

```
magick swan.jpg -bordercolor 'rgb(0,255,0)' -border 40x20 swan_outline3.png
```

给图片加了绿色框，竖着的边厚度为 40 像素，横着的边厚度为 20 像素，如图 24.4 所示。

图 24.4　边框宽高厚度不同

24.6.6　在图片上写字

　　magick 命令既可以新建画布往上写字，又可以往已有的图片上写字。先来看如何往新建画布上写字，效果如图 24.5 所示。

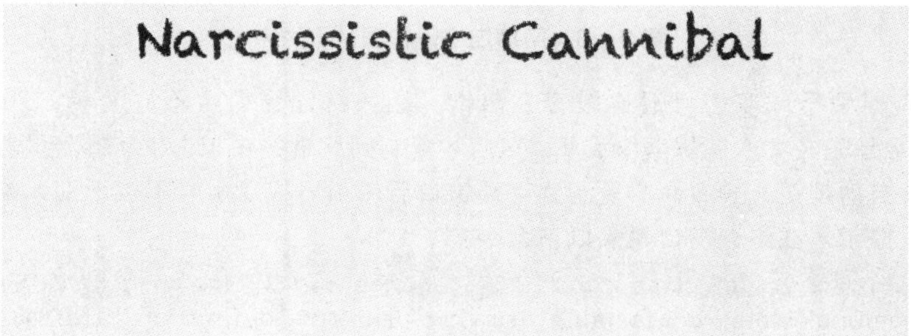

Narcissistic Cannibal

图 24.5　在新建画布上写标题

执行命令：

```
magick -size 800x300 -background DarkSeaGreen1 -pointsize 48 -fill blue3 -font
Chalkduster -gravity North caption:'Narcissistic Cannibal' KornLyrics.jpg
```

-size 指定画布的尺寸，800x300 的乘号在终端窗口输入的是 x 字符，输入*会报错。

-background 指定画布的颜色，颜色参数的一种表达模式是直接写颜色的名字，这些颜色有限，可以去 ImageMagick 网站上查看颜色和对应的名字。

-pointsize 指定文字大小。

-fill 指定文字颜色。

-font 指定字体。如果是 Mac 上，要求/Library/fonts/目录下存在 Chalkduster.ttc，提示找不到字体文件时直接在参数里加上字体文件的路径：

```
magick -size 800x300 -background DarkSeaGreen1 -pointsize 48 -fill blue3 -font
'/library/fonts/Chalkduster.ttc' -gravity North caption:'Narcissistic Cannibal'
KornLyrics.jpg
```

-gravity 指定文字的位置，选项可以是 NorthWest、North、NorthEast、West、Center、East、SouthWest、South、SouthEast。

caption：后面跟着的是写到画布上的标题字'Narcissistic Cannibal'。如果字符串里没有空格，可以不用引号，如 capital:Narcissistic，注意 Narcissistic 与:之间不可以有空格。

最后保存成图片文件 KornLyrics.jpg。

magick 后面跟着图片文件名，说明要在这个图片的基础上继续创作，这里是往图片上继续写字，效果如图 24.6 所示。执行命令：

```
magick KornLyrics.jpg -pointsize 36 -fill blue3 -font Chalkduster -draw "text
20,100 'Don\'t wanna be sly and defile you\nDesecrate my mind and rely on you\nI
just wanna break this crown\nBut it\'s hard when I\'m so run down' " KornLyrics.jpg
```

-draw "text x 坐标,y 坐标 字符串"：x 坐标、y 坐标指定开始写字的位置；字符串边界在 Mac 上用一对单引号'Don\'t … so run down'（Windows 用双引号）；字符串内的特殊字符需要用到转义字符\（Windows 用^），例如\n 是换行，\'是单引号。

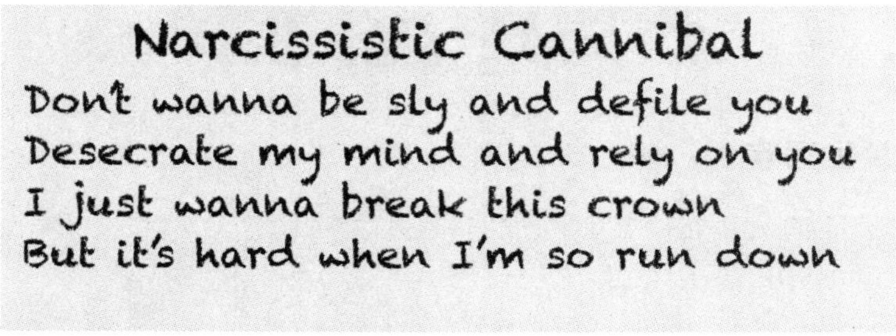

图 24.6　用指定字体往图片上写字

字符串里有单引号或双引号时比较容易出错。因为终端窗口中不好编辑，所以略微复杂的 magick 命令经常是先在文本编辑器中编辑，然后才复制到终端的窗口。在编辑器里输入的单引号或双引号有时会被自动校正，导致命令复制到终端窗口后单引号或双引号不被识别，给出缺少单引号或双引号的错误提示。在终端窗口输入以下命令：

```
magick KornLyrics.jpg -draw "text 20,100 'The little match girl'" KornLyrics.jpg
```

出现错误：magick: non-conforming drawing primitive definition `little' @ error/draw.c/RenderMVGContent/4354。把 The little match girl 两边的单引号删掉，在英文输入法下在终端窗口输入单引号替换：

```
magick KornLyrics.jpg -draw "text 20,100 ' The little match girl ' " KornLyrics.jpg
```

此时恢复正常。再在终端窗口输入以下命令：

```
magick KornLyrics.jpg -draw "text 20,100 'The little match girl'" KornLyrics.jpg
```

命令行的前导符变成>，等待输入闭环的单引号或双引号，要按快捷键 Ctrl+C 才能退出。解决办法是在英文输入法下在终端窗口输入双引号替换掉 KornLyrics.jpg 前的双引号：

```
magick KornLyrics.jpg -draw "text 20,100 'The little match girl'" KornLyrics.jpg
```

当这样也解决不了问题时，可以尝试复制不出错的命令里的单引号或双引号，或者在英文输入法下直接在终端窗口输入引号。如果这条命令保存的文件名跟已有文件同名，则已有文件被覆盖。

也可以把从文本文件读出来的字写入图片，效果如图 24.7 所示，文本保存在 fromText.txt：

```
magick -size 800x350 -background LightCyan1 -fill ivory4 -pointsize 32 -gravity
center -font '/Library/Fonts/Brush Script.ttf' label:@fromText.txt   scratchNote.gif
```

I'll call you, and we'll light a fire, and drink some wine,
and recognise each other in the place that is ours.
Don't wait. Don't tell the story later.
Life is so short. This stretch of sea and sand,
this walk on the beach before the tide covers everything we have done.
I love you. The three most difficult words in the world.
But what else can I say?

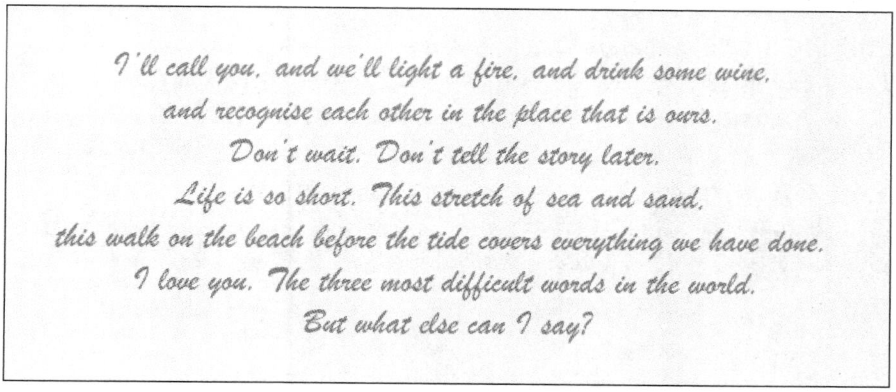

图 24.7 把文本文件内容写到新建的画布上

因为字体名里有空格，所以字体文件和路径/Library/Fonts/Brush Script.ttf 必须使用单引号引起来。其次将这条命令直接复制粘贴到终端窗口，出现了"magick: no decode delegate for this image format……"，原因又是命令行里的单引号被系统做了自动校正。在命令窗口用英文输入法重新输入单引号即可。这条命令把文本文件里的内容输出到画布上，保存成图片文件 scratchNote.gif。输出文字用的是 label:直接往图片上加标签。@后面跟着文本文件名，@前后都不能有空格。

往图片上写中文需要指定中文字体，否则虽然不会报错，字却不会写到图片上。图 24.8 右图上加入的字体选用的是"小诗娱乐体"，字体可以去/Library/Fonts/字体文件夹或中文字体网站浏览（在搜索引擎搜"中文字体免费下载"可以找到很多中文字体网站），哪个合适用哪个。直接搜索字体文件名+下载，例如搜"小诗娱乐体 下载"找到免费下载小诗娱乐体的字体网站下载字体文件到字体文件夹，引用时指明字体文件所在的路径即可。

接下来往图片 frontier.jpg 上写"秦时明月汉时关\n 万里长征人未还"，其中字号为 36，颜色为 LightGoldenrod1，字体选小诗娱乐体，从坐标(400,100)开始写字，最后保存到 frontierText.jpg。添加文字前后的对比图如图 24.8 所示，参数-font 与字体文件"/Library/…ttf"之间是空格不是换行符：

```
magick frontier.jpg -pointsize 36 -fill LightGoldenrod1 -font "/Library/Fonts/
XiaoShiYuLeTi.ttf" -draw "text 400,100 '秦时明月汉时关\n万里长征人未还'" frontierText.jpg
```

图 24.8　往图片上写字

往图片上写字还可以用 -annotate 参数，格式为：

-annotate 与x轴的夹角，与y轴的夹角，x坐标，y坐标，text（字符串或文本文件）

例如往图 24.9 所示的图片 uglyDuckling.jpg 上添加一首诗，诗的内容放在 libai.txt 内。字体用网上找的锐字温帅小可爱简体字体，下载后因字体文件名字太长，改成了 lively.ttf。字体颜色用 MistyRose4，大小为 48，略做旋转，放在图片右边（east）的位置：

```
magick uglyDuckling.jpg -pointsize 48 -fill MistyRose4 -font "/Library/Fonts/
lively.ttf" -gravity east -annotate 10,10,+30,-20 @libai.txt poemText.jpg
```

图 24.9　uglyDuckling.jpg

　-annotate 参数指定这首诗跟 x 轴成 10 度夹角，跟 y 轴成 10 度夹角（这个值太大的话字体会变形），+30 是相对于 east 这个位置向西平移 30 像素，-20 则是向下移 20 像素，@libai.txt 把 libai.txt 内的文本写在图片上。添加后的效果如图 24.10 所示。

图 24.10　-annotate 参数添加文字到图片

24.6.7　生成条形码

可以从网上获得一种名为 IDAutomationHC39M 的字体帮助生成条形码。IDAutomation 公司已经不提供生成条形码字体的免费下载了，但网络上仍然可以找到提供 IDAutomation.ttf 字体文件下载的字体网站（例如 fontspace 字体网站）。将 IDAutomation.ttf 下载完毕后复制到文件夹/Library/Fonts/：

```
magick -font "/Library/Fonts/IDAutomationHC39M.ttf" -pointsize 36 label:'*314
-76*' -bordercolor white -border 5x5  label_barcode.gif
```

生成对应*314-76*的条形码，效果如图 24.11 所示。

图 24.11　生成条形码

因为边框设成了白色，所以看不出颜色和宽度，用以下命令生成红色边框（见图 24.12）可以看得更清楚：

```
magick -font "/Library/Fonts/IDAutomationHC39M.ttf" -pointsize 36 label:'*100
-34*' -bordercolor red -border 5x5  label_barcode1.gif
```

图 24.12　边框为红色的条形码

24.6.8　加文字水印

ImageMagick 可以加图案水印和文字水印。加文字水印的花样很多，这里介绍最简单的文字水印——往图片上写近乎透明的字，制造水印的效果。字体颜色别跟图片底色选得太接近，不然看不见水印。因为要设置字体的透明度参数，所以用 rgba(红色参数,绿色参数,蓝色参数,不透明度)颜色模式设定字体颜色，参数根据需要调整，不同颜色的 RGB 颜色参数在很多网站都查得到。

接下来给图片 angel.jpg 加文字水印 PythonABC.org,不透明度设为 25%,颜色用 rgba(221, 34, 17,0.25)，水印放在图片东南角的位置，字体为 Cochin，大小为 30：

```
magick angel.jpg  -pointsize 30  -font '/Library/Fonts/Cochin.ttc'  -fill 'rgba
(221, 34, 17, 0.25)'  -gravity SouthEast -draw 'text 10,20 PythonABC.org' watermark1
.jpg
```

效果如图 24.13 所示，注意右下角的水印。

图 24.13　加近乎透明的文字作水印

因图片不同，位置颜色不一，一种颜色的水印字可能会有部分显示得不那么清晰，用两种颜色的字来写可以解决这个问题。往 boat.jpg 加两个水印，一个放在东南角（右下），一个放在西南角（左下）。水印字体为 Arial，大小为 20。每一个水印用黑白两种颜色错开一点书写，例如西南角的字用-draw + 参数，具体为：

```
-draw "gravity southwest fill black text 0,12 PythonABC.org fill white  text
1,11 PythonABC.org "
```

gravity southwest 指定西南角（图片左下角）的位置。

fill black/white 指定黑色和白色各写一次。黑色字开始写的坐标是相对于西南角的(0,12)，白色字开始写的坐标是相对于西南角的(1,11)，也就是错开一点点，内容是 PythonABC.org，效果如图 24.14 所示。注意左下角和右下角的水印文字，这样处理还有了一点凹凸的效果。完整命令为：

```
magick boat.jpg  -font Arial -pointsize 20 -draw "gravity southwest fill black
text 0,12 PythonABC.org fill white  text 1,11 PythonABC.org " -draw "gravity
southeast fill black  text 0,12 PythonABC.org fill white  text 1,11 PythonABC.org "
watermark2.jpg
```

图 24.14　用黑白色分别写出的水印

最后给图片加上倾斜平铺的透明文本水印。文本平铺水印其实是将文本画成一张透明的 PNG 图片，然后用这张透明图片在目标图片上进行平铺：

```
magick  -size 300x300  xc:none  -fill '#d90f02'  -pointsize 36  -font '/Library/
Fonts/Cochin.ttc'  -gravity center  -draw 'rotate -45 text 0,0 PythonABC.org'
-resize 60% miff:-  |  composite  -tile -dissolve 25  -  winter.jpg watermark3.jpg
```

用-size 指定 100 像素×100 像素大小的画布；xc 是画布的别称，用 xc:color 可以指定画布颜色，color 设为 none 或 transparent 设置画布为透明底。

-pointsize 36、-font '/Library/Fonts/Cochin.ttc'与-gravity center 指定画布上的字体为 Cochin，大小为 36，文字放在画布中央。

用-draw 'rotate -45 text 0,0 PythonABC.org'在画布上写逆时针旋转 45 度的文字，(0,0)相对于 gravity 为 center 的坐标。

写好的画布用-resize 60%将尺寸按比例缩小。

miff：声明输出 ImageMagick 自己的图像文件格式 MIFF，主要用途是以复杂的方式处理图像时当作中间保存格式，适用于从一个 ImageMagick 命令向另一个 ImageMagick 命令传递图像元数据和其他关联属性。

|是 Linux Shell 管道符，用于将上一个命令的标准输出传递到下一个命令作为标准输入，这里将生成的水印图案传递给 composite 命令。

- 用在管道符前面意为将 ImageMagick 命令执行的结果作为标准输出，用在管道符后面则表示从标准输入中读取这个数据。例如在管道符后面的 composite 中使用 - 读取刚刚生成的透明图像。

-tile，顾名思义，让图案平铺。

-dissolve 25 设置平铺图案的不透明度为 25%。

将平铺的透明背景的水印图片与目标图片合成为新的带水印图片，效果如图 24.15 所示。

图 24.15　加平铺水印

24.6.9　使用通配符批量处理图片

建过网站的朋友知道，尺寸太大的图片传输速度慢、打开速度慢，影响用户体验。除了可以用 Python 编写一个小程序对图片批量调整大小，还可以用一条 magick 命令来批量调整图片大小：

```
magick *.jpg -resize "500x500>" -set filename:original %t '%[filename:original]_shrinked.jpg'
```

*.jpg 为当前文件夹下所有的 JPG 图片文件。

-resize "500x500>"，宽或高大于 500 像素的按比例调整到 500 像素。

-set … %t 获得正在处理的文件名（不包括路径和扩展名），将%t 获得的值放进 filename 的 original 属性，这样%[filename:original]代表的是之前获得的文件名。将文件处理结果保存下来，新图片名字为%[filename:original]_shrinked.jpg。

批量生成缩略图的命令为：

```
magick '*.jpg[120x120]' thumbnail%03d.png
```

将当前文件夹下的 JPG 图片调整成 120 像素 × 120 像素（注意是保持原来的比例，宽和高中比较大的那个被调整成 120 像素）的缩略图。保存的名字为 thumbnail+3 位整数，如 thumbnail001、thumbnail002、thumbnail003……

24.6.10　生成 GIF 动态图

用图 24.16 所示的 girlDraw1.jpg 和图 24.17 所示的 girlDraw2.jpg 合成动态图 girlDraw.gif。

图 24.16　girlDraw1.jpg　　　　　　图 24.17　girlDraw2.jpg

命令如下：

```
magick -delay 100 girlDraw1.jpg girlDraw2.jpg girlDraw.gif
```

-delay 100 是设定动态图的图片切换间隔为 1 秒。Mac 上用鼠标先选中动态图，而后按住空格键即可查看动态图的效果。

将 teddy_1 ~ teddy_3 合并成动态图：

```
magick teddy_%d.jpg[1-3] myTeddy.gif
```

也可以将图片文件名放进文本文件，文件名为 myImages.txt，如图 24.18 所示。

tea.jpg
dusk.jpg
lake.jpg
angel.jpg

图 24.18　myImages.txt

则可用以下命令完成合成：

```
magick -delay 100 @myImages.txt mymovie.gif
```

亦可使用通配符将当前文件夹下所有的 JPG 文件合成动态图：

```
magick *.jpg together.gif
```

将当前文件夹下所有与 teddy_*.jpg 模式匹配的图像，如 teddy_1.jpg、teddy_2.jpg，合成一张 GIF 图像，动态图的播放速度用 -delay 设置成 1 秒：

```
magick -delay 100 'teddy_*.jpg' 'teddy.gif'
```

ImageMagick 读取系列文件时，teddy_10.jpg 会排在 teddy_2.jpg 前面，为了获得图像正确的读取顺序，可以为文件名设置前导零，如 teddy_000.jpg、teddy_001.jpg、teddy_002.jpg ……teddy_010.jpg。GIF 动态图用 magick 命令把每一个图片帧取出来生成图像时，使用 %03d 获得 3 位前导零：

```
magick  cat.gif -coalesce cat_%03d.jpg
```

-coalesce 根据图像设置覆盖图像序列中的每个图像，重现动画序列中每个点的动画效果。这条命令将 GIF 动态图 cat.gif 的各帧生成图片 cat_000.jpg ~ cat_011.jpg，如图 24.19 所示。

图 24.19　catTile.jpg 系列图

24.6.11　图片的拼接和叠加

这里介绍两种生成拼图的方式，分别用参数+/-append 生成拼图和用 montage 命令拼贴图片。先介绍用参数+/-append 生成拼图，两张图片从左到右排列拼接成一幅图，效果如图 24.20 所示。命令如下：

```
magick dawn.jpg dusk.jpg +append leftToRight.jpg
```
+append 为水平拼接图片。

图 24.20　水平拼接图片

两张图片从上到下排列拼接一幅图，效果如图 24.21 所示。命令如下：

```
magick dawn.jpg dusk.jpg -append topToBottom.jpg
```
-append 为垂直拼接图片。

图 24.21　垂直拼接图片

再来看完成图 24.22 所示的拼接所用的命令：

```
magick dawn.jpg \( dusk.jpg -rotate 15 \) +append oneRotate.jpg
```

图 24.22　一张图片旋转后拼接

\(... \)相当于创建了一个独立作用域处理图像，可以使图像之间的处理互不干扰。圆括号需用转义字符\，\(和\)两边要用空格隔开。不必要的圆括号会使 ImageMagick 增加少许额外的工作，却也可以让命令更清晰不容易出错。

图 24.23 所示的拼接，左图逆时针旋转 10 度，右图顺时针旋转 5 度，而后拼成一幅图。所用命令如下：

```
magick dawn.jpg -rotate -10 \( dusk.jpg -rotate 5 \) +append twoRotate.jpg
```

图 24.23　两张图片都略做旋转，而后拼接成一张图

ImageMagick 自带几张图片，Logo 是巫师拿着魔法棒的图片，Wizard 是一张巫师画画的图片。下面这条命令用 ImageMagick 内置的图片做一个拼图（见图 24.24）：

```
magick \( -crop 300x300+10+25 Wizard: \) \( -resize 400x400 -crop 300x300+50+
0 logo: \) -swap 0,1 +append \( -clone 0 -flop  -flip \) -append -resize 500x500
combined.jpg
```

-crop 裁剪出一个或多个矩形区域，格式为 {size}{+/-}x{+/-}y，如果不指定偏移值 x、y，则会被解释为按指定宽高（size）切割图像成多少份（多少图像）。-crop 300x300+10+25 Wizard:是从画画的巫师那张图的位置(10,25)切下 300 像素×300 像素的一块区域。

-swap 交换图像的位置，-swap 0,1 的意思是交换第一张图与第二张图的位置，所以现在 Logo 在前 Wizard 在后。

+append 水平排列两张图，而后合并成一张，此时这张图的索引为 0。

-clone 0 复制索引为 0 的图片；-clone 1-3 复制索引为 1~3 的图片；-clone 0--1 的 0 表示第一张图片，-1 表示最后一张图片，所以是复制整个图片列表。-clone 2,0,1 表示复制第三张、第一张、第二张图片，顺序由索引号决定，用逗号分隔。

-flop 将图像水平镜像。-flip 将图像垂直镜像。

选项的顺序很重要。与 -clone 相似的选项还有-delete、-insert、-reverse、-duplicate 等，用于操作图片列表，功能与单词意思相同。

图 24.24　多加几个参数的拼图

另一种拼图的方法是用 montage 命令。montage 命令如果不加任何参数是把图片变成缩略图后平铺合成一张图，如图 24.25 所示。假设当前文件夹下有 teddy_1.jpg ~ teddy_5.jpg 5 张图，可使用通配符匹配文件名，不用一个一个地输入名字：

```
montage teddy_*.jpg teddyCollection1.jpg
```

图 24.25　不加参数的 montage 拼图

可以通过-geometry +/-x+/-y 控制图片水平间隔和垂直间隔，用+是增加，用-是减少，用如下命令拼出图 24.26 所示格式：

```
montage teddy_*.jpg -geometry +10+2 teddyCollection2.jpg
```
横向间隔 10 像素，纵向间隔 2 像素。

图 24.26　设置拼图的间隔

前面的图 24.19 用了以下命令：

```
montage cat_*.jpg -tile 6x2 -geometry 120x100+0+2 catTile.jpg
```

montage 拼贴图片可以有更多参数加持，图 24.27 使用了如下参数：

```
montage teddy_*.jpg -tile x1 -frame 5 -geometry '100x70+10+5>' -shadow -backg
round None framedShadowTrans.png
```

图 24.27　更多参数加持的拼图

-tile mxn 图片像铺瓷砖那样铺成 *m* 列 *n* 行，x1 为铺成一行。

-frame 5 每张图片加一个厚度为 5 像素的框。

-geometry '100x70+10+5>' 将每张图片大小调整成 100 像素 × 70 像素（不是硬性的 100 像素 × 70 像素，图片比例不变，同 -resize 100x70），图片之间横向间隔为 10 像素、纵向间隔为 5 像素。

-shadow 给图片加上阴影效果。

-background None 设置透明背景。最后保存成 framedShadowTrans.png。

可以用 composite 这条命令把图 24.27 所示的透明背景的拼贴图 framedShadowTrans.png 叠加到一面"墙"上，墙的图片为 wall.jpg（见图 24.28），生成新图片 hangToWall.jpg，如图 24.29 所示。命令如下：

```
composite -gravity center -geometry -0-200 framedShadowTrans.png wall.jpg han
gToWall.jpg
```

-gravity center 叠加时以中心位置为原点；-geometry -0-200，y 轴方向向上偏移 200 像素。

也可以用一条命令来完成拼图和合成两个步骤，即先生成拼贴图，用 miff: 作媒介，然后将拼贴结果传递和叠加到另一张图片上：

```
montage teddy_*.jpg -tile x1 -frame 5 -geometry '100x70+10+5>' -shadow -backg
round None miff:- | composite -gravity center -geometry -0-200 - wall.jpg hangToW
all.jpg
```

miff:- 是保存中间结果为 ImageMagick 特有的 MIFF 格式，1 是管道符，管道符前命令生成的结果放进 -，管道符后的命令用 - 来指代和引用这个中间结果。

图 24.28　wall.jpg

图 24.29　两张照片叠加

24.6.12　PDF 与图片互相转换

ImageMagick 本身不具备解析 PDF 的功能，需要依赖专门解析这种格式的外部程序 Ghostscript。在 Windows 上安装 Ghostscript，可去官方网站的下载页面下载已打包成可执行文件（.exe）的安装包，双击安装文件按照安装指导一步步安装。在 Mac 上打开终端窗口输入命令 brew install ghostscript 安装。

接下来的命令把 PythonABC.pdf 转成图片：

```
magick PythonABC.pdf -density 150 PythonABC.jpg
```

-density 指定输出图像的分辨率，在 Mac 上，默认的分辨率 72 像素输出的图像字迹不够清晰，故调高分辨率。

PythonABC.pdf 有 3 页，所以转成了 PythonABC-0～PythonABC-2 3 张图片：

```
magick PythonABC.pdf -density 150 PythonABC%3d.jpg
```

转成 PythonABC000.jpg～PythonABC002.jpg，如图 24.30 所示。

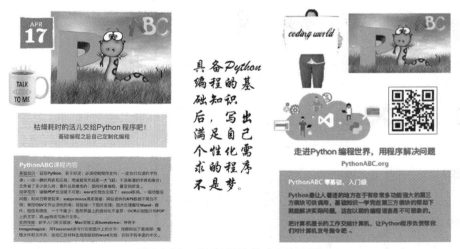

图 24.30　3 页 PDF 转成 3 张图片

显示时为了少占空间（见图 24.30），用 montage 命令对 PythonABC000.jpg ～ PythonABC002.jpg 进行了拼贴：

```
montage PythonABC-*.jpg -geometry +2+0 PythonABC.jpg
```

当转换 PDF 成 JPG 格式图片时，某些情况得到的 JPG 图片可能会出现黑色背景（转换成 PNG 不会）。如果出现可以试试以下两个解决办法。一个是加参数 -flatten，但加上这个参数多页 PDF 不会分成多个 JPG 图片，只能显示最后一页。另一个是加 -background white -alpha remove，即：

```
magick PythonABC.pdf -density 150 -background white -alpha remove PythonABC.jpg。
```

-background white -alpha remove 硬性规定白色背景（-background white），去除透明度（-alpha remove）。加了这两个参数可以用一条命令将多页 PDF 转成多张白色背景的图片。

将多张图片转成一个 PDF 文件 teddy.pdf 用命令：magick teddy_* teddy.pdf。

24.6.13　利用字体文件画出有趣的符号

这里用到的字体如果自己的计算机上没有，直接用搜索引擎搜索"字体名称+免费下载"，将字体文件下载到本地。若使用时提示找不到字体，可以在命令行里明确指明字体文件的路径。

先利用字体 WebDings 的 Y 字符输出由小到大的 3 颗心，如图 24.31 所示。命令如下：

```
magick -size 20x20 -gravity center -font WebDings label:Y label_heart_20.gif
magick -size 40x40 -gravity center -font WebDings label:Y label_heart_40.gif
magick -size 60x60 -gravity center -font WebDings label:Y label_heart_60.gif
```

图 24.31　利用字体的 Y 输出心形

-size 指定画布大小；-gravity center 放在画布中心位置；-font 字体名（可以设定字体文件的位置）；label:Y 在画布上写标签，标签内容是 Y；最后保存成文件 label_heart_XX.gif。

接下来的命令用到的参数大同小异，如 -font 字体、-pointsize 文字大小和指定标签内容，区别只是字体和标签内容不同而已，故只列出命令和效果，用到时可以参照：

magick -pointsize 48 -font WebDings label:'"_~)-' label_webdings.gif

magick -pointsize 48 -font "/Library/Fonts/littlegiddingplain.ttf" label:' x o w ' label_ltgidding.gif

magick -pointsize 48 -font WingDings2　　label:'ab'　　label_wingdings2.gif

magick -pointsize 48 -font "/Library/Fonts/Zymbols.ttf"　label:' ? , - I Z ' label_zymbols.gif

magick -pointsize 48 -font "/Library/Fonts/TATTOEF.ttf"　label:' B Y D I H ' label_tatooef.gif

magick −pointsize 48 −font "/Library/Fonts/soundfx.ttf" label:' V 3 t f 9 '
label_soundfx.gif

24.6.14　绘制验证码

验证码比较复杂，我们努力看懂这段生成验证码的程序，用时依葫芦画瓢。理论上验证码应该随机产生，为了降低复杂度这里用固定值。这个验证码的生成过程大概是：先创建一个 100 像素 × 40 像素的画布，然后设置字体和位置基点。依次计算出每个字符的 x、y 坐标，做一点旋转。随机创建一条透明贝塞尔曲线，加上噪点，增加图片被破解的难度（在保证肉眼能看清楚的用户体验下）：

```
magick 'xc:[100x40!]' -pointsize 20 -font '/Library/Fonts/Cochin.ttc' -gra
vity NorthWest -strokewidth 1 \
  -fill '#b72b36' -stroke '#b72b36' -draw 'translate 13,19  rotate 10  text -
5,-8 "5"' \
  -fill '#821d70' -stroke '#821d70' -draw 'translate 36,13  rotate -8  text -
8,-8 "C"' \
  -fill '#c7960a' -stroke '#c7960a' -draw 'translate 60,23  rotate 5  text -
5,-8 "2"' \
  -fill '#03610a' -stroke '#03610a' -draw 'translate 85,25  rotate 13  text -
8,-8 "E"' \
  -strokewidth 2 -stroke 'rgba(248, 100, 30, 0.5)' -fill 'rgba(0, 0, 0, 0)' \
  -draw 'bezier  -20,30  -16,10  20,2   50,20' \
  -draw 'bezier  50,20   78,42  138,36  140,16' \
  +noise Impulse  verification_code.jpg
```

xc:[100x40!]是设置画布大小的一种简写方式，方括号里写入画布的宽、高，!硬性规定宽高。−pointsize 20 将文字大小调整为 20 像素，实际渲染出来的字母大概是 16 像素 × 16 像素，数字大概是 10 像素 × 16 像素。

−strokewidth 1 设置文本的边框宽度或线条宽度。鉴于字体比较细，用 strokewidth 加边框来加粗。

−fill '#b72b36'指定文字颜色，颜色参数#b72b36 是 RGB 颜色的十六进制表达，相当于 RGB(183,43,54)，在搜索引擎搜 ColorHexa 网站可以查看和转换颜色表达方式。

−stroke 设置文本的边框颜色或线条颜色。

−draw 往图片上写字。

translate dx,dy 设置文本的横纵向偏移值。画布宽 100 像素，平均分成 4 份，每份（一个字）25 像素。第一个字横坐标 0～25，大概在中间的位置，dx 在 0～25 中间位置附近；第二个字的 dx 在 25~50 中间位置附近；第三个字的 dx 在 50～75 中间位置附近；第四个字的 dx 在 75～100 中间位置附近。纵轴就是画布中间线的上下，画布高 40 像素，中间线高 20 像素，所以 dy 取 20 上下的值。

rotate X 设置文本旋转；−gravity 设置的是西北（NorthWest），画布的(0,0)坐标方向旋转 X

度。注意 translate 与 rotate 的顺序。

text X, Y, 字符串：实际上字体本身并没有填充满整个 16 像素 × 16 像素的区域，根据字体的不同，填满的区域各有不同，根据 Cochin 字体的特性，设置数字的 x、y 为 -5、-8。

-strokewidth 2 -stroke 'rgba(248, 100, 30, 0.5)'设置贝塞尔曲线边框的颜色和粗细，贝塞尔曲线贯穿 4 个字母，干扰识别。

-fill 'rgba(0, 0, 0, 0)'：前面设置的文本填充颜色会影响到贝塞尔曲线，所以这里用一个透明的填充色覆盖前面的设定，使曲线没有填充。

bezier 绘制贝塞尔曲线，这两条三次贝塞尔曲线的坐标分别表示起始点、起始点的控制点、结束点的控制点、结束点。第一条曲线横贯前两个字，第二条曲线横贯后两个字。

+noise 增加噪点，可以使用 magick -list noise 查看当前系统支持哪些算法的噪点(Gaussian、Impulse、Laplacian、Multiplicative、Poisson、Random、Uniform)。

24.7　用 Tesseract 命令行识别图片上的文字

Tesseract 最初由惠普公司开发，后来谷歌公司接手后继续支持应用。Tesseract 支持 100 多种书面语言，并且可以被训练继续扩充。Tesseract 没有图形化界面，用命令行执行，作为内核被其他有图形化界面的程序调用。我们先来安装 Tesseract，然后用它的命令行来识别图片上的文字。

识别图片和 PDF
上的文字

24.7.1　安装与查看版本

Mac 上 Homebrew 成功安装完毕后，在终端窗口输入命令：

```
brew install tesseract
```

安装 Tesseract 显示的信息如图 24.32 所示。

```
PythonABC:OCR PythonABC$ brew install tesseract
==> Downloading https://homebrew.bintray.com/bottles/tesseract-4.0.0.high_sierra.bottle.1.tar.gz
############################################################################## 100.0%
==> Pouring tesseract-4.0.0.high_sierra.bottle.1.tar.gz
🍺 /usr/local/Cellar/tesseract/4.0.0: 62 files, 21.9MB
```

图 24.32　安装 Tesseract 显示的信息

如果是 Windows 平台，就去 Tesseract 官方网站上下载 Windows 用的版本，记得把 Tesseract 的安装路径（默认是 C:\Program Files\Tesseract-OCR）加进 Windows 的 PATH 变量。语言包用 7-zip 解压后复制到 C:\Program Files\Tesseract-OCR\tessdata。这里的例子是在 Mac 平台上完成的，如果跟 Windows 平台有兼容问题，可把错误提示复制到搜索引擎中参考别人对类似问题的处理方法。

安装完毕后可用 tesseract -v 验证，顺便查看下版本，如图 24.33 所示。

```
PythonABC:OCR PythonABC$ tesseract -v
tesseract 4.0.0
leptonica-1.76.0
 libjpeg 9c : libpng 1.6.35 : libtiff 4.0.9 : zlib 1.2.11
Found AVX2
Found AVX
Found SSE
```

图 24.33　查看 Tesseract 版本

从版本后面跟着的图片格式库可以看出 Tesseract 支持以 .jpeg、.png 和 .tiff 为扩展名的图片。

24.7.2　识别英文

接下来试着识别图片 example_01.png 上的英文字符，如图 24.34 所示。

> "Would you like me to give you a formula for success? It's quite simple,
> really: Double your rate of failure.
> You are thinking of failure as the enemy of success. But it isn't at all.
> You can be discouraged by failure or you can learn from it, so go ahead
> and make mistakes. Make all you can. Because remember that's where you
> will find success."
>
> -Thomas J. Watson

图 24.34　example_01.png

在终端窗口输入命令 "tesseract 路径+文件名 stdout"，将识别结果输出到屏幕上，如图 24.35 所示。

> PythonABC:OCR PythonABC$ tesseract /Users/PythonABC/Documents/OCR/example_01.png stdout
> "Would you like me to give you a formula for success? It's quite simple,
> really: Double your rate of failure.
>
> You are thinking of failure as the enemy of success. But it isn't at all.
> You can be discouraged by failure or you can Learn from it, so go ahead
> and make mistakes. Make all you can. Because remember that's where you
>
> will find success."
> -Thomas J. Watson

图 24.35　识别英文字符

若要把识别结果保存到文档中，用文档名替换掉 stdout：

```
tesseract /Users/PythonABC/Documents/OCR/example_01.png output
```

在当前文件夹下会新生成文件 output.txt，内容是图片上识别出来的内容。

识别准确与否跟图片文字的背景有很大关系。这里用的背景是白色，字是黑色的，是最利于识别的一种情况，实际上可能不会这么完美。背景混杂的（识别时的噪点多）、分辨率低的图片文字识别难度大，识别准确率也较低，可以通过训练字库来提高 Tesseract 的识别率。如何训练这里不提及，有兴趣的读者可以参看 Tesseract 的技术文档，也可以下载资深人士分享出来的训练好的字库。安装 Tesseract 时默认安装了英文字符训练库，其可以帮助识别英文字母、英文标点符号和数字。

24.7.3　安装中文训练字库和识别中文

图 24.36 所示是图片 example_02.png 的内容。

> 飞雪连天射白鹿，笑书神侠倚碧鸳

图 24.36　example_02.png

现在来看 Tesseract 能否识别出图片上的中文字符，输出如图 24.37 所示。

```
PythonABC:OCR PythonABC$ tesseract example_02.png stdout
CSRAHOR, RPK E
```

图 24.37　识别不出中文字符

识别不出来的原因是没有安装中文训练字库，安装中文训练字库的步骤如下。

1. 下载中文训练字库。

在搜索引擎中搜索 tesseract Chinese training data，到 Tesseract 的 Github 的页面上下载中文简体字库 chi_sim.traineddata。当然如果还需要识别其他语言，可以把其他训练字库一并下载了。

2. 把下载的字库复制到 tessdata 目录下。

Windows 上 tessdata 默认的路径是 C:\Program Files\Tesseract-OCR\tessdata。Mac 平台上可以在终端窗口输入命令 brew list tesseract 查看 tessdata 的路径，如图 24.38 所示。

```
PythonABC:OCR PythonABC$ brew list tesseract
/usr/local/Cellar/tesseract/4.0.0/bin/tesseract
/usr/local/Cellar/tesseract/4.0.0/include/tesseract/ (20 files)
/usr/local/Cellar/tesseract/4.0.0/lib/libtesseract.4.dylib
/usr/local/Cellar/tesseract/4.0.0/lib/pkgconfig/tesseract.pc
/usr/local/Cellar/tesseract/4.0.0/lib/ (2 other files)
/usr/local/Cellar/tesseract/4.0.0/share/tessdata/ (30 files)
```

图 24.38　获得 tessdata 的路径

最后一行就是 tessdata 的路径。把下载的语言训练字库复制进这个路径下。可以用命令行实现，如图 24.39 所示。

```
PythonABC:OCR PythonABC$ cp /Users/PythonABC/Downloads/chi_sim.traineddata /usr/local/Cellar/tesseract/4.0.0/share/tessdata/
```

图 24.39　终端窗口的复制命令

3. 有些计算机到此可以用 Tesseract 调用中文训练字库识别中文了。有些则还需要设置环境变量 TESSDATA_PREFIX 为 tessdata 路径名，否则会出现找不到训练字库的错误，如图 24.40 所示。

```
PythonABC:OCR PythonABC$ tesseract example_02.png stdout -l chi_sim
Error opening data file ./chi_sim.traineddata
Please make sure the TESSDATA_PREFIX environment variable is set to your "tessdata" directory.
Failed loading language 'chi_sim'
Tesseract couldn't load any languages!
Could not initialize tesseract.
```

图 24.40　找不到训练字库

错误提示里有一句 "Please make sure the TESSDATA_PREFIX environment variable is set to your "tessdata" directory."。设置环境变量 TESSDATA_PREFIX 为 tessdata 的路径，如图 24.41 所示。

```
PythonABC:OCR PythonABC$ export TESSDATA_PREFIX='/usr/local/Cellar/tesseract/4.0.0/share/tessdata/'
```

图 24.41　设置环境变量 TESSDATA_PREFIX

4. 识别图片里的中文字符，命令的格式是：

```
tesseract 路径+文件名 输出 -l 语言代码
```

默认识别的是英文字符，如果图片上有其他文字需要用语言参数-l 说明。下载的语言训练字库文件可能是日语（jpn.traineddata）、德语（deu.traineddata）、简体中文（chi_sim.traineddata）或繁体中文（sim_tra）等，语言代码取文件名部分（jpn、deu、chi_sim 或 sim_tra）。

对 example_02.png 的文字识别结果如图 24.42 所示。

```
PythonABC:OCR PythonABC$ tesseract example_02.png stdout -l chi_sim
飞雪连天射白鹿,笑书神侠倚碧鸳
```

图 24.42　中文字符的识别

另外 Tesseract 命令参数是讲究顺序和不可省略的，例如写成 tesseract example_02.png -l chi_sim 是会出错的，如图 24.43 所示。

```
PythonABC:OCR PythonABC$ tesseract example_02.png -l chi_sim
read_params_file: Can't open chi_sim
Tesseract Open Source OCR Engine v4.0.0 with Leptonica
```

图 24.43　没有指定输出位置

Tesseract 是有局限性的，对文字背景有要求，对像素有要求……需要特征抽取技术、机器学习技术和深度学习技术，用于识别的训练字库是可以被训练升级的，有兴趣的读者可以自行研究。

24.8　代码参考

24.8.1　批量修改文本文件

图 24.44 所示是一个文本文件中的一页，可以看到大片大片的空白，几十页这样打印下去显然是很浪费的。如果想要手动调整使其排列得更紧凑些（图 24.45 所示的输出），就要不断重复地按鼠标和键盘上的删除键和 Tab 键。几十页，至少要花上一个多小时的工夫！

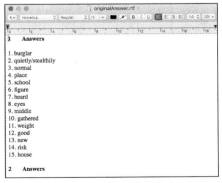

图 24.44　修改前的文本

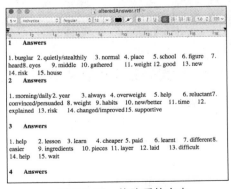

图 24.45　修改后的文本

观察要修改的文本内容：

1. burglar

2. quietly/stealthily

3. normal

......

我们会注意到每一行都遵循一个模式：数字 + 字符"."+ 多个字母或"/"+ 换行符。要做的就是用 Tab 键（\t）替换掉模式里的换行符（\n），使得一行可以放多个答案，不像现在一行只有一个答案。Python 有个 re（Regular Expression）模式匹配模块可以做这种替换：打开原文本（origAnswer.rtf），引用 re 模块修改文本，再把修改后的文本（alteredAnswer.rtf）保存即可。用这段程序来修改文件，眨眼之间就可以完成任务：

```
# -------------------------批量修改文本文件-------------------------

import re                        # 模式匹配模块。

PATH = Path('.')       # 指定工作目录，这里是当前目录，也可以指定绝对路径。

# 原答案文件的路径+文件名。
origFile = PATH.joinpath('originalAnswer.rtf')

# 修改后答案文件的路径+文件名。
alteredFile = PATH.joinpath('alteredAnswer.rtf')

text = open(origFile, 'r').read()
# 将原来的答案文件内容读进字符串变量text。


pattern = r"(\d+\..*)\n"
''' 匹配字符串：\d+匹配一个或多个数字；\.匹配.字符本身，字符.是特殊字符所以前面加上转义字符\表明字符本身；第二个.匹配除回车符外的字符，注意.前面没有转义字符\；*表明若干，.*匹配除了回车符的其他字符若干；\n匹配回车符；字符串前面的字母r表示raw，是原封不动按字符串来的意思。'''

newText = re.sub(pattern, r'\1\t\t', text)
''' 用re模块的函数sub()将text中符合pattern的字符串用'\1\t\t'替换，替换后放进newText。'\1\t\t'中的\1指代pattern中的第一个括号内的部分（\d\..*）这部分被保留，而pattern中的\n被两个tab键（\t\t）给替换掉了。'''

altered = open(alteredFile, 'w')      # 以写模式打开文件。
altered.write(newText)                # 写入修改后的答案。
original.close()                      # 关闭文件。
altered.close()
```

24.8.2　批量修改文件名和分级建立文件夹

在"诗歌"文件夹下有 40 个.txt 格式的诗歌文件要归类和改名：

1_唐前_01 先秦-诗经_01 硕鼠.txt

1_唐前_01 先秦-诗经_02 蒹葭.txt

1_唐前_01 先秦-诗经_03 关雎.txt

1_唐前_02 楚辞-屈原_01 离骚.txt

1_唐前_03 三国-曹操_01 观沧海.txt

1_唐前_03 三国-曹操_02 龟虽寿.txt

1_唐前_03 三国-曹操_03 短歌行.txt

1_唐前_04 东晋-陶渊明_01 桃花源记.txt

1_唐前_04 东晋-陶渊明_02 归园田居.txt

2_唐诗_01 初唐-王勃_01 滕王阁序.txt

2_唐诗_01 初唐-王勃_02 送杜少府之任蜀州.txt

……

3_宋词_07 婉约派-柳永_02 蝶恋花 衣带渐宽终不悔.txt

归类是分级建立文件夹，文件各自归类进所属的文件夹。将文件名字改成现在长文件名后面的一小部分。如果用树状图来表示文件夹结构，根和第一级文件夹如图 24.46 所示。

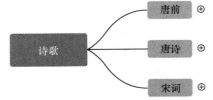

图 24.46 文件夹树状结构图的根和第一级文件夹

文件夹"唐前""唐诗"和"宋词"的树状结构图如图 24.47 至图 24.49 所示。

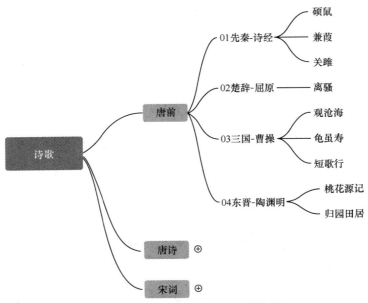

图 24.47 "唐前"文件夹的树状结构图

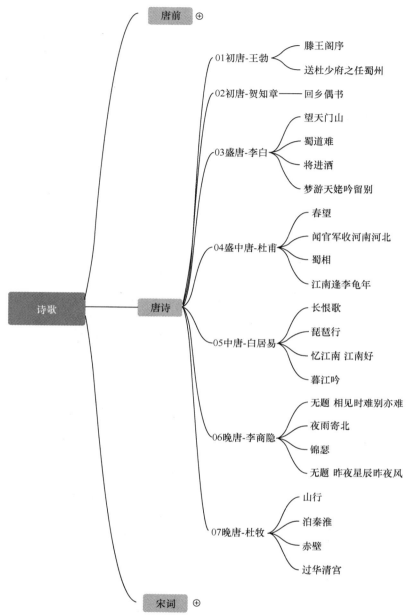

图 24.48　"唐诗"文件夹的树状结构图

　　这个归类工作如果手工来做，就是不断地建立新文件夹、进入文件夹、移动文件和更改文件名，既枯燥单调又耗时费力。如果采用 Python 程序，数行代码很快就能做完整理改名的工作；而且可扩展性好，这种文件名格式的文件再多几百个，用同样的代码也能迅速分类改名完毕。这个案例的特别之处在于文件名格式统一规整，可以从中分离出各级文件夹和文件名。在这里介绍两个分离各级文件夹和文件名的办法：一个是用 re 模式匹配模块；另一个是用字符串的方法函数 split()。引入模块 shutil 负责复制文件，引入第三方模块 pathlib 负责建立文件夹和修改文件名。

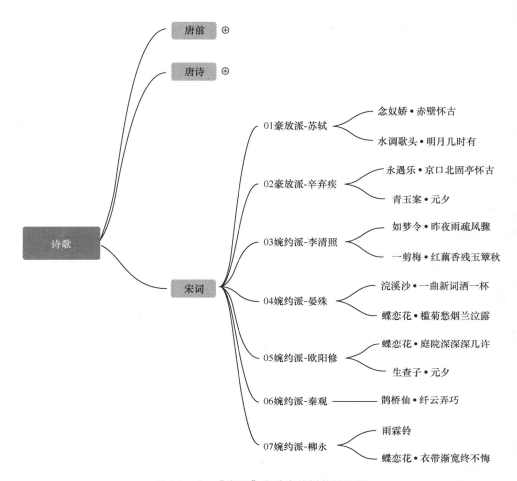

图 24.49 "宋词"文件夹的树状结构图

现在介绍第一个实现办法，观察文件名字符串，比如"1_唐前_03 三国-曹操_01 观沧海"或"2_唐诗_01 初唐-王勃_01 滕王阁序"，可见下画线"_"把文件名分成了 4 段。

1. 第一段是一位数字，在 re 模块中用"\d"匹配数字。

2. 第二段"唐前"和"唐诗"在 re 模块中用"\w+"匹配。"\w"匹配构成词语的绝大部分字符，包括数字和下画线。"+"匹配前面的"\w"1 次或多次。

需要分离出第二段字符串用作第二级目录的名字。第一级目录是"诗歌"。

3. 第三段"03 三国-曹操"和"01 初唐-王勃"（作者部分），"-"符号分隔的前半段用"\w+"来匹配。"-?\w*"匹配"-"和后半段，"-"后的"?"对它前面的"-"匹配 0 次或 1 次，即"-"可以有也可以没有。"\w"后面的"*"对它前面的"\w"匹配 0 到任意次。"-?\w*"匹配这部分可以没有。

"\w+-?\w*"除了匹配"03 三国-曹操"这种形式，也可匹配"曹操"这类字符串。第三段要提出来用作第三级目录的名字。

4. 第四段"01 观沧海"和"01 腾王阁序"，用".+"表达，"."匹配除了换行的任意字符。第四段要提出来用作新文件名。

4 段合并出匹配字符串的正则表达式：r'\d_(\w+)_(\w+-?\w*)_(.+)'。当一个字符串用作正则表达式时，最好在前面加'r'。

待整理的.txt 格式文件放在文件夹"诗歌(原始版)"下，我们编写的代码文件也放在这个文件夹下。这样在代码中定位路径对象时，路径部分用 PATH = Path('.')，'.'代表当前目录。如果文件夹"诗歌(原始版)"存放在其他位置，可以在前面加上绝对路径字符串。要注意生成路径对象时用的文件或文件夹名字必须与实际完全一致，'诗歌'不能写成'诗 歌'，多一个空格会导致程序出现"找不到文件"的错误。

```
#--------------引入模式识别模块re整理文件和文件夹---------

from pathlib import Path
import re
import shutil

PATH = Path('.')                 # 路径对象。
sourcePath = PATH.joinpath('诗歌(原始版)')
# 源文件夹。
destPath = PATH.joinpath('诗歌(整理版)')
# 目标文件夹。

if destPath.exists():
# 文件夹"诗歌(整理版)"若存在，则删除。
    shutil.rmtree(destPath)

destPath.mkdir()
# 建立第一级文件夹"诗歌(整理版)"存放整理好文件和文件夹的文件夹。

# 遍历"诗歌(原始版)"下的每一个文件。
for f in [x for x in sourcePath.iterdir() if x.is_file]:

    name = f.name                    # 提取文件名。
    if name[0] != '.':               # 排除隐含文件，隐含文件名以.开始。

        nameRegex = re.compile(r'\d_(\w+)_(\w+-?\w*)_(.+)')
        # 定义匹配范式，\d_(\w+)_(\w+-?\w*)_(.+)是我们分析过的正则表达式。
        mo = nameRegex.search(name)
        # 匹配正则表达式，提取各级目录名和文件名。

        p = destPath.joinpath(mo.group(1))
        # mo.group(1)指代文件名中与正则表达式第一个括号内的"\w+"匹配的部分。
        p.mkdir(exist_ok=True)           # 建立第二级目录。

        p = p.joinpath(mo.group(2))
        # mo.group(2)指代文件名中与正则表达式第二个括号内的"\w+-?\w*"匹配的部分。
        p.mkdir(exist_ok=True)           # 建立第三级目录。

        p = p.joinpath(mo.group(3))
        # mo.group(3)指代文件名中与正则表达式第三个括号内的".+"匹配的部分。
        shutil.copy(str(f), str(p))
        # 把旧文件复制到新的路径下，同时换个新名字。
```

再来看另一种实现手段：不用模式匹配，直接用字符串的方法函数 split('_')来分离各级文件夹和文件名。比如"2_唐诗_01 初唐-王勃_01 滕王阁序".split('_')可分成["2"，"唐诗"，"01 初唐-王勃","01 滕王阁序"]。列表里索引为 1、2、3 的元素分别对应第二级子文件夹、第三级子文件夹和文件名。

```
#-----------------直接用字符串的方法函数split()分离文件夹和文件名-----------------

from pathlib import Path
import shutil

PATH = Path('.')      # 路径对象。
sourcePath = PATH.joinpath('诗歌(原始版)')
# 源文件夹。
destPath = PATH.joinpath('诗歌(整理版)')
# 目标文件夹。

if destPath.exists():
# 文件夹 "诗歌(整理版)" 若存在，则删除。
    shutil.rmtree(destPath)

destPath.mkdir()
# 建立第一级文件夹 "诗歌(整理版)" 存放整理好文件和文件夹的文件夹。

# 遍历 "诗歌 (原始版)" 下的每一个文件。
for f in [x for x in sourcePath.iterdir() if x.is_file]:

    name = f.name               # 提取文件名。
    if name[0] != '.':          # 排除隐含文件。
        n, secSubFolder, thirdSubFolder, filename = name.split('_')
        # 用字符串的方法函数split('_')分离出各级文件夹和文件名。

        p = destPath.joinpath(secSubFolder)
        p.mkdir(exist_ok=True)  # 建立第二级目录。

        p = p.joinpath(thirdSubFolder)
        p.mkdir(exist_ok=True)  # 建立第三级目录。

        p = p.joinpath(filename)  # 目标文件。
        shutil.copy(str(f), str(p))
        # 把旧文件复制到新的路径下，同时换个新名字。
```

24.8.3 批量下载图片

搜索和下载几组照片（例如林青霞、张曼玉、王祖贤和钟楚红的照片若干），引入从搜索引擎下载照片的第三方模块 icrawler，把要输入到搜索引擎的关键字放在一个列表里。很简单的一个程序可以帮我们建立相应文件夹，并自动抓取图片到相应的文件夹：

```
#----------------------------批量下载图片----------------------------
# 引入需要用到的模块。
from pathlib import Path       # 引入文件处理的模块。
from icrawler.builtin import BaiduImageCrawler
''' 如果搜索引擎用谷歌，这里用from icrawler.builtin import GoogleImageCrawler;如果
搜索引擎用Bing，这里用from icrawler.builtin import BingImageCrawler'''
parentFolder = Path('.').joinpath('image')
```

''' 生成路径对象，'.'指当前位置（即程序文件所在的路径），可以修改为个性化路径，当前文件夹下建立文件夹image用于存放下载的图片。'''

```python
    # 指定要搜索的关键词列表。
    keywords = ['林青霞', '张曼玉', '王祖贤', '钟楚红']

    for keyword in keywords:

        # 创建以关键词命名的文件夹。
        destFolder = parentFolder.joinpath(keyword)

        destFolder.mkdir(mode=0o777, exist_ok=True, parents=True)
```

''' mode=0o777，对新建的文件夹具有读写执行的完全权限。exist_ok=True，文件夹已经存在也没关系，不会报文件已经存在的错误。parents=True，如果要建立的文件夹的路径上有未建立的文件夹一并予以新建。'''

''' 调用模块生成百度爬虫对象，指定个性化参数：destFolder指定的图片存储位置，要求是字符串参数，所以做了类型转换。'''

```python
        baidu_crawler = BaiduImageCrawler(storage={'root_dir': str(destFolder)})
```

''' 如果搜索引擎用谷歌，这里用google_crawler = GoogleImageCrawler(parser_threads=2, downloader_threads=4, storage={'root_dir': destPath})；如果搜索引擎用Bing，这里用bing_crawler = BingImageCrawler(downloader_threads=4, storage={'root_dir': destPath})'''

```python
        # keyword参数指定在搜索引擎上输入的搜索关键字，max_num指定每个图片关键字对应的下载
数量。
        baidu_crawler.crawl(keyword=keyword, offset=0, max_num=3, min_size=None,
max_size=None)
```

''' 如果搜索引擎用谷歌，这里用google_crawler.crawl(keyword=keyWord, offset=0, max_num=10, date_min=None,date_max=None, min_size=(200, 200), max_size=None)；如果搜索引擎用Bing，这里用bing_crawler.crawl(keyword=keyWord, offset=0, max_num=10, min_size=None, max_size=None) '''

24.8.4 识别字符串里的中文字符

下面是一段把字符串里的中文识别出来的代码，中文的 Unicode 范围是\u4e00 ~ \u9fff：

```python
# --------------------查找字符串里的中文字符--------------------
import re

sample = '一望丛荷足Green，小航消受Evening；原知七夕将Come，隔艇何人唤Darling。'
# 代码里有中文时需要不停在中英文输入法之间来回切换，程序用到的符号要在英文输入法下输入。

ChineseList = re.findall('[\u4e00-\u9fff]+', sample)
''' 找出Unicode介于\u4e00 ~ \u9fff（中文字符的Unicode区间）之间的字符，放在列表里。对字符串sample的匹配结果是：['一望丛荷足', '小航消受', '原知七夕将', '隔艇何人唤']。'''

if ChineseList:        # 匹配结果不为空。
    print('字符串内有中文字：')
    for n in ChineseList:
        print(n, end='')
```

```
        # end=''使得输出一个字符串后不默认换行。
else:
    print('字符串里没有中文字')

print()              # 最后换行
```

这段代码的输出结果：

字符串内有中文字：
一望丛荷足小航消受原知七夕将隔艇何人唤

24.8.5　自动汇总材料生成 Word 文档并编辑和排版

对于第 10 章 Word 文档也沦陷了的思考题,解决思路就是把组成 Word 的元素先从文件中提取出来,然后再以标题、段落、表格和图片的形式加入 Word 文档,类和对象实现的代码放在了后面。类和对象实现是创建两个类,分别实现提取材料和组织成 Word 文档,可读性和可扩展性都有加强。

代码如下：

```
#-------------------- 自动汇总材料生成Word文档 ----------------------

from docx import Document                           # 操控Word。
from docx.enum.table import WD_TABLE_ALIGNMENT      # 表格居中。
from docx.enum.text import WD_PARAGRAPH_ALIGNMENT   # 标题居中。
from docx.shared import Cm                          # 图片尺寸。
from docx.oxml.ns import qn                         # 设置中文字体。
from pathlib import Path                            # 路径设置。

def getElem(writer):
# 从索引文件里获得作品、人物、文章内容、相关图片位置。

        currentFolder = Path('.').joinpath(writer)
        # 作家作品资料所在目录。
        listFile = currentFolder.joinpath('list.txt')
        # 作品资料索引。

    novelCharacter = {}              # 作品-人物。
    novelQuote = {}                  # 作品-文章内容。
    novelPic = {}                    # 作品-图片。

        fileObj = listFile.open(encoding='utf-8')
        # 打开索引文件。
dataLine = fileObj.readline()    # 读出一行。
        while dataLine:
        # 读出内容为空,说明到了文章结尾。

        novel, character = dataLine.split()
        # 从索引中获取作品和人物。

        for f in currentFolder.glob(novel + '.*'):
        # 根据作品名搜作品内容和作品的相关图片。

            if f.suffix == '.txt':    # 作品内容放在.txt文档中。
                quote = f
```

```
                    with quote.open(encoding='utf-8') as qObj:
                    # 打开文章内容文件，按段落放进列表。
                        paragraphs = qObj.read().split('\n')
                        novelQuote.setdefault(novel, paragraphs)
                else:                                # 图片文件。
                    pic = f
                    novelPic.setdefault(novel, str(pic))
                    # 作品和相关图片的位置字符串。

            novelCharacter.setdefault(novel, character)
            # 把作品和人物对应起来。
            dataLine = fileObj.readline()

    return novelCharacter, novelQuote, novelPic
    # 返回3个构建Word文档的字典变量。

def setChineseFont(run, cFont):                     # 设置中文字体。
    font = run.font
    font.name = cFont
    r = run._element
    r.rPr.rFonts.set(qn('w:eastAsia'), cFont)

def createWord(author, nCharacter, nQuote, nPic):
# 生成Word文档。
    docObj = Document()

    # 整个Word文档的标题。
    docObj.add_heading(author+'小说及人物', level=0).alignment =
WD_PARAGRAPH_ALIGNMENT.CENTER

    # 作品人物表格。
    table = docObj.add_table(rows = len(nCharacter.keys())+1, cols = 2, style
= 'Light Grid Accent 1')                            # 添加表格。
    table.alignment = WD_TABLE_ALIGNMENT.CENTER     # 表格居中。

    table.allow_autofit = False                     # 允许手动调节。
    for row in table.rows:                          # 设置表格每一列大小。
        row.cells[0].width = Cm(4)
        row.cells[1].width = Cm(3)

    table.rows[0].cells[0].text = '作品'            # 表头。
    table.rows[0].cells[1].text = '人物'

    i = 1                                           # i是指向每个作品的指针。
    for k,v in nCharacter.items():
    # 遍历小说-人物字典元素，k获得键（作品），v获得值（人物）。

        # 加表格。
        table.rows[i].cells[0].text = k             # 把作品和人物填进表格。
        table.rows[i].cells[1].text = v
        i +=1                                       # 指向下一行。
```

```
              # 加小标题，作品名作小标题。
        docObj.add_heading(k).alignment = WD_PARAGRAPH_ALIGNMENT.CENTER

        docObj.add_paragraph(nQuote[k][0])    # 写入文章第一段。

        # 添加设置了尺寸的图片。
        docObj.add_picture(nPic[k], width=Cm(6))

        last_paragraph = docObj.paragraphs[-1]   # 获得图片段落。
        last_paragraph.alignment = WD_PARAGRAPH_ALIGNMENT.CENTER
            # 图片居中。

        # 加上剩余段落。
        docObj.add_paragraph(nQuote[k][1:])

    for paragraph in docObj.paragraphs:         # 设置所有段落文字的字体。
        for run in paragraph.runs:
            setChineseFont(run, 'KaiTi')

    for row in table.rows:                      # 设置所有表格文字的字体。
        for cell in row.cells:
            for paragraph in cell.paragraphs:
                for run in paragraph.runs:
                    setChineseFont(run, 'KaiTi')


    return docObj

if __name__ == __main__:
    authorList = ['鲁迅']
    # 只要作家材料准备完备就可以加入这个列表，自动生成排好版的文章。

    for author in authorList:

        nCharacter, nQuote, nPic = getElem(author)
        # 获得组成Word文档的原始材料。

        createWord(author, nCharacter, nQuote, nPic).save(author + '.docx')
        # 生成排好版的Word文档。
```

如果用类和对象实现，代码如下：

```
# ---------------- 类和对象实现自动汇总材料生成Word文档 ----------------

from docx import Document                          # 操控Word。
from docx.enum.table import WD_TABLE_ALIGNMENT     # 表格居中。
from docx.enum.text import WD_PARAGRAPH_ALIGNMENT  # 标题居中。
from docx.shared import Cm                         # 图片尺寸。
from docx.oxml.ns import qn                        # 设置中文字体。
from pathlib import Path                           # 路径设置。


class Writer():
```

```python
    def __init__(self, name):
        self.name = name
        self.currentFolder = Path(name)
        self.novelCharacter = {}
        self.novelQuote = {}
        self.novelPic = {}
        self.getElem()

    def getElem(self):

        listFile = self.currentFolder.joinpath('list.txt')
        fileObj = listFile.open(encoding='utf-8')

        dataLine = fileObj.readline()  # 读出一行。
        while dataLine:  # 读出内容为空，说明到了文章结尾。

            novel, character = dataLine.split()
            # 从索引中获取作品和人物。

            for f in self.currentFolder.glob(novel + '.*'):
            # 根据作品名搜作品内容和作品的相关图片。

                if f.suffix == '.txt':  # 作品内容放在.txt文档中。
                    quote = f
                    with quote.open(encoding='utf-8') as qObj:
                    # 打开文章内容文件，按段落放进列表。
                        paragraphs = qObj.read().split('\n')
                        self.novelQuote.setdefault(novel, paragraphs)
                else:  # 图片文件。
                    pic = f
                    self.novelPic.setdefault(novel, str(pic))
                    # 作品和相关图片的位置字符串。

            self.novelCharacter.setdefault(novel, character)
            # 作品和人物对应起来。

            dataLine = fileObj.readline()

class novelCollection():

    def __init__(self, author):
        self.title = author.name + '小说及人物'          # Word文档的标题。
        self.tableContent = author.novelCharacter      # 与小说对应的人物。
        self.paragraphs = author.novelQuote
        # 从小说中摘取的段落。
        self.pictures = author.novelPic                 # 跟小说对应的图片。
        self.filename = author.name + '.docx'
        # 保存的Word文档的文件名。

    def launch(self):
        docObj = Document()
```

```
    # 整个Word文档的标题。
    docObj.add_heading(self.title, level=0).alignment =
WD_PARAGRAPH_ALIGNMENT.CENTER

    novelCollection.addTable(docObj, self.tableContent)
    # 加表格。

    for k, v in self.tableContent.items():
    # 遍历小说-人物字典元素，k获得键（作品），v获得值（人物）。

        docObj.add_heading(k).alignment = WD_PARAGRAPH_ALIGNMENT.CENTER
        # 作品名作小标题

        docObj.add_paragraph(self.paragraphs[k][0])
        # 写入文章第一段。

        novelCollection.addPicture(docObj, self.pictures[k])
        # 加入图片。

        docObj.add_paragraph(self.paragraphs[k][1:])
        # 加上剩余的文字。

    for paragraph in docObj.paragraphs:    # 设置所有段落文字的字体。
        for run in paragraph.runs:
            novelCollection.setChineseFont(run, 'KaiTi')

    docObj.save(self.filename)

# 作品人物表格。
@staticmethod
def addTable(docObj, contents):

    # 添加表头，表格内容一行一行添加。
    table = docObj.add_table(rows=1, cols=2, style='Light Grid Accent 1')

    table.alignment = WD_TABLE_ALIGNMENT.CENTER    # 表格居中。

    table.allow_autofit = False        # 允许手动调节。
    for row in table.rows:                  # 设置表格每一列大小。
        row.cells[0].width = Cm(4)
        row.cells[1].width = Cm(3)

    table.rows[0].cells[0].text = '作品'  # 表头。
    table.rows[0].cells[1].text = '人物'

    for k, v in contents.items():
    # 遍历小说-人物字典元素，k获得键（作品），v获得值（人物）。
        rowObj = table.add_row()        # 表格加一行。
        rowObj.cells[0].text = k        # 把作品和人物填进这一行。
        rowObj.cells[1].text = v
```

```
            for row in table.rows:   # 设置所有表格文字的字体。
                for cell in row.cells:
                    for paragraph in cell.paragraphs:
                        for run in paragraph.runs:
                            novelCollection.setChineseFont(run, 'KaiTi')

    @staticmethod
    def addPicture(docObj, pic):
        docObj.add_picture(pic, width=Cm(6))
        # 加图片，设置图片尺寸。
        last_paragraph = docObj.paragraphs[-1]   # 获得图片段落。
        last_paragraph.alignment = WD_PARAGRAPH_ALIGNMENT.CENTER
        # 图片居中。

    @staticmethod
    def setChineseFont(run, cFont):   # 设置中文字体。
        font = run.font
        font.name = cFont
        r = run._element
        r.rPr.rFonts.set(qn('w:eastAsia'), cFont)

if __name__ == __main__:

    authorList = ['鲁迅']
    # 只要作家材料准备完善就可以加入这个列表，自动生成排好版的文章。

    for author in authorList:
        authorWorks = Writer(author)
        novelCollection(authorWorks).launch()
```

本章小结

本章列出了初学者常见的错误，以及常用的快捷键；介绍了 Mac 系统的安装工具 Homebrew、处理图片的 ImageMagick 和识别文件的 Tesseract。ImageMagick 和 Tesseract 不依赖 Python 环境，都被 Python 第三方模块引为核心模块，是十分好用的工具。本章也给出了几段实用代码供参考。

习题

1. 用 ImageMagick 命令水平拼接两张图片。
2. 用 ImageMagick 命令往一张图片上写一行自己选定字体的中文文字。
3. 拍一张带文字的图片，用 Tesseract 命令识别图片上的文字。